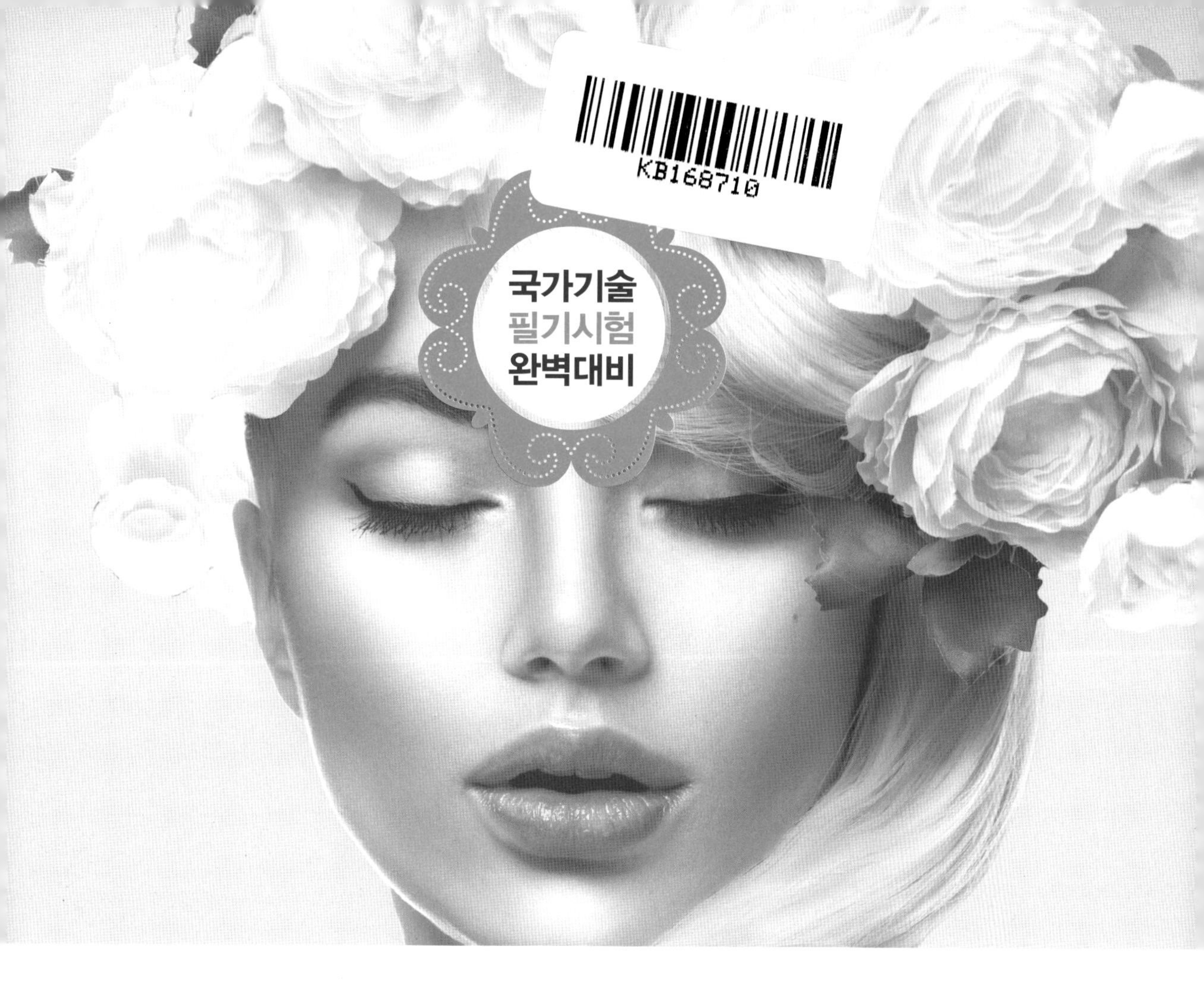

미용사 메이크업

김광숙 · 김소현 · 임선형 · 서지연
공저

도서출판대가

출제기준표 (필기)

직무 분야	이용 · 숙박 · 여행 · 오락 · 스포츠	중직무 분야	이용 · 미용	자격 종목	미용사(메이크업)	적용 기간	2016.7.1 ~ 2020.12.31
직무내용	얼굴 · 신체를 아름답게 하거나 특정한 상황과 목적에 맞는 이미지 분석, 디자인, 메이크업, 뷰티 코디네이션, 후속관리 등을 실행하기 위해 적절한 관리법과 도구, 기기 및 제품을 사용하여 메이크업을 수행하는 직무						
필기검정방법	객관식	문제수	60	시험 시간	1시간		

필기과목명	문제수	주요항목	세부항목	세세항목
메이크업 개론, 공중위생관리학, 화장품학	60	1. 메이크업 개론	1. 메이크업의 이해	1. 메이크업의 정의 및 목적 2. 메이크업의 기원 및 기능 3. 메이크업의 역사(한국, 서양) 4. 메이크업 종사자의 자세
			2. 메이크업의 기초이론	1. 골상(얼굴형)의 이해 2. 얼굴형 및 부분 수정 메이크업 기법 3. 기본 메이크업 기법(베이스, 아이, 아이브로우, 립과 치크)
			3. 색채와 메이크업	1. 색채의 정의 및 개념 2. 색채의 조화 3. 색채와 조명
			4. 메이크업 기기 · 도구 및 제품	1. 메이크업 도구의 종류와 기능 2. 메이크업 제품의 종류와 기능
			5. 메이크업 시술	1. 기초화장 및 색조화장법 2. 계절별 메이크업 3. 얼굴형별 메이크업 4. T.P.O에 따른 메이크업 5. 웨딩 메이크업 6. 미디어 메이크업
			6. 피부와 피부 부속기관	1. 피부 구조 및 기능 2. 피부 부속기관의 구조 및 기능

필기과목명	문제수	주요항목	세부항목	세세항목
			7. 피부 유형 분석	1. 정상 피부의 성상 및 특징 2. 건성 피부의 성상 및 특징 3. 지성 피부의 성상 및 특징 4. 민감성 피부의 성상 및 특징 5. 복합성 피부의 성상 및 특징 6. 노화 피부의 성상 및 특징
			8. 피부와 영양	1. 3대 영양소, 비타민, 무기질 2. 피부와 영양 3. 체형과 영양
			9. 피부와 광선	1. 자외선이 미치는 영향 2. 적외선이 미치는 영향
			10. 피부 면역	1. 면역의 종류와 작용
			11. 피부 노화	1. 피부 노화의 원인 2. 피부 노화 현상
			12. 피부장애와 질환	1. 원발진과 속발진 2. 피부질환
		2. 공중위생 관리학	1. 공중보건학 총론	1. 공중보건학의 개념 2. 건강과 질병 3. 인구 구조 및 보건지표
			2. 질병관리	1. 역학 2. 감염병 관리 3. 기생충 질환 관리 4. 성인병 관리 5. 정신보건 6. 이·미용 안전사고
			3. 가족 및 노인 보건	1. 가족보건 2. 노인보건
			4. 환경보건	1. 환경보건의 개념 2. 대기환경 3. 수질환경 4. 주거 및 의복 환경
			5. 산업보건	1. 산업보건의 개념 2. 산업재해

필기과목명	문제수	주요항목	세부항목	세세항목
			6. 식품위생과 영양	1. 식품위생의 개념 2. 영양소 3. 영양상태 판정 및 영양장애
			7. 보건행정	1. 보건행정의 정의 및 체계 2. 사회보장과 국제 보건기구
			8. 소독의 정의 및 분류	1. 소독 관련 용어 정의 2. 소독기전 3. 소독법의 분류 4. 소독인자
			9. 미생물 총론	1. 미생물의 정의 2. 미생물의 역사 3. 미생물의 분류 4. 미생물의 증식
			10. 병원성 미생물	1. 병원성 미생물의 분류 2. 병원성 미생물의 특성
			11. 소독방법	1. 소독 도구 및 기기 2. 소독 시 유의사항 3. 대상별 살균력 평가
			12. 분야별 위생·소독	1. 실내환경 위생·소독 2. 도구 및 기기 위생·소독 3. 이·미용업 종사자 및 고객의 위생관리
			13. 공중위생관리법의 목적 및 정의	1. 목적 및 정의
			14. 영업의 신고 및 폐업	1. 영업의 신고 및 폐업 신고 2. 영업의 승계
			15. 영업자 준수사항	1. 위생관리
			16. 이·미용사의 면허	1. 면허 발급 및 취소 2. 면허수수료
			17. 이·미용사의 업무	1. 이·미용사의 업무
			18. 행정지도감독	1. 영업소 출입검사 2. 영업 제한 3. 영업소 폐쇄 4. 공중위생감시원

필기과목명	문제수	주요항목	세부항목	세세항목
			19. 업소 위생등급	1. 위생평가 2. 위생등급
			20. 보수교육	1. 영업자 위생교육 2. 위생교육기관
			21. 벌칙	1. 위반자에 대한 벌칙, 과징금 2. 과태료, 양벌규정 3. 행정처분
			22. 법령, 법규사항	1. 공중위생관리법시행령 2. 공중위생관리법시행규칙
		3. 화장품학	1. 화장품학 개론	1. 화장품의 정의 2. 화장품의 분류
			2. 화장품 제조	1. 화장품의 원료 2. 화장품의 기술 3. 화장품의 특성
			3. 화장품의 종류와 기능	1. 기초 화장품 2. 메이크업 화장품 3. 바디(body) 관리 화장품 4. 방향 화장품 5. 에센셜(아로마)오일 및 캐리어오일 6. 기능성 화장품

출제기준표 (실기)

직무 분야	이용·숙박·여행·오락·스포츠	중직무 분야	이용·미용	자격 종목	미용사(메이크업)	적용 기간	2016.7.1 ~ 2020.12.31

직무내용 | 얼굴·신체를 아름답게 하거나 특정한 상황과 목적에 맞는 이미지 분석, 디자인, 메이크업, 뷰티 코디네이션, 후속관리 등을 실행하기 위해 적절한 관리법과 도구, 기기 및 제품을 사용하여 메이크업을 수행하는 직무

수행준거 | 1. 작업자와 고객 위생관리를 포함한 메이크업 용품, 시설, 도구 등을 청결히 하고 안전하게 사용할 수 있도록 관리·점검할 수 있다.
2. 고객과의 상담을 통해 메이크업 TPO(Time, Place, Occasion)를 파악할 수 있다.
3. 메이크업의 기본을 알고 기본, 웨딩, 미디어 등의 메이크업을 실행할 수 있다.

실기검정방법	작업형	시험시간	2시간 30분 정도

필기과목명	주요항목	세부항목	세세항목
메이크업 미용실무	1. 메이크업샵 안전 위생 관리	1. 메이크업샵 위생 관리하기	1. 메이크업 시설, 설비 및 도구/기기 등을 소독하거나 먼지를 제거할 수 있다. 2. 메이크업 작업환경을 청결하게 청소할 수 있다. 3. 메이크업 시행에 필요한 기기·도구·제품 체크리스트를 만들 수 있다. 4. 메이크업 도구 관리 체크리스트에 따라 사전점검 작업을 실시할 수 있다.
	2. 메이크업 상담	1. 얼굴 특성 분석 및 메이크업 상담하기	1. 고객과의 상담을 통해 메이크업 TPO를 파악할 수 있다. 2. 메이크업에 반영될 고객(작품)의 직업, 연령, 환경 등의 정보를 파악할 수 있다. 3. 고객 상담을 통해 원하는 스타일, 콘셉트 등을 파악할 수 있다. 4. 고객의 심리적, 정서적 특성을 고려하여 메이크업 디자인 정보를 고객에게 전달할 수 있다. 5. 고객 요구와 관찰을 통해 얼굴 형태, 특성 등을 파악할 수 있다. 6. 메이크업 시행 전 피부 상태를 문진표, 기기 등 등 통해 파악할 수 있다. 7. 얼굴 특성 분석에 따른 메이크업 방향과 보완책을 고객에게 설명할 수 있다.

필기과목명	주요항목	세부항목	세세항목
	3. 기본 메이크업	1. 기초제품 사용하기	1. 메이크업을 하기 위한 클렌징을 실시할 수 있다. 2. 피부 타입, 상태에 따라 기초제품 제형, 바르는 순서 등을 선택할 수 있다. 3. 기초제품으로 피부의 일시적인 이상, 트러블에 대한 조치를 취할 수 있다.
		2. 베이스 메이크업 하기	1. 피부 상태, 디자인 등에 따른 메이크업 제형, 색상을 선택할 수 있다. 2. 얼굴 형태, 피부색 등을 고려하여 자연스러운 피부 표현을 할 수 있다. 3. 피부의 추가적인 결점 보완을 위한 제품을 선택할 수 있다. 4. 얼굴 형태, 피부 상태에 따른 윤곽 수정 제품을 사용할 수 있다.
		3. 아이 메이크업 하기	1. 재료의 특성에 따른 질감, 발색, 밀착성, 발림성 등을 구분·선택할 수 있다. 2. 메이크업목적, 디자인 등을 반영하여 아이섀도를 표현할 수 있다. 3. 메이크업 목적, 디자인과 조화로운 아이라인을 표현할 수 있다. 4. 아이 메이크업 디자인과 조화되는 마스카라 제품을 활용할 수 있다. 5. 속눈썹 표현을 위하여 제품을 가공하여 표현할 수 있다. 6. 최신 아이 메이크업 트렌드, 제품 정보를 고객에게 설명할 수 있다.
		4. 아이브로우 메이크업 하기	1. 눈썹 형태, 얼굴형, 디자인 등에 따른 아이브로우 이미지를 구분할 수 있다. 2. 메이크업 디자인, 스타일 등에 따른 아이브로우를 표현할 수 있다. 3. 고객의 자기 관찰을 통한 요구사항을 분석하여 아이브로우 메이크업을 수정할 수 있다. 4. 최신 아이브로우 표현 트렌드, 제품 정보 등을 고객에게 설명할 수 있다.
		5. 립&치크 메이크업 하기	1. 스타일과 조화로운 립&치크 기본 형태를 디자인할 수 있다.

필기과목명	주요항목	세부항목	세세항목
			2. 재료의 질감, 발색, 밀착성, 발림성 등을 구분할 수 있다. 3. 메이크업 디자인과 조화되는 제품을 선택하여 립&치크 메이크업을 할 수 있다. 4. 립&치크 메이크업 트렌드, 제품 정보를 고객에게 설명할 수 있다.
		6. 마무리 스타일링 하기	1. 스타일, 표현 이미지와 조화되는 수정 보완 메이크업을 실시할 수 있다. 2. 메이크업 관련 스타일링, 코디네이션 트렌드를 고객에게 전달할 수 있다.
	4. 웨딩 메이크업	1. 웨딩 이미지 파악하기	1. 결혼식 장소의 조명, 크기, 공간 디자인 등을 파악할 수 있다. 2. 웨딩촬영(화보)콘셉트, 촬영 장소 특성 등을 파악할 수 있다. 3. 웨딩드레스, 헤어스타일 등으로 고객이 선호하는 웨딩 이미지를 파악할 수 있다. 4. 수집된 정보를 종합 분석하여 고객이 원하는 웨딩 콘셉트를 제시할 수 있다. 5. 웨딩 관련 최신 트렌드와 메이크업 정보를 고객에게 제공할 수 있다.
		2. 웨딩 메이크업 이미지 제안하기	1. 웨딩 메이크업 이미지 연출을 위한 소품을 준비할 수 있다. 2. 수집된 정보를 분석하여 웨딩 메이크업 이미지를 제안할 수 있다. 3. 고객 요구를 반영하여 웨딩 메이크업 이미지를 수정할 수 있다. 4. 다양한 콘셉트의 웨딩 메이크업 포트폴리오, 시안을 제작할 수 있다.
		3. 웨딩메이크업 실행하기	1. 웨딩 환경, 드레스, 스타일링 등을 고려한 웨딩 메이크업을 실행할 수 있다. 2. 웨딩 콘셉트와 신부 메이크업 방향을 고려하여 신랑 메이크업을 실행할 수 있다. 3. 웨딩 콘셉트와 조화로운 관계자(혼주 등) 메이크업을 실행할 수 있다. 4. 이미지 유지와 고객 요구에 따라 웨딩 현장에서 메이크업을 보완할 수 있다.

필기과목명	주요항목	세부항목	세세항목
	5. 미디어 메이크업	1. 미디어 기획 의도 파악하기	1. 클라이언트, 연출자, 관계자 회의에서 작품 의도와 목적을 파악할 수 있다. 2. 촬영 관계자 회의에서 촬영 의도를 파악할 수 있다. 3. 작품 종류, 내용에 대한 사전 분석을 통해 기획 의도를 분석할 수 있다. 4. 미디어 장르별 표현 특징을 디자인 기획에 반영할 수 있다.
		2. 미디어 현장 분석하기	1. 세트장 크기, 전체 배경, 색감, 디자인 의도, 촬영환경 등을 파악할 수 있다. 2. 시대적 배경, 시대환경, 촬영시간대 등의 현장 상황을 파악할 수 있다. 3. 조명, 색과 조도 변화에 따른 메이크업 강도, 색조를 조절할 수 있다. 4. 현장 분석 결과를 통해 메이크업 실시 시의 고려사항을 도출해낼 수 있다.
		3. 미디어 메이크업 이미지 분석하기	1. 기획 의도가 반영된 자료를 통해 모델 이미지를 분석할 수 있다. 2. 관계자 회의에서 모델 코디네이션, 스타일 요구를 파악할 수 있다. 3. 제작회의 등에서 표현될 메이크업 이미지 시안을 발표할 수 있다. 4. 작품 의도, 목적을 부각시킬 수 있는 메이크업 방향 변화를 제안할 수 있다.
		4. 미디어 메이크업 캐릭터 개발하기	1. 인물 간 역학관계, 성격, 특성 등을 파악하여 캐릭터를 설계할 수 있다. 2. 캐릭터 개발을 위해 연기자(모델)의 이미지, 체형 등을 분석할 수 있다. 3. 개발 캐릭터의 특징, 메이크업 방향 등을 시안으로 표현할 수 있다. 4. 캐릭터 특성을 표현하기 위한 부가적인 소품을 구비할 수 있다. 5. 작품 의도, 목적 부각을 위해 메이크업 캐릭터 콘셉트를 조정할 수 있다.

필기과목명	주요항목	세부항목	세세항목
		5. 미디어 메이크업 실행하기	1. 미디어 현장의 조명에 따라 적합한 메이크업 제품을 선택하여 사용할 수 있다. 2. 작성된 캐릭터 시안을 중심으로 미디어 메이크업을 표현할 수 있다. 3. 미디어의 종류와 표현 색감에 따라 메이크업을 수정할 수 있다. 4. 미디어 촬영 현장에서의 메이크업 유지를 위하여 수정·보완할 수 있다. 5. 표현 미디어의 특성과 최신 트렌드를 지속적으로 수집·반영할 수 있다.

머리말

책을 출간하면서 메이크업을 전문적으로 공부하기 시작했던 때를 떠올려 봅니다. 교재가 없던 학교생활에서 선생님의 강의에 모든 감각을 의지해야 했던 때, 모르는 것에 대한 갈망이 서점과 도서관을 전전하게 했고 그러면서 막연하게 이론을 접하게 되었습니다. 그때 읽었던 교재들은 지금도 나의 전공에 대한 열의의 원동력이 되면서 현재의 내 자신을 지탱하도록 해주는 것 같습니다.

2000년대는 여러 측면에서 뷰티산업을 다시금 생각하게 하는 한 해입니다. 화장품산업이 뷰티산업 분야의 전체적인 위치를 차지하며 세계적으로 위상을 떨치고, 뷰티산업은 곧 화장품산업이란 말이 나올 정도로 일반인뿐만 아니라 전문가들조차도 당연한 인식으로 받아들일 정도입니다. 반면에 뷰티서비스산업의 숨은 일꾼인 뷰티션의 전문성은 여전히 인색할 정도로 평가를 받지 못하고 있습니다. 뷰티션들은 분명 화장품산업을 이끌어 주는 촉매제의 역할을 하며 뷰티산업을 이끌어 왔습니다.

뷰티서비스 전문인력들이 앞으로 자신이 가진 창의적이고 전문적인 기술을 더욱 향상시키고 발휘할 수 있는 기회가 늘어날 것이라고 생각합니다. 그런 점에서 보면 미용 분야의 모든 국가자격증은 뷰티 전문가를 양성하는 기본이 되는 만큼, 앞으로 우리 뷰티산업의 미래를 밝혀 주는 필수 자격조건이라고 생각합니다.

특히 메이크업 자격증의 필요성에 의해 2016년 이후 미용사 메이크업 자격증이 국가기술자격시험으로 급부상하면서 메이크업 전공자들의 기대치는 점점 높아지고 있습니다. 그러다 보니 필기자격증 수험서에 대한 관심도 높아졌고, 매년 수없이 많은 교재들이 쏟아져 나오고 있습니다. 선택이 폭이 넓어진 듯하지만, 종종 교재 선택에 어려움을 겪는 이들을 보며 늘 아쉬움을 느끼고 있었습니다.

이에 집필집은 수년간 준비해 오던 자료들을 출제기준표 목차에 맞춰 정리 보완하여 이 책을 출간하게 되었습니다. 미용 전문가가 되기 위해 알아야 하는 수많은 내용을 모두 책에 담을 수는 없었기에 전문가들의 조언을 통해 자격시험에 꼭 필요한 내용들을 선별했으며, 뷰티산업 현장에서 알아두면 도움이 될 만한 내용들도 함께 곁들여, 합격 가능성을 높이는 동시에 알찬 내용을 담으려 노력했습니다. 아울러 책의 뒷부분에 분야별로 정리된 기출문제를 통해 앞에서 공부한 이론을 복습함으로써 체계적인 학습이 가능하도록 구성했습니다.

한류 메이크업의 위상이 나날이 부상하고 있습니다. 그만큼 전문인력의 배출도 많아지고 있으므로, 앞으로 대한민국의 이름을 걸고 활약하는 세계적인 메이크업 아티스트들이 배출될 것이라고 자신합니다. 자격시험 준비는 전문가로서의 첫발을 내딛는 중요한 순간입니다. 이 책을 통해 꼭 합격의 꿈을 이루길 간절히 바랍니다.

마지막으로 이 책을 출간해 주신 도서출판 대가 대표님께 깊은 감사를 드리며, 원고를 잘 다듬고 편집해 주신 편집부 직원들께도 감사의 말을 전합니다.

기회가 된다면 메이크업 전문 이론서, 메이크업 실용서로 다시금 여러분을 만날 수 있기를 바라는 마음으로, 건강과 행운을 기원합니다.

2017년 5월 집필진 일동

목차

PART Ⅰ 메이크업 개론

PART II 공중위생관리학

PART Ⅲ 화장품학

PART Ⅳ 기출문제

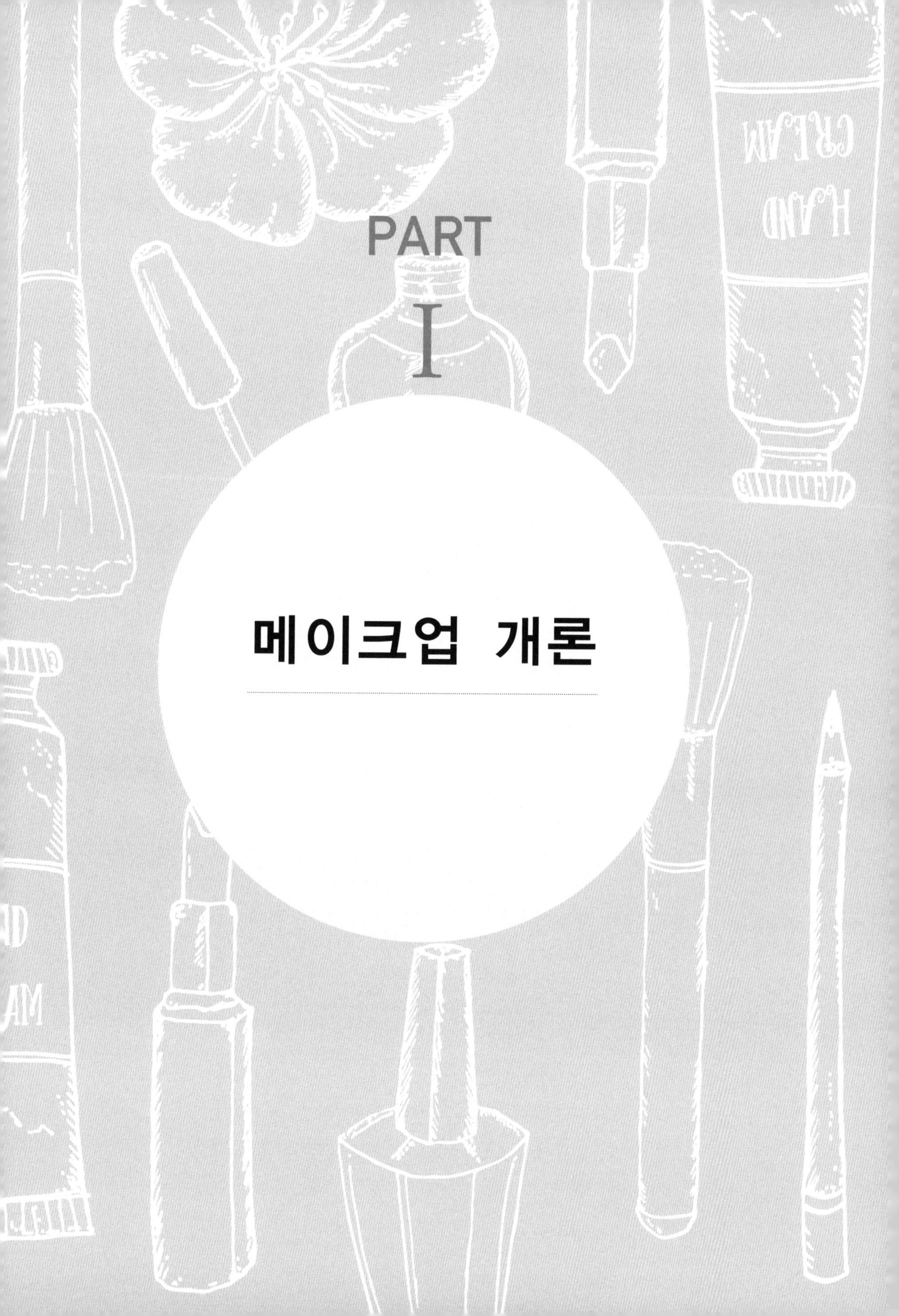

PART

I

메이크업 개론

CHAPTER 01

메이크업의 이해

MEMO

1 메이크업의 정의 및 목적

(1) 메이크업의 정의

메이크업은 사전적 의미로 '제작하다', '보완하다'라는 뜻이다. 화장품이나 도구를 사용하여 신체의 아름다운 부분은 돋보이도록 하고 단점은 보완하여, 각자의 개성 혹은 캐릭터를 최대한 돋보이게 하는 뷰티 디자인의 한 분야라고 할 수 있다.

(2) 메이크업 용어

17세기 초 영국 시인이었던 리처드 크래쇼(Richard Crashaw, 1613−1649)가 메이크업이란 용어를 최초로 사용하였다.

- 페인팅(painting) : 백납분에 색상과 향료를 섞어 만든 안료를 색칠
- 토일렛(toilet) : 화장을 포함하는 치장 전반
- 마뀌아쥬(maquillage) : 분장을 의미하는 프랑스 연극 용어

페인팅

- 16세기 영국의 문호 윌리엄 셰익스피어(William Shakespeare)가 그의 희곡에서 페인팅(painting)이라는 용어를 먼저 사용했다.
- 16세기 이탈리아에서 전래된 짙은 화장을 가리킨다.
- 16~17세기 연백을 원료로 만든 분을 페인트(paint)라 불렀고, 후에 백납분에 색상과 향료를 섞어 만든 다채로운 안료로 얼굴에 색칠하는 것을 페인팅이라 불렀다.

(3) 메이크업의 대중화

분장사였던 맥스 팩터(Max Factor)가 할리우드 전성기 시절에 여배우들이 사용하던 화장품을 일반 여성들에게 널리 보급시키면서 메이크업이 대중화되었다.

MEMO

(4) 메이크업의 목적

메이크업은 개성미의 관점에서 개개인의 단점을 보완하고 장점을 강조해 주는 자기표현의 목적을 가지고 있으며, 예술적인 관점에서는 방송이나 무대에서 어떠한 역할이나 목적에 맞게 얼굴뿐만 아니라 전체적인 바디 이미지에 변화를 주는 미의 창조작업이다. 따라서 얼굴에 균형을 찾아 주면서 볼륨감과 얼굴 형태의 조화를 맞추어 나가려는 작업이다.

2 메이크업의 기원 및 기능

(1) 메이크업의 기원

종 류	특 징
장식설	• 인간의 본능 중 하나로 메이크업 활동의 기본 개념 • 원시시대에 피부에 직접 회화, 조각, 문신을 새겨 신체의 아름다움을 표현
보호설	• 악마로부터 자신을 보호하기 위해 상흔과 문신을 사용 • 위험으로부터 자신을 보호하려는 무조건적인 반사 능력 • 흙, 재, 돌가루, 자연염료 등으로 신체 위장 및 보호
신분표시설	• 종족이나 성별, 개인의 신분, 사회적 지위, 부족의 우월성을 알리기 위한 표시 • 신체 장식을 통한 민족성, 계급, 신분, 종족의 표현
종교설	• 심리적인 불안으로부터 해방, 병의 치료 목적 • 심리적 불안으로부터 해방되기 위한 원시종교 • 병의 치료를 위한 주술적 행위 • 신령의 힘을 자신의 신체에 싣고자 하는 욕망
본능설 (이성유인설)	• 이성에게 매력적으로 보이기 위한 신체 장식 • 상대방의 관심이나 시선을 끌기 위한 수단

(2) 메이크업의 기능

- 물리적 기능 : 외형의 아름다움을 표현하는 미화 효과
- 사회적 기능 : 무언의 의사전달, 사회적 관습 및 예의적인 표현 등
- 심리적 기능 : 인물의 성격, 사고방식, 가치추구 방향 표현

MEMO

(3) 메이크업의 조건

- 통일 : 일관된 이미지
- 조화 : 시간, 장소, 상황(Time, Place, Occasion)을 고려하여 전체적인 조화
- 대비 : 색상, 명도, 채도를 이용한 색상대비
- 대칭 : 얼굴의 좌우 대칭을 고려
- 변화 : 선이나 면의 강조, 입체감을 주어 변화

(4) 메이크업의 분류(사용 목적)

① 뷰티 메이크업

- 내추럴 메이크업 : 일상의 자연스러운 모습(데일리 메이크업)
- 스트레이트 메이크업 : 사실적이면서 평범하게 표현(앵커, 아나운서 등)
- 예식 메이크업 : 신랑, 신부, 들러리
- 미디어 메이크업 : TV, 영화, 광고, CF, 잡지, 사진 등
- 시대 메이크업 : 고대에서 현대에 이르기까지 시대별 아이콘 표현

스트레이트 메이크업은 앵커나 아나운서 등을 사실적이면서도 평범하게 표현해 주는 메이크업의 한 부류인데, 넓은 의미에서 보면 미디어 메이크업에 포함될 수 있다.

② 아트 메이크업

- 캐릭터 메이크업 : 특정한 인물 묘사
- 무대(스테이지) 메이크업 : 연극, 오페라, 뮤지컬, 무용, 패션쇼, 발표회 등
- 환타지 메이크업 : 환상적 혹은 몽상적으로 형식에 얽매이지 않게 표현(주로 상체)
- 바디페인팅 : 인체의 아름다움을 다양하게 표현(주로 전신)

캐릭터 메이크업은 극중 인물을 시각적으로 나타내어 관객 또는 시청자에게 표현되는 인물을 이해시키는 아트 메이크업의 한 부류이다.

MEMO

③ 특수 분장

라텍스, 실리콘, 콜드폼 등의 특수 전문재료를 사용하여 표현

3 메이크업의 역사

(1) 한국의 역사

① 고조선

- 단군신화 : 쑥과 마늘, 희고 건강한 피부
- 만주 지방 읍루인 : 돈고(豚膏, 돼지기름)로 피부 유연, 동상 예방
- 말갈인 : 오줌 세수로 피부를 희게 관리

② 삼국시대

a. 고구려

- 후한서 : 계급과 신분에 따라 다르게 장식
- 쌍영총 벽화 : 남녀가 입술과 볼을 붉게 화장
- 수산리 고분벽화 : 뺨과 입술에 연지 화장
- 쌍영총 고분벽화 : 눈썹은 짧고 뭉툭하게 손질, 뺨에 연지 화장

b. 백제

- 엷고 은은하면서도 우아한 화장 선호, 진보된 화장기술 보유
- 지리적인 여건으로 화장품 제조기술이나 화장법을 일본까지 전파《화한삼재도회》)
- 백제인의 화장 경향은 '시분무주'(施粉無朱, 분은 바르고 연지는 바르지 않음)

MEMO

c. 신라

- 영육일치사상으로 화장품과 화장이 발달
- 화랑들도 화려한 화장, 장신구 장식
- 백색 피부 선호
- 나뭇재와 유연(흑색 안료)을 개어 만든 미묵으로 눈썹을 그림
- 불교의 영향으로 목욕이 대중화(목욕용품 및 향유 발달)

d. 통일신라

- 불교사상과 당, 고구려, 백제의 정신이 국제화된 세련미
- 붉은색을 염색한 색분을 만들어 사용할 정도로 화장품의 종류와 질이 향상
- 귀족들의 사치와 멋을 추구하는 기호에 대응하기 위한 화장기술 발달

③ 고려시대

- 신분에 따라 화장의 이원화
  - 분대화장 : 기생과 같은 특수 신분의 여자들의 짙은 화장
  - 비분대화장 : 분대화장을 기피하고 엷은 화장을 선호하는 여염집 부인들의 화장
- 청동거울 제조
- 불교의 영향으로 향낭 착용
- 면약 : 손이나 얼굴에 바르던 안면용 화장품

고려도경

백색 피부를 가꾸기 위해 전신목욕, 귀부인들은 난초를 넣어 삶은 난탕에 목욕하고, 동백, 아주까리기름 등으로 머리를 정돈, 피부에 부드러움을 주기 위하여 돼지기름을 사용, 분은 바르지만 연지는 즐기지 않았다고 기록하고 있다.

MEMO

④ 조선시대

- 숭유억불 정책 : 조선 초기에 유교만을 유일한 지배이념으로 확립하기 위해 시행한 정책
- 유교의 영향 : 금욕과 중용적 태도가 지배적, 내면의 아름다움 강조
- 보염서 : 궁중화장품을 전담하여 만드는 관청
- 매분구 : 화장품 행상
- 규합총서 : 화장품 제조방법 및 미용법 수록

⑤ 개화기 이후

구 분	내 용
1910년대	현대식 화장품과 신식 화장법이 유행
1916년	박가분 출시
1920년대	분 이외에 크림, 백분, 향수, 비누 같은 외제 화장품 수입
1937년	박가분의 납 성분을 제거한 서가분 출시
1940년대	• 현대식 화장법 도입(얼굴을 희게 하고 눈썹은 반달 모양) • 국산 화장품 생산 • 미용사 자격시험(1948) 도입으로 미용업의 본격화
1950년대 후반	• 전쟁 이후 밀수 화장품과 미군 PX 화장품의 유통으로 화장품 산업의 성숙기 • 영화산업이 호황(외국 배우들의 메이크업 모방) • 아름다운 여성에 대한 관심으로 미스코리아 대회 및 패션쇼 등장
1960년대	• 국산 화장품 생산이 본격화(방문판매 위주), 색조 화장품 생산 • 자연스러운 피부 표현, 인조 속눈썹, 아이섀도의 등장
1970년대	• 산업화와 도시화로 여성의 사회적 지위 향상되어 입체화장 유행 • 화장품 판매 급증, 메이크업의 대중화 시기 • 의상에 맞추어 토털 코디네이션이라는 개념 등장 • 사계절 메이크업 등장
1980년대	• 컬러 TV 보급으로 색조 화장품의 사용 증가 • 80년대 후반 화장품 수입 자유화
1990년대	• 에콜로지 영향 • 자연과 건강에 대한 관심이 고조되고 자연스러운 색조 사용
2000년대 이후	• 웰빙의 영향 • 피부 건강에 초점, 패션·뷰티·광고 등의 산업 공존 • 개성이 중시되어 다양한 메이크업 발달

MEMO

박가분은?

- '상표등록(공산품)'으로 제작·판매된 한국 최초의 화장품
- 1916년에 가내수공업으로 제조 허가를 받은 화장품

화장 어휘

- 담장 : 피부를 희고 깨끗하게 가다듬는 정도의 담박한 멋 내기, 옷을 단정하게 차려입고 단아한 빗질(현대 기초화장만 한 경우)
- 농장 : 담장보다 짙은 상태의 멋 내기(현대 색채화장)
- 염장 : 짙은 색조화장으로 기생이 했던 요염한 분대화장
- 성장 : 화려하고 야한 색조화장
- 응장 : 담장, 농장, 염장이 평상시 화장임에 반하여 혼례용 화장
- 야용 : 억지로 아름답게 꾸미는 분장에 해당
- 단장 : 얼굴 치장과 아울러 옷 치장, 장신구의 치레를 담박하게 한 상태
- 장렴(粧匳)이란?

  화장품 외에 화장에 필요한 도구인 거울·족집게·경대·머릿보 따위를 총칭. 장렴에 포함되는 화장품은 머릿기름·백분·연지·미묵·미안수 등으로, 피부의 때를 씻는 조두(澡豆)나 향수·향료 따위는 장렴에 포함시키지 않음.

우리나라 각 시대화장을 다시 한번 콕!!!

- 고구려 – 연지화장
- 통일 전 신라 – 엷은 화장(담장)
- 통일 후 신라 – 짙은 색조화장
- 고려시대 – 분대화장
- 조선시대 – 여염집 여성들은 엷은 화장

MEMO

우리나라 신식 화장품의 뜻

- 황화 – 연지
- 배달기름 – 머릿기름
- 연부액 – 미백로션
- 유액 – 밀크로션

(2) 서양의 역사

① 이집트(BC 3200년경)

- 종교적이고 의학적인 목적
- 코올(Kohl), 눈을 보호, 물고기 모양(풍요, 다산의 의미)
- 붉은 진흙(오커, 볼과 입술)
- 푸른 공작석을 갈아 만든 가루(눈 주위 섀도로 사용)
- 헤나(매니큐어, 염색)
- 남녀 모두 가발 사용

코올(Kohl)의 사용 목적은, 사막의 빛이나 벌레로부터 눈을 보호하기 위해 검은색 안료를 칠한 것이었다.

② 그리스(BC 3000~BC 400)

- 자연적인 모습 그대로의 건강미 표현
- 목욕문화 발달(마사지 발달), 남성은 머릿기름과 향유 사용
- 백납(백색 안료)을 사용하여 흰 피부 선호
- 미간을 좁게 보이기 위해 눈썹을 길고 검게
- 히포크라테스 : 식이요법, 마사지, 일광욕이 피부를 건강하게 유지시켜 준다고 주장
- 갈렌 : 콜드크림 개발, 최초로 약학과 본초학을 접목

MEMO

무용수나 악공 등의 특별한 직업을 제외한 일반인들에게 과도한 화장은 금기시되었다.

③ 로마(BC 8C~3C)

- 남녀 모두 신체의 모든 부분을 과도하게 치장
- 눈을 강조해 안티몬이나 사프란으로 검게 화장
- 볼은 연단 등으로 붉게, 머리카락은 금발로 염색
- 여드름이나 사마귀를 감추기 위해 애교점 사용
- 로마 쇠퇴기에는 백연의 과도한 사용으로 얼굴과 치아가 변색

④ 중세시대(4C~15C)

- 기독교의 금욕주의 영향으로 메이크업 경시
- 처녀는 정숙함의 표시로 볼에 붉은색만 허용
- 십자군 전쟁 이후 안티몬, 향유, 회교도의 메이크업 풍습이 유입
- 상공업의 발달, 시민계급의 대두는 메이크업의 발달에 영향
- 납가루 사용(창백한 피부), 머리털 제거(이마를 넓게 함)

금욕주의로 일반 화장이 철저히 금기시되었지만, 연극이 발달해 다양한 분장술로 가발, 의상, 소품 등을 사용하였다.

⑤ 르네상스 시대(16C)

- 자본주의가 출현하고 종교 개혁(개인주의와 향락주의가 만연)
- 향장학을 연구하여 미에 대한 발전 도모
- 수은과 백납분을 사용(피부 손상)
- 넓은 이마와 가는 눈썹을 선호

MEMO

자신을 꾸미기 위한 화장의 수용은 인간 존중과 자율적 개성이라는 시대정신의 영향이다.

⑥ 바로크 시대(17C)

- 화려한 의상에 어울리는 진한 화장
- 남녀 모두 과도한 장식과 화장 유행
- 창백하고 흰 피부색, 뺨에는 붉은 연지, 장미꽃 같은 입술
- 뷰티패치(스팟)로 주근깨와 여드름을 감추고 창백한 피부 강조
- 가발의 성행

과도한 장식과 화장의 유행은 개인주의와 향락주의, 사교문화 발달의 영향이다.

⑦ 로코코 시대(18C)

- 우아하고 여성적이며 귀족적인 특징
- 두껍게 화장, 쥐의 피부로 만든 인조 눈썹이 유행, 얼굴은 매우 희게 강조
- 남성들도 화장을 하였으며 패치의 사용이 대단히 유행
- 플럼퍼(plumper)라는 패드로 이가 빠진 부분의 뺨을 통통하게 보정
- 벨라도나의 즙을 이용하여 동공을 확대

⑧ 근대(19C)

- 19세기 중반부터 화장은 여성만의 전유물로 인식
- 메이크업의 경향이 자연스럽고 우아한 미를 강조
- 비누의 등장으로 위생과 청결, 피부 관리에 대한 관심 증가
- 크림・로션의 사용이 보편화, 자외선 차단제가 개발

MEMO

산업혁명과 대량생산의 영향으로 화장품 사용의 대중화가 본격화되었다.

⑨ 현대

1900년대	• 신여성들의 사회 진출이 증가하면서 미용에 대한 여성들의 관심이 증가 • 벨 에포크(belle epoque) : 좋은 시대라는 의미, 제1차 세계대전 직전의 수년간을 말한다. • 아르누보 스타일 : 19세기 말 시작된 심미주의적 · 장식적 경향의 미술 운동, 관능적 · 환상적 표현, 이국주의의 특징 및 실용성과 편안함을 동시에 표현, 독특한 장식성 • 1909년 러시아 발레단 공연으로 오리엔탈 붐(동양적인 색조 인기) • 산업주의와 제국주의의 영향 • 영화 속 배우의 헤어, 메이크업 모방
1910년대	• 산업화가 본격적으로 진행 • 현대적 개념의 화장품 등장 → 화장품 대량생산 • 1915년 입술과 볼에 액체 루즈 사용 • 1916년 산화티타늄이 개발되어 파우더의 품질 향상 • 대중 스타의 스타일이 일반 여성들에게도 전파되어 화장이 보편화 • 테다 바라와 폴라 네그리의 메이크업이 유행 (눈 주위는 검게, 입술은 얇게 표현)
1920년대	• 제1차 세계대전(1914–18) 후 여성들의 사회 진출 가속화로 지위 향상 • 영화의 화려함으로 경제공황을 잊고자 하여 영화산업이 급속도로 발전 • 아르데코 스타일 • 단순, 대칭적, 실용적인 스타일로 미용산업에서는 보브 컷과 스트레이트 라인의 드레스 유행 • 영화 속 메이크업, 헤어가 대중들에게 유행 • 클라라 보우와 루이스 브룩스, 글로리아 스완슨의 메이크업이 유행 (아이홀을 강조한 짙은 눈 화장과 가늘게 다듬은 눈썹, 아랫입술을 도톰하게 만들어 앵두 같은 입술 표현)
1930년대	• 경제불황과 제2차 세계대전(1939~45)의 발발로 낙천주의가 확산 • 초현실주의 경향 • 그레타 가르보 및 마를렌 디트리히, 진 할로 등의 성숙한 여성 메이크업이 유행(정교하고 가는 아치형 눈썹, 인조 속눈썹과 마스카라 강조, 크고 선명하게 붉은 입술, 매니큐어와 페디큐어가 등장)

MEMO

<table>
<tr><td>1940년대</td><td>• 제2차 세계대전의 영향으로 기능성과 실용성 추구
• 밀리터리 룩이 유행
• 컬러 영화가 제작되기 시작하여 다양한 색조 제품 개발(팬케이크)
• 두껍고 뚜렷한 곡선형의 눈썹, 도톰한 입술
• 아이펜슬로 눈꼬리 부분을 치켜올린 아이 메이크업 유행
• 핀업 걸(pin-up girl, 이상적인 여성상), 글래머러스한 스타일 유행
• 잉그리드 버그만과 리타 헤이워드의 메이크업이 유행
(두껍고 또렷한 눈썹, 도톰한 입술, 끝이 올라간 아이라인 등으로 강하고 관능적인 미를 선호)</td></tr>
<tr><td>1950년대</td><td>• 제2차 세계대전 후 미국이 문화의 중심
• 여성들이 가정으로 복귀함에 따라 여성미 추구 경향
• 산업화가 촉진되면서 소비가 증가되어 패션산업이 발달
• 팬케이크(케이크형 콤팩트 파우더)가 유행
• 오드리 헵번, 마릴린 먼로 등의 메이크업이 유행
(섹시한 이미지와 청순한 이미지가 공존한 시기)</td></tr>
<tr><td>1960년대</td><td>• 베이비 붐 세대의 성장으로 젊음과 풍요의 시기
• 컬러 TV가 보급된 시기이며 고형 립스틱이 출시
• 아이섀도, 파운데이션, 마스카라 등이 대량 제조
• 1960년 후반 상업주의와 전쟁에 대한 반발로 히피가 출현해 다양한 예술적 경향과 트렌드 유행
• 1965년 미니멀리즘의 부상으로 미니스커트 유행
• 팝아트 · 옵아트
• 유니섹스 문화와 스페이스 룩 등장
• 브리짓 바르도와 트위기 메이크업이 유행
(파스텔 톤의 아이홀 강조와 연한 컬러의 입술 화장, 풍성한 속눈썹)</td></tr>
<tr><td>1970년대</td><td>• 여성의 활동 증가(건강하고 적극적이며 개성 있는 스타일을 선호)
• 다원주의 경향
• 사회질서에 대한 저항으로 펑크족이 출현
• 라이트 파운데이션 출시로 은은하고 자연스러운 화장 유행
• 펑크 스타일과 같은 환타지 경향의 메이크업이 등장</td></tr>
<tr><td>1980년대</td><td>• 세계적 경제성장의 여파로 화려하고 강한 스타일 선호
• 화장은 자신의 건강함과 개성을 나타내는 수단
• 펄 화장의 유행
• 브룩 쉴즈, 마돈나, 소피 마르소의 메이크업이 유행</td></tr>
<tr><td>1990년대</td><td>• 경기침체와 걸프전의 영향으로 복고적인 경향과 미래적 경향이 공존
• 환경문제의 대두로 천연연료 추출 및 노화 방지 성분 등이 개발
• 다양한 기능성 제품이 출시
• 자연스러운 메이크업과 1990년대 말 아방가르드한 메이크업이 유행
• 펄과 글리터의 사용 증가</td></tr>
</table>

MEMO

2000년대	• 웰빙의 대두로 피부 건강에 치중된 내추럴 메이크업이 인기 • 메이크업의 질감에 따라 메이크업이 다양하게 유행 • 패션쇼에서 스모키 메이크업이 인기
2010년대	• 건강한 피부 표현에 중점을 둔 내추럴 메이크업 • 한류의 영향으로 남성 메이크업이 인기 • 립 컬러 혹은 아이라인으로 포인트를 주는 메이크업이 성행 • 다양한 메이크업 제품 및 도구의 발전

중요 연대별 뷰티 아이콘과 메이크업 기법

• 1910년 : 폴라 네그리, 테다 바라 – 눈 주위를 검게, 입술은 얇게 표현

• 1920년 : 클라라 보우 – 가늘고 얇은 눈썹, 아이홀을 표현한 짙은 눈 화장, 윗입술은 작고 아랫입술은 도톰하게 한 앵두 같은 입술

MEMO

• 1930년 : 그레타 가르보 – 가는 아치형 눈썹, 아이홀을 강조한 눈 화장과 길이감 있는 속눈썹, 붉은 입술

• 1940년 : 리타 헤이워드 – 약간 두껍고 뚜렷한 눈썹, 선명한 눈 화장과 도톰한 입술

• 1950년 : 마릴린 먼로 – 각진 눈썹, 길게 붙인 속눈썹, 상승형의 아이라인과 빨간 입술, 입가의 애교점

MEMO

• 1960년 : 트위기 – 파스텔 톤의 아이홀 강조, 연분홍빛 입술, 풍성한 속눈썹

4 메이크업 종사자의 자세

- 성실하고 친절한 자세를 가지도록 노력한다.
- 실수가 생기지 않도록 고객과의 상담 내용이나 예약 등을 미리 체크한다.
- 고객과의 마찰이 생기지 않도록 고객의 의견에 귀를 기울이고 상황에 대처하는 능력을 키운다.
- 고객의 얼굴을 관찰한 후 얼굴의 밸런스를 맞추어서 메이크업을 한다.
- 메이크업 도구를 사용할 때는 너무 힘을 주거나 과한 표현이 되지 않도록 하며 메이크업 콘셉트에 맞게 주의를 기울여 표현한다.
- T(Time : 시간), P(Place : 장소), O(Occasion : 상황)에 맞게 의상, 헤어, 전체적인 이미지를 고려해서 메이크업을 한다.
- 색채의 조화와 대비 등을 이용해서 조화로운 메이크업 이미지로 표현한다.
- 조명의 밝기를 고려해서 인공조명 아래서는 색상이 30% 정도 감소되므로 윤곽 표현과 색채 사용 시에는 이 점을 고려하여 메이크업 한다.
- 최신 트렌드를 강요하기보다는 고객의 개성을 살린 이미지를 표현하여 고객 만족도를 높인다.
- 살롱의 실내외 환경을 깨끗이 하고 메이크업 도구를 청결히 관리한다.
- 새로운 신기술을 연마하기 위해 시간과 노력을 아끼지 않는다.

메이크업의 기초이론

MEMO

1 얼굴형의 이해

얼굴형(골상) 분석을 통해 얼굴의 길이가 어디가 길고 짧은지, 면적이 어디가 넓고 좁은지를 파악하여 하이라이트와 섀딩을 넣어 주는 기준을 잡을 수 있다.

(1) 얼굴 분석

① 가로 3등분(얼굴 길이의 분할)

- 상부층 : 헤어 라인에서 눈썹까지 1/3
- 중부층 : 눈썹에서 콧망울까지 1/3
- 하부층 : 콧망울에서 턱선까지 1/3

② 세로 5등분(얼굴 너비의 분할)

- 왼쪽 얼굴 라인에서 눈꼬리까지 1/5
- 왼쪽 눈꼬리에서 눈 앞머리까지 1/5
- 양쪽 눈 앞머리 사이 1/5
- 오른쪽 눈꼬리에서 눈 앞머리까지 1/5
- 오른쪽 얼굴 라인에서 눈꼬리까지 1/5

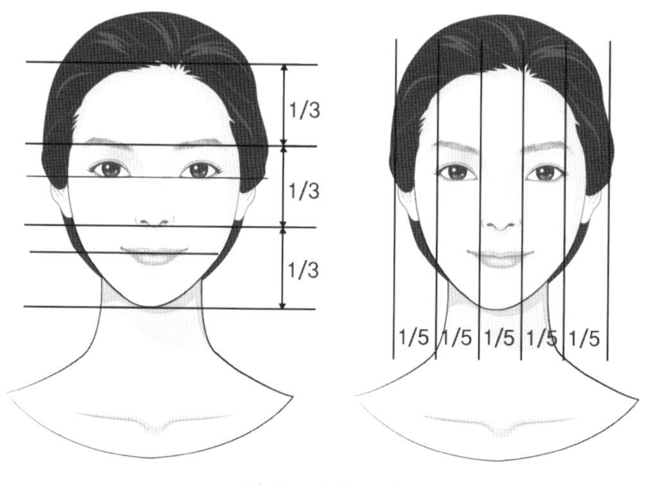

페이스 프로포션

MEMO

(2) 눈썹 길이

눈썹은 콧망울에서 일직선으로 올라온 눈 앞머리와 코볼에서 눈꼬리를 연결하는 선까지 이어지는 길이가 가장 이상적인 눈썹 길이이다. 이때 눈썹 앞머리 : 눈꼬리의 비율은 2 : 1이 적절하다.

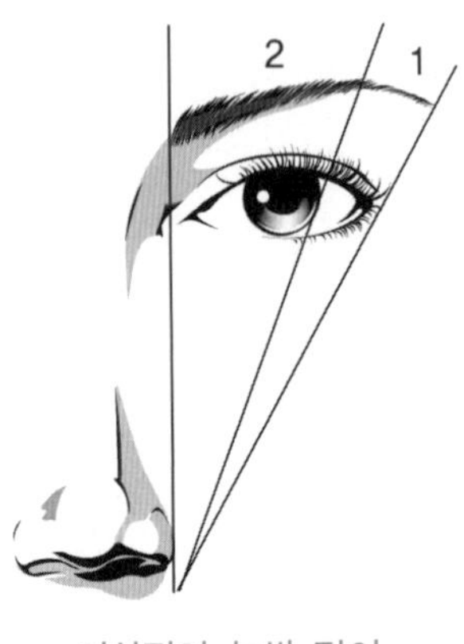

이상적인 눈썹 길이

(3) 입술

윗입술 : 아랫입술 비율은 1 : 1.5가 적절하다.

입술의 비율

2 얼굴형 및 부분 수정 메이크업 기법

(1) 얼굴형 및 수정기법

① 둥근형

동양인의 얼굴에서 주로 보이는 얼굴형으로 광대뼈 부위가 넓고 볼과 턱선이 둥글고 귀여운 이미지이다.

MEMO

- 얼굴 윤곽 : 얼굴이 갸름해 보이도록 하이라이트를 길게 넣어 주고 노즈 섀도로 입체감을 주며 섀딩으로 얼굴 윤곽을 좁아 보이게 해준다.
- 눈썹(아이브로우)의 형태 : 각이 진 상승형으로 표현한다.
- 치크(블러셔) : 사선으로 치크해서 얼굴을 전체적으로 길어 보이게 표현한다.

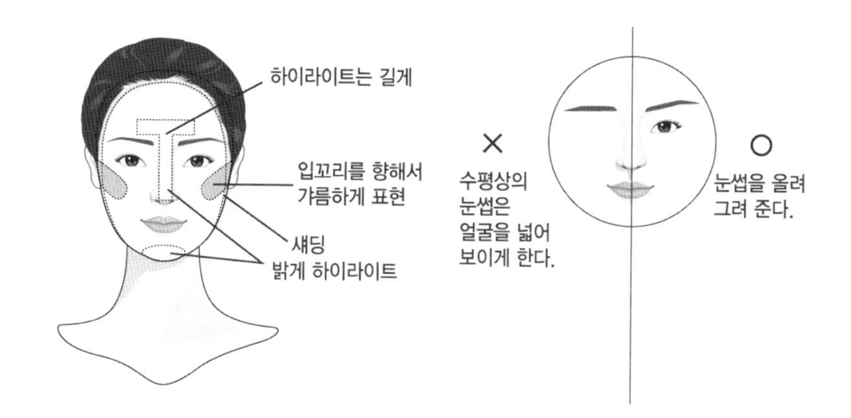

② 각진 얼굴형

얼굴의 길이에 비해 이마와 턱선이 각져 있어 폭이 넓어 보인다. 활동적이며 안정감이 있는 얼굴형이지만 의지가 강해 보이는 남성적 이미지에 가깝다.

- 얼굴 윤곽 : 이마와 턱선에 섀딩을 주어 부드러운 이미지를 연출하고 얼굴이 갸름해 보이도록 하이라이트를 이마, 코끝, 턱선 끝까지 길게 넣어 준다.
- 눈썹(아이브로우)의 형태 : 부드러운 아치형으로 표현한다.
- 치크 : 둥근 느낌으로 턱 끝을 향해 펴준다.

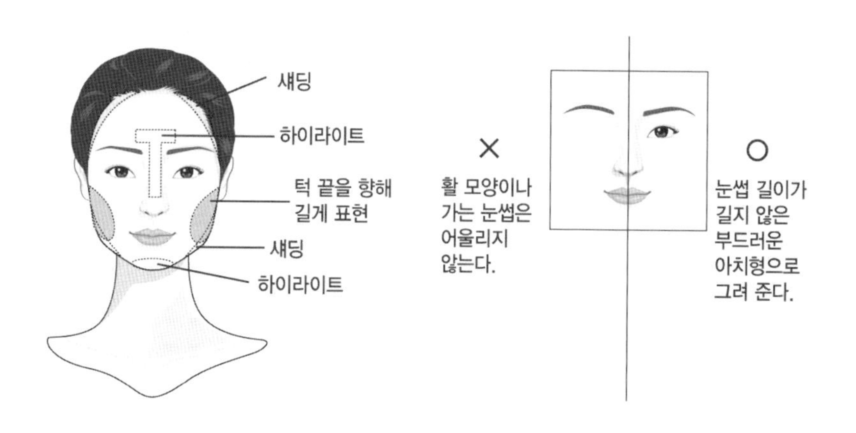

MEMO

③ 긴 얼굴형

얼굴의 가로 폭은 좁으나 세로의 길이가 긴 얼굴형으로, 성숙해 보이며 우아한 여성적인 이미지이다.

- 얼굴 윤곽 : 이마와 턱선에 섀딩을 주어 어린 이미지를 연출하고 하이라이트를 가로 느낌으로 발라 주어 볼이 통통해 보이는 효과를 준다.
- 눈썹(아이브로우)의 형태 : 수평(가로)형으로 표현한다.
- 치크 : 가로로 폭넓게 표현한다.

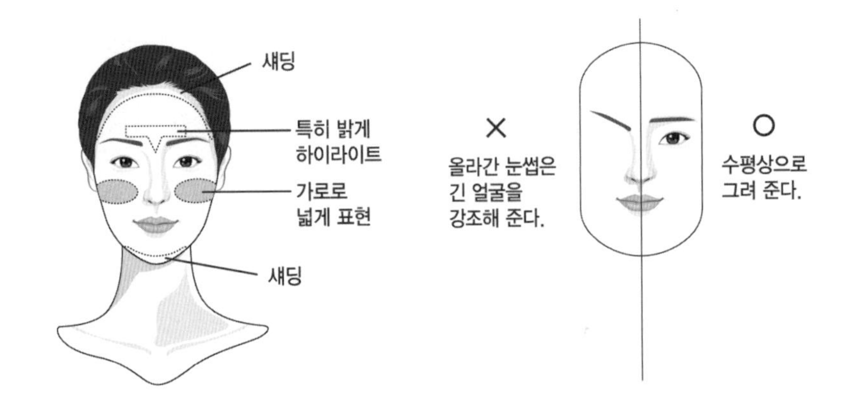

④ 역삼각형

이마가 넓고 턱이 뾰족한 얼굴형으로 세련된 이미지를 풍기며 이지적인 이미지이다.

- 얼굴 윤곽 : 넓은 이마가 좁게 보이게 이마 양옆과 턱에 섀딩을 주고, 양볼에 하이라이트를 주어 약간 통통해 보이게 해준다.
- 눈썹(아이브로우)의 형태 : 아치형으로 표현한다.
- 치크 : 광대뼈 약간 위 관자놀이에서 코끝을 향해 펴준다.

MEMO

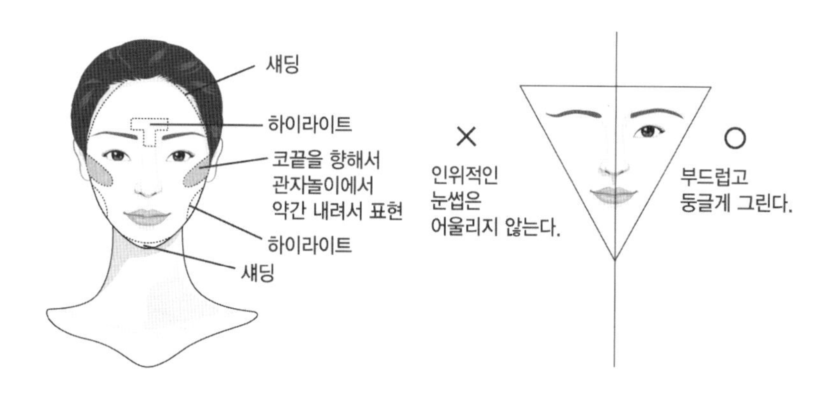

⑤ 마름모형

이마와 턱이 좁고 광대뼈가 넓고 각진 얼굴형이다.

- 얼굴 윤곽 : 이마와 미간, 양 볼 위쪽으로 하이라이트를 준다.
- 눈썹(아이브로우)의 형태 : 눈썹 앞머리를 약간 강조한 스타일로 표현한다.
- 치크 : 광대뼈에서 코끝을 향해 부드럽게 표현한다.

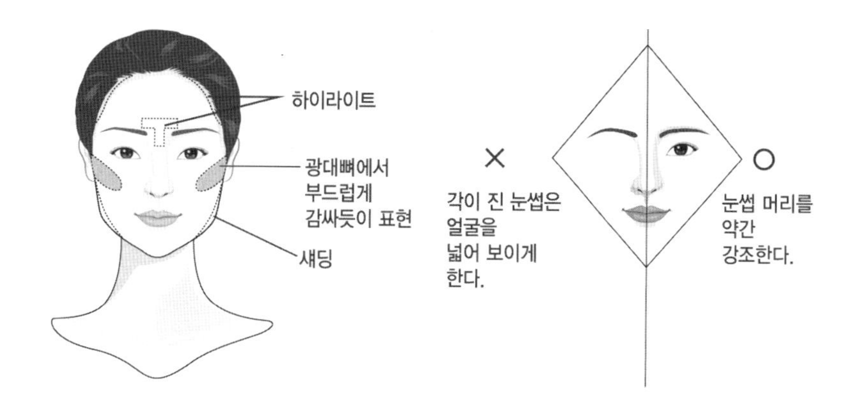

MEMO

(2) **얼굴 윤곽 수정기법**

하이라이트는 얼굴의 윤곽을 돌출되어 보이게, 섀딩은 얼굴의 윤곽을 축소되어 보이게 해주는 기법이다.

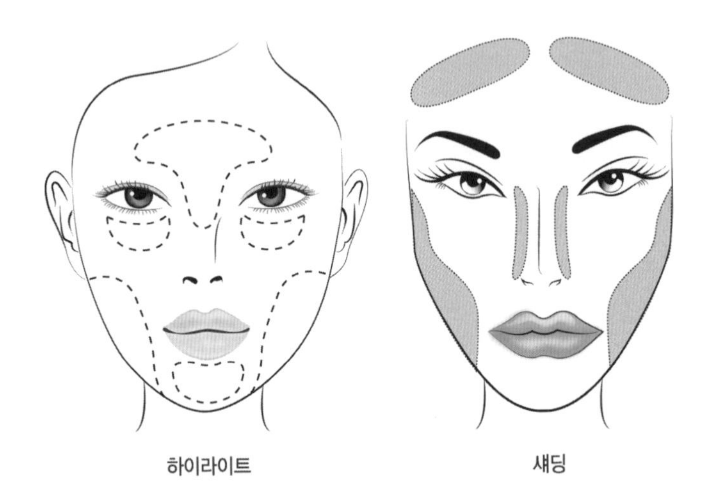

하이라이트　　　　섀딩

3 기본 메이크업 기법

(1) **베이스 메이크업**

① 메이크업 베이스의 기능

- 색조화장품으로부터 피부를 보호한다.
- 피부의 결점을 커버하면서 피부에 색조 효과를 낸다.
- 파운데이션의 퍼짐성과 밀착력・지속력을 향상시킨다.
- 피부의 번들거림을 방지한다.

② 메이크업 베이스의 종류

종 류	기 능
리퀴드 타입	수분을 많이 함유하고 있는 제품
크림 타입	커버력이 강한 제품(일명 컨실러)
젤 타입	주로 여름철에 사용, 지성 피부에 적합

MEMO

리퀴드 타입

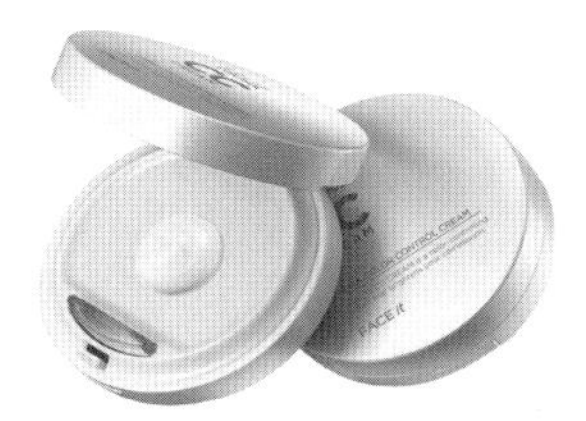

크림 타입

젤 타입

MEMO

③ 메이크업 베이스의 색상에 따른 효과

색 상	기 능
녹색(green)	붉은 피부톤 조절, 잡티 커버
청색(blue)	기미, 주근깨, 잡티가 많은 피부에 적합
분홍색(pink)	혈색이 없고 창백한 얼굴에 화사함을 부여
보라색(purple)	노랗고 칙칙한 피부톤을 중화시켜 자연스러운 피부로 표현
노란색(yellow)	어두운 피부를 중화시켜 밝게 해줄 때 적합
흰색(white)	피부를 투명하고 밝게 표현
주황색(orange)	태닝한 듯한 피부를 표현할 때 적합

(2) 프라이머와 컨실러

① 프라이머의 종류와 기능

- 메이크업의 밀착력을 높이는 역할을 한다.
- 실리콘이나 왁스 성분이 들어 있어 피부의 모공과 잔주름으로 인한 피부에 균일하고 얇은 막을 형성한다.

종 류	기 능
젤 타입	수분감이 많아 건성 피부에 적합
펄 베이스 타입	펄 성분은 빛을 반사시켜 얼굴을 화사하게 표현
로션 타입	촉촉하고 건강한 피부로 표현
메이크업 베이스 겸용	파운데이션 사용 전 원래 피부색을 보정해 주는 역할
포인트 프라이머	포인트 메이크업을 위한 프라이머(아이섀도, 립, 마스카라)
실리콘 타입	피지 분비를 막아 지성 피부에 적합

MEMO

② 컨실러의 종류와 기능

고른 피부톤을 만들기 위해 추가적으로 필요한 부분을 커버할 때 효과적이다.

종 류	기 능
리퀴드 타입	수분 함량이 많아서 자연스러운 피부 표현에 적합
크림 타입	커버력이 좋아 다크서클이나 잡티를 커버하는 데 효과적
스틱 타입	커버력이 매우 좋아 붉은 반점이나 여드름 등의 뾰루지 커버에 적합, 무대화장에 효과적
펜슬 타입	사용이 간편하여 작은 결점 커버에 적합

(3) 파운데이션

- 피부톤을 정리해 주어 자연스러운 피부색을 표현할 수 있다.
- 부분 화장을 돋보이게 해준다.
- 외부 환경(자외선, 먼지 등)의 자극으로부터 피부를 보호한다.
- 얼굴 윤곽을 수정하여 입체감을 주고 파우더의 밀착력과 지속력을 높인다.

① 파운데이션의 기본 세 가지 컬러

종 류	기 능
베이스 컬러	피부색과 유사색
섀딩 컬러	베이스보다 한두 톤 어두운색으로 좁게 보이고 싶거나 가늘게 혹은 움푹하게 들어간 것처럼 보이고자 하는 부위에 사용 (각진 턱, 넓은 이마, 헤어라인, 얼굴 윤곽 등)
하이라이트 컬러	베이스보다 한두 톤 밝은색으로 좀 더 넓고 크게 또는 돌출되어 보이고자 하는 부위에 사용 (이마, 콧등, 턱, 눈 밑 주위 등)

MEMO

② 파운데이션의 종류와 기능

종 류	질 감	기 능
무스 타입		리퀴드 파운데이션보다 보습력과 퍼짐성은 좋으나 커버력은 약함
리퀴드 타입		• 수분이 많아 산뜻하며 촉촉하고 윤기가 있지만 표현력과 커버력이 약함 • 자연스러운 피부 표현에 적합 • 봄, 여름에 사용하기 적합(수분>유분)
크림 타입		• 보습 효과와 함께 파운데이션의 밀착감을 높여 주는 제품으로 건성 피부에 적합 • 가을, 겨울에 사용하기 적합(수분<유분)
스킨커버		• 크림 타입보다 커버력이 좋아 무대화장, 신부화장에 적합 • 피부 결점이 많은 피부나 건성 피부에 적합(수분<유분)
투웨이 케이크		• 스킨커버 타입을 반건조시켜 특수 처리한 것으로 자외선 차단이나 커버력이 우수하고 빠른 시간에 메이크업을 할 수 있음 • 물과 함께 사용하면 지속력을 높일 수 있는 장점을 가진 반면 주름이 지거나 건조해지기 쉬움
파우더 타입		보습기능을 강화하여 수분을 지속적으로 공급하여 촉촉한 피부 상태로 유지시켜 주며, 사용감이 간편하고 스피디한 화장이 가능
스틱 타입		• 커버력이 강하고 지속력이 우수해서 전문가용으로 많이 사용 • 방송, 무대, 웨딩 메이크업에서 다양하게 사용
팬케이크		• 방수 효과와 지속력이 매우 우수하고 반드시 물과 함께 사용해야 함 • 기름 함량이 매우 적으므로 지성 피부에 적합

피부 타입별 가장 적당한 파운데이션 고르기

- 건성 피부 : 유분이 많은 것을 선택하기, 크림 타입이나 스킨커버 적당
- 지성 피부 : 유분 함량이 적은 것을 선택하기, 파우더 파운데이션이나 투웨이 케이크, 팬케이크 타입이 적당

③ 얼굴 부위별 파운데이션 테크닉

종 류	명 칭	얼굴 부위
하이라이트 존	T존	이마와 코
	O존	눈 주위와 입술 주위
	Y존	양쪽 눈 밑과 턱
섀딩 존	S존	양쪽 볼
	페이스라인 존	귀 앞머리, 턱선
	헤어라인 존	이마 위 두피

④ 파운데이션의 색상별 효과

색 상	효 과
아이보리 계열	피부를 깔끔하게 해주고 붉은 피부, 잡티 피부에 적합
분홍 계열	혈색 보완, 창백한 얼굴을 보완하여 화사함 연출
갈색 계열	햇볕에 그을린 구릿빛 피부 연출
오커 계열	엷은 황토색으로 혈색을 좋아 보이게 해주는 모든 피부에 무난한 타입

MEMO

⑤ 파운데이션을 바르는 기법

- 슬라이딩(문지르기) : 얼굴 전체에 고르게 펴주는 기법이다.
- 패팅(두드리기) : 피부의 결점을 커버하거나 자연스럽게 베이스 컬러 색상을 그라데이션하는 기법이다.
- 라이닝(선 긋기) : 콧대선, 눈썹뼈 하이라이트, 얼굴 윤곽 수정에 주로 사용하는 기법이다.
- 롤링(연결하기) : 파운데이션 색상과 윤곽 수정 색상인 섀딩과 하이라이트 색상을 자연스럽게 연결하는 기법이다.

⑥ 파운데이션을 바를 때 주의사항

- 피부색이나 T.P.O에 맞는 제품을 고르도록 한다.
- 피부의 결점을 가리려고 너무 많은 양을 바르지 않도록 주의한다.
- 헤어라인이나 페이스라인의 경계선이 생기지 않도록 주의한다.
- 눈으로 보이는 색과 피부에 바르는 색의 차이가 적게 해야 한다.

(4) 파우더

① 파우더의 기능

파우더는 파운데이션의 유분기 제거가 가장 큰 목적으로, 피부 색상을 깨끗하게 연출해 주고, 파운데이션의 지속력을 높여 주며, 외부 자극으로부터 피부를 보호하는 기능이 있다.

② 파우더의 종류

- 분말(파우더) 타입 : 피부에 투명감을 주며, 피지나 땀을 흡수하여 피복성을 높여 준다.
- 압축(콤팩트) 타입 : 커버력이 뛰어나고 사용이 편리하며 휴대하기가 용이하다.

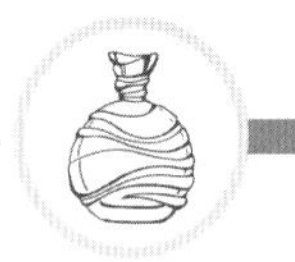

MEMO

③ 파우더의 색상별 분류

색 상	용 도
투명	파운데이션의 색상을 그대로 표현, 자연스러운 피부 표현
녹색	피부의 붉은 기를 중화
보라색	화장의 마무리 단계에서 칙칙한 이미지를 화사하게 연출
분홍색	창백한 피부에 혈색을 주어 화사함을 연출
주황색	까무잡잡한 피부를 강조
노란색	검은 피부를 중화

④ 파우더의 특성

특 성	기 능
피복성	피부의 색조를 보정하는 기능
흡수성	화장의 번질거림과 지워짐을 방지
부착성	장시간에 걸쳐 피부에 부착하는 성질
착색성	적절한 광택을 유지, 피부 색조 조정
신전성	파운데이션과 어우러져 피부에 생동감 부여

⑤ 파우더를 바를 때 주의사항

- 적당한 양으로 조절하기 위해서 분첩에 파우더를 묻혀 반으로 접어서 바른다.
- 2개의 분첩을 서로 맞물리게 하여 여분을 털어 내고 사용한다.
- 피지 분비가 많은 턱이나 이마에서 시작해 얼굴 바깥쪽에서 안쪽으로 향하도록 바른다.
- 피지분비량이 왕성한 T존 부위는 소량을 발라 준다.
- 콧등, 눈두덩, 헤어라인, 목과 턱의 경계선까지 섬세하게 바르도록 한다.
- 페이스파우더를 다 바른 후에는 분첩의 옆면이나 브러시로 파우더의 여분을 털어 내고 솜털을 정리해 메이크업이 들뜨는 것을 방지한다.
- 메이크업을 고쳐야 할 경우는 티슈로 유분기를 먼저 제거한 후 덧바르도록 한다.

MEMO

(5) 눈썹(아이브로우)

- 얼굴형이나 눈매를 보완해 준다.
- 인상을 결정한다.
- 눈썹의 형태, 색상, 모량, 길이 등에 따라 다양한 개성을 표현할 수 있다.
- 얼굴의 이미지를 변화시키는 데 많은 영향을 줄 수 있다.
- 가장 이상적인 눈썹은 털이 고르고 규칙적이며 헤어 컬러와 눈썹 색이 동일한 경우이다.

① 눈썹의 기본위치

- 눈썹 앞머리 : 눈썹 앞머리와 눈꼬리의 비율은 2 : 1이 이상적이다. 가로로 선을 그어 눈썹 머리와 꼬리가 일직선상에 있어야 한다.
- 눈썹산 : 콧망울에서 세로로 선을 그어 눈동자의 바깥쪽과 일직선상에 위치하도록 한다. 눈썹 전체 길이의 2/3쯤이 적당하다.
- 눈썹 꼬리 : 콧망울과 눈꼬리를 잇는 연장선상에 오도록 한다.

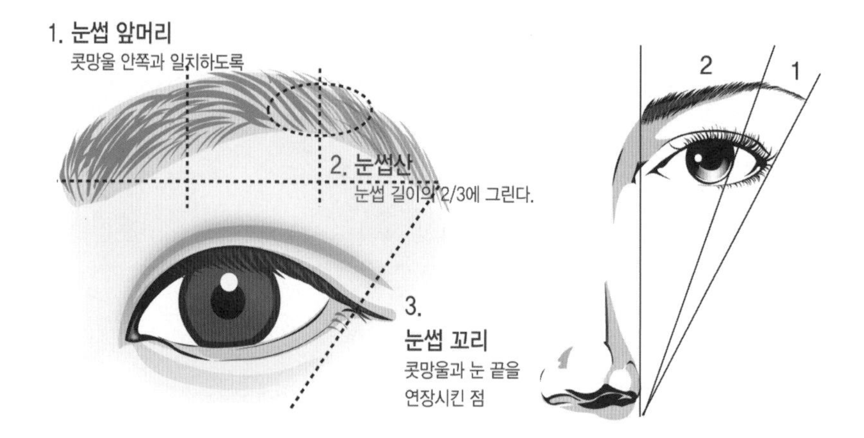

이상적인 눈썹 산과 눈썹 길이

MEMO

② 눈썹 형의 종류

종 류	이미지	
기본형	가장 자연스러운 형태의 눈썹	
아치형	• 고상하고 품위 있는 이미지 • 우아하고 여성적인 이미지 • 각진 얼굴형에 적합	
직선형	• 남성적인 느낌 • 젊고 활동적인 이미지 • 긴 얼굴형에 적합	
각진형	• 직선적이며 눈썹산의 각이 선명하고 세련된 느낌을 주는 눈썹 • 둥근 얼굴형에 적합	
둥근 아치형	• 완만한 각의 눈썹 높이로 세련되고 지적이며 단정한 이미지 • 각진 얼굴형에 적합	

③ 눈썹 그리기 테크닉

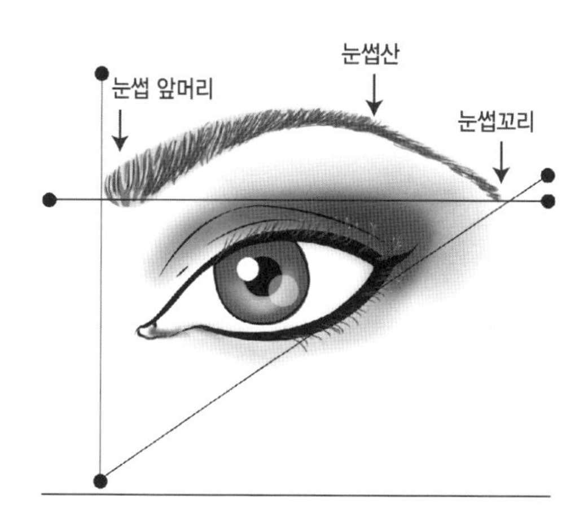

MEMO

- 눈썹 브러시로 눈썹을 눈썹털이 난 방향으로 빗어 준다.
- 너무 각을 주거나 진하지 않게 회색 펜슬을 이용해 그려준 후, 눈썹산 부위에 갈색의 아이섀도를 브러시로 가볍게 덧발라 준다.
- 눈썹 사이의 간격은 두 눈썹 사이에 눈 하나가 들어갈 정도를 유지한다.
- 눈썹의 시작 부분은 연하게 펴주고 중간은 옅은 갈색, 진회색 등의 아이섀도로 첨가하며 끝부분은 자연스럽게 좁아지면서 끝을 맺는다.

눈썹의 간격은 벌어질수록 이마가 넓어 보이며, 좁아질수록 얼굴 전체가 길어 보이는 효과를 낸다.

- 각이 진 눈썹 : 둥근 얼굴을 세련되어 보이게 하므로 둥근 얼굴이나 사각형의 얼굴에 적당
- 둥근 눈썹 : 턱이 좁은 역삼각형의 얼굴을 우아하고 밝은 이미지로 만드는 데 효과적
- 직선에 가까운 눈썹 : 활발하고 발랄한 이미지를 만들지만 얼굴이 커 보임

④ 눈썹 형태에 따른 정리방법

- 굵고 진한 눈썹 : 먼저 빗질을 하고 눈썹가위로 끝을 아주 조금만 잘라 준다.
- 뽑기 힘들고 빈약한 눈썹 : 눈썹을 잘 빗고 눈썹 라인에서 벗어난 것만 뽑는다.
- 길고 섬세하며 처진 눈썹 : 눈썹 끝을 아주 조금씩 잘라 주고 평소에 자주 눈썹 브러시를 이용하여 위로 빗어 처지는 것을 방지하며 투명 마스카라로 올려 준다.

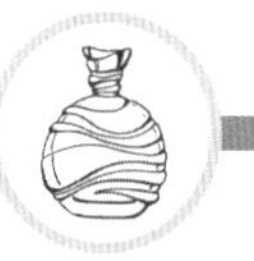

MEMO

⑤ 아이브로우 제품의 종류

종 류	기 능
펜슬 타입	• 자연스러운 회색 펜슬을 가장 많이 사용 • 눈썹의 모양을 잡을 때 편리 • 강한 선을 원할 때는 부드러운 소프트 타입의 펜슬 타입 사용
케이크 타입	• 가장 자연스럽게 눈썹 연출이 가능 • 눈썹 숱이 많은 사람에게 적당 • 자연스러운 면 처리가 가능 • 눈썹의 면을 채우고 펜슬로 그려 주면 효과적

⑥ 아이브로우의 색상 선택

눈썹은 그 색상에 따라 이미지가 변하게 되는데, 대부분 헤어 컬러나 눈동자 색깔, 혹은 색조화장의 톤에 맞춘다.

색 상	이미지 분류
검은색	피부가 흰 사람에게 적당하며 개성적인 이미지, 고전적인 이미지
회색	차분하고 자연스러운 이미지
갈색	세련되고 우아해 보이며 지적인 이미지

(6) 아이 메이크업

아이 메이크업은 아이섀도, 아이라인, 마스카라로 나눌 수 있다. 개인의 눈 모양과 전체적인 스타일에 따라 어느 것에 더 중점을 두어야 할지 미리 파악해 생각해 두고 메이크업을 해야 한다.

MEMO

① 아이섀도

아이섀도는 눈에 음영을 주어 입체감을 주고, 눈매를 수정하는 역할을 하며, 다양한 분위기를 연출해 표정 있는 눈매를 만들어 준다.

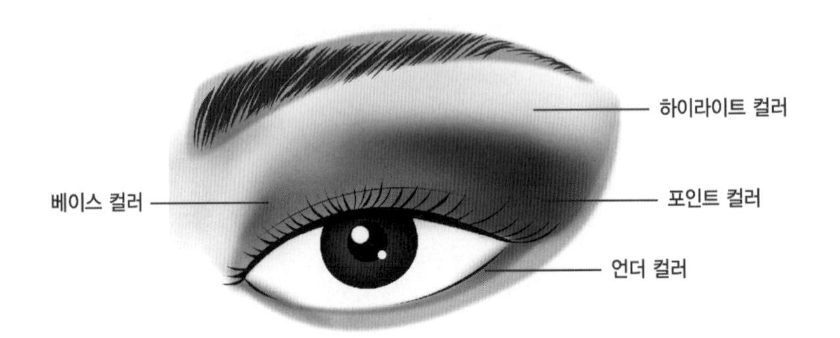

| 아이섀도의 컬러 명칭 |

컬러 명칭	역 할
베이스 컬러 (base color)	눈두덩이 전체에 도포하는 색 (메인이나 포인트 컬러의 발색 효과 도움)
메인 컬러 (main color)	주로 아이홀을 중심으로 펴주는 컬러 (베이스 컬러보다는 진하고 포인트 컬러보다는 연한 색)
포인트 컬러 (point color)	눈매의 강조를 위해 사용하는 색 (사용하는 색에 따라 이미지 변화)
하이라이트 컬러 (highlight color)	눈썹 뼈, 눈동자 중앙이나 눈머리에 주로 사용
언더 컬러 (under color)	아래 눈꺼풀 부분에 바르는 색

| 아이섀도의 타입별 기능 |

타 입	기 능
펜슬 타입	휴대가 간편하고 사용이 편리하지만 그라데이션이 잘 안 되고 뭉치며 사용 색상이 다양하지 못하다는 단점이 있다.
케이크 타입	가장 대중적인 타입으로 사용이 편리하다. 색상이 다양하고 색을 혼합하여 사용하기 쉬우며 그라데이션이 편하다. 반면 가루 날림이 있어 얼룩이 생길 수 있고, 지속력이 약해서 수시로 덧발라야 하는 단점이 있다.
크림 타입	유분이 많아 부드럽고 발림성이 좋다. 지속력이 우수해서 전문가들이 주로 사용한다.
파우더 타입	주로 펄 타입이라 글로시한 질감을 표현하기에 좋다.

MEMO

a. 아이섀도 색상 선택 시 고려사항

- 의상 색과 동일 계열 혹은 조화를 이루는 컬러
- 헤어 컬러와 눈동자 색과 조화를 이루는 컬러
- 눈의 크기와 형태에 따른 조화를 이루는 컬러
- 계절이나 유행색에 따른 컬러

아이섀도 사용 시 주의사항

- 브러시에 섀도를 묻힌 후 손등에서 양을 조절한다.
- 한꺼번에 많은 양을 바르지 말고 조금씩 여러 번 덧바른다.
- 섀도 색상이 뭉치거나 얼룩이 지지 않도록 한다.
- 섀도 가루가 다른 부분에 날리거나 색상이 혼합되지 않도록 한다.

| 아이섀도 색상 효과와 피부 타입 |

색 상	효 과	피부 타입
분홍색	부드러운 여성스러움, 귀여움	흰 피부
청색	눈을 가장 뚜렷하게 보이게 하고 눈이 커 보임, 무채색과 잘 어울림	흰 피부
녹색	대체로 피부색과 반대색이라 녹색을 배경으로 하면 피부가 돋보임, 파랑과 배색하면 강하면서도 매력적인 효과	다갈색 피부
갈색	어두워질수록 검은색의 속성을 지니는 효과	모든 피부
주황색	사교적, 따뜻한 친밀감	노란 피부
보라색	아이보리, 파랑과는 우아하게 보이고, 파스텔 톤과 잘 어울림	흰 피부
회색	세련, 지적, 안정감, 편안함. 파란색이나 붉은색과 잘 어울림	흰 피부
검은색	다른 색과 코디할 때 색의 명도를 높여 다른 색들을 더욱 밝게 해줌	흰 피부

MEMO

b. 눈 형태별 표현기법

아이섀도는 눈의 형태에 자연스러운 음영과 색감을 주어 개성 있는 눈매를 연출할 수 있고, 아이섀도의 표현기법으로 눈 모양이나 이미지 등을 어느 정도 수정할 수 있다.

- 작은 눈 : 펄이나 밝은색 아이섀도를 사용하여 눈꺼풀 전체를 도포하듯 바른다. 전체 길이의 중간에서 뒤로 짙은 색을 이용하여 길게 빼준다. 아래 눈꺼풀도 1/3 정도부터 뒤로 짙은 색을 사용하여 길게 빼준다.
- 둥근 눈 : 눈꼬리 상단에 짙은 색을 사용하여 길게 보이게 해준다. 눈 중앙에 짙은 색을 사용하면 더욱 둥글게 보이므로 주의한다.
- 튀어나온 눈 : 펄은 튀어나온 눈을 더욱 나와 보이게 하기 때문에 갈색이나 회색을 사용하여 엷게 펴 발라 매트한 느낌을 준다. 아랫부분에 하이라이트를 주고 악센트 컬러는 눈 형태에 따라 선을 그리듯 그려 준다.
- 간격이 넓은 눈 : 눈과 눈의 간격을 좁아 보이게 하기 위해서 눈머리에서 코를 향해 엷게 펴서 발라 준다.
- 간격이 좁은 눈 : 눈머리에서 중간까지는 넓어 보이는 느낌이 들게 밝은색으로 발라 주고 꼬리 쪽은 짙은 색으로 볼륨만 살려 준다.
- 눈꼬리가 올라간 눈 : 온화한 색상(자주, 갈색, 보라 등)을 이용하여 눈머리를 짙게, 가운데에서 꼬리까지는 엷게 바른다. 아랫부분에도 수평으로 엷게 펴준다.
- 눈꼬리가 처진 눈 : 아이섀도 색상은 산뜻하고 차가운 느낌이 드는 청색이나 녹색과 같은 한색 계열을 쓴다. 처음엔 가늘게 그리다가 꼬리 쪽으로 갈수록 치켜 주듯 샤프하게 표현한다.

MEMO

② 아이라이너

| 아이라이너의 종류 |

종 류	형 태	기 능
펜슬 타입		초보자가 사용하기에 간편하며 수정이 용이하나 정교한 라인 연출이 어렵고 지속력이 떨어진다. 유분기가 많은 것은 잘 지워지고 딱딱한 것은 잘 지워지지 않는다.
리퀴드 타입		번짐 없이 섬세한 라인을 오래 지속시키고 내구성·방수성이 강하다. 그린 후에 수정이 어렵고, 강하게 표현되므로 테마별 화장에 따라 두께, 길이를 잘 조정해서 표현하여야 하고 속눈썹 끝까지 빈틈없이 그리는 테크닉을 연마하여야 한다.
케이크 타입		가는 아이라이너 브러시에 물 또는 스킨을 묻혀 그리는 것으로 리퀴드와 펜슬의 중간 느낌을 갖는다. 정교하면서도 자연스러워 널리 사용되고 있다. 물의 양에 따라 농도 조절도 가능하여 사용하기 편리하나 지속력은 떨어진다.
붓펜 타입		색상이 진하고 광택이 없으며 자연스럽게 그리기에 좋다.
젤 타입		지속력이 높고 번짐이 적으며 부드러운 질감으로 또렷한 표현이 가능하다.

MEMO

a. 아이라이너 색상 선택

- 검은색 : 가장 대중적으로 쓰이는 기본색
- 회갈색 : 자연스러운 느낌 또는 이국적 표현 시 잘 어울리는 색
- 보라색, 청색, 녹색 : 섀도와 맞추어 눈 화장을 돋보이게 하는 색
- 흰색 : 눈 밑 점막 부위에 사용하는 확장색

b. 아이라이너 사용 시 주의사항

- 먼저 펜슬 타입으로 속눈썹 사이사이를 메꾸어 주듯이 바른다.
- 리퀴드나 케이크 라이너를 사용할 때는 브러시에 묻은 양을 손등에서 조절한다.
- 모델의 시선은 아래를 향하도록 하며, 기본적으로 가늘게 그린다(점막 위에 바로 그린다).
- 중앙에서 바깥쪽으로, 눈머리에서 중앙 쪽으로 그린다.
- 언더라이너는 눈동자 바깥 선을 기준으로 펜슬 타입을 주로 사용한다.

c. 눈 형태에 따른 아이라이너 사용 테크닉

- 작은 눈 : 작은 눈을 크게 보이려고 아이라인을 두껍고 진하게 그리고, 섀도를 진하게 바르면 오히려 자신감이 없는 것이 그대로 얼굴에 드러난다. 섀도를 너무 화려하고 진하게 바르기보다는 아이라인을 깔끔하게 그리고 마스카라를 섬세하게 발라 주어 눈에 초롱초롱 생기가 나도록 해준다.
- 쌍꺼풀이 없는 눈 : 눈이 가는 것을 커버하려고 아이라인과 섀도를 강하게 하면 눈과 동떨어진 눈매를 연출하게 된다. 아이라인을 눈머리와 눈꼬리는 가늘게, 중앙은 좀 더 두껍게 칠해주되 부자연스럽지 않으면서 둥글게 보이도록 한다.
- 쌍꺼풀이 있는 눈 : 쌍꺼풀진 눈은 눈매가 더욱 또렷해 보여 여성들이 가장 선호하는 눈의 형태이다. 눈 위쪽에 엷게 그려 주고 아래 라인은 그리지 않는다. 눈이 큰 경우 메이크업을 지나치지 않고 자연스럽게 해주는 것이 요령이다. 윗 라인을 눈꼬리에서 약간 내려 그리고 아래 라인은 눈꼬리까지 그린다.

MEMO

- 눈꼬리가 내려간 눈 : 귀여워 보이지만 멍청해 보일 수도 있으며 위쪽 아이라인을 실제의 선보다 조금 위로 1/3만 올려 준다. 눈꼬리 쪽을 굵게 그려 주되 지나치게 그리면 부자연스러워 보인다. 눈꼬리 쪽에 섀도로 포인트를 주고 언더라인은 그리지 않는다.
- 눈꼬리가 올라간 눈 : 눈꼬리가 올라간 눈을 가진 사람은 다소 고집스럽고 지나치게 강해 보일 수 있으므로, 눈가의 메이크업으로 부드러운 이미지를 연출해 준다. 아이라인은 올려서 그리지 않는다. 눈 밑 언더라인은 눈꼬리에서 1/3까지만 그려 주는데 실제의 선보다 조금 아래로 그린다. 입술도 도톰하게 그려 주면 표정이 더욱 부드러워진다.

③ 마스카라

마스카라는 속눈썹을 짙어 보이게 함으로써 아이라인과 함께 뚜렷하고 선명한 눈매로 보이게 하는 효과가 있다. 기본색은 검은색이지만 요즈음은 다양한 색상이 있어 개성 있는 화장을 마음껏 연출할 수 있다.

a. 마스카라의 종류

마스카라는 속눈썹에 발라 속눈썹을 짙고 길어 보이게 하는 것으로 자극이 없는 안정성 높은 원료의 선택이 필요하다.

- 리퀴드 마스카라 : 대중적인 제품으로 사용하기 편하여 사용감이 가장 자연스러운 제품이다. 비닐 타입의 방수용 제품과 크림 타입의 비방수용 제품이 있다.
- 롱 래시 마스카라 : 실 마스카라(cil mascara)는 인공적으로 섬유질을 보완하여 속눈썹을 일시적으로 길어 보이게 하는 효과가 있는데, 숱이 많고 길어 보이는 것이 특징이다. 동양인들과 같이 속눈썹의 숱이 많지 않은 사람들이 사용하면 효과적이다. 그러나 시간이 경과함에 따라 섬유질이 떨어질 우려가 있으므로 제품 선택을 잘 해야 한다.
- 케이크 마스카라 : 고형 타입의 케이크 제품으로 물이나 스킨을 이용하여 사용하는데, 내수성은 없다.

MEMO

- 투명 마스카라 : 젤리 타입으로 눈썹의 영양제로 사용된다. 남성 메이크업의 경우나, 속눈썹을 올려 줄 때 사용한다.

b. 마스카라 색상 선택

- 청색 마스카라 : 시원하고 상큼한 이미지
- 녹색 마스카라 : 생동감 있고 싱그러운 이미지
- 갈색 마스카라 : 지적인 분위기, 자연스럽고 무난한 이미지
- 보라색 마스카라 : 신비스럽고 화려한 이미지

c. 마스카라 사용 시 주의사항

- 마스카라가 뭉쳤을 때 : 마스카라 빗으로 속눈썹의 결을 따라 살살 빗어 준다. 마스카라를 바를 때 솔에 내용물을 묻히기 위해서 여러 번 펌프질을 하면, 마스카라 브러시가 상하거나 솔대가 휘게 되므로, 살짝 돌려 부드럽게 꺼내도록 한다.
- 마스카라가 딱딱하게 굳었을 때 : 오일이나 스킨을 몇 방울 떨어뜨리면 딱딱하게 굳은 것이 녹아 사용할 수 있다. 그러나 너무 많은 양을 떨어뜨리면 색상이 희미해질 수 있으므로 주의해야 한다.
- 마스카라가 눈 밑에 묻었을 때 : 마스카라가 다 건조된 후, 면봉에 파우더를 약간 묻혀 닦아 낸다. 건조되기 전에 닦아 내면 번져서 더 지저분할 수가 있으므로 주의한다. 또한 눈 화장 시 붉은색의 페이스파우더를 눈 아래에 바르고 나서 마스카라를 하면, 내용물이 묻더라도 페이스파우더를 털어 내면 쉽게 지울 수 있다.
- 마스카라를 지울 때 : 눈 주위는 다른 부위에 비해 건조하고 매우 얇아 자극을 쉽게 받기 때문에 클렌징을 할 때 무향·무취의 아이 리무버를 사용하는 것이 바람직하다. 사용할 때는 눈에 들어가지 않도록 주의하면서 면봉에 리무버를 묻혀 속눈썹 뿌리 쪽에서 쓸어내리듯이 닦아 낸다.

MEMO

(7) 치크 메이크업

① 치크의 목적

- 건강한 혈색을 줄 수 있다.
- 여성스러운 이미지를 연출할 수 있다.
- 얼굴형을 수정하여 준다.

② 치크의 종류

종 류	형 태	효과 및 기능
케이크(파우더) 타입		• 가장 일반적으로 널리 사용되는 제품이며 브러시로 바른다. • 색감 표현이 용이하고 자연스러워 화장을 처음 하는 사람이라도 손쉽게 사용할 수 있다. • 혈색을 나타내거나 윤곽 수정 등 여러 가지로 이용할 수 있다.
크림 타입		• 혈색을 주기도 하나 주로 윤곽 수정에 많이 이용된다. • 파운데이션을 바른 후 파우더를 사용하기 전에 손이나 스펀지를 이용하여 바른다.

③ 치크 색상 선택 요령

치크는 사용 색상에 따라 메이크업의 분위기를 장소에 맞춰 개성 있게 변화시킬 수 있으므로 자신의 피부색이나 표현하고자 하는 메이크업의 이미지를 고려하여 선택하도록 한다.

색 상	효 과
분홍색 계열	우아하고 사랑스러우며 여성스러운 느낌
주황색 계열	신선하고 생동감 넘치는 느낌
갈색 계열	현대적이고 지적이며 세련된 느낌

MEMO

④ 치크 기본 범위

- 정면을 바라보았을 때 눈동자의 바깥 부분과 콧망울 위쪽 이내에서 광대뼈를 스치듯이 펴 바른다.
- 연필을 가볍게 잡고 눈동자로부터 수직으로 놓는다.
- 다른 연필을 콧망울 아래에 수평으로 놓는다.
- 연필이 교차되는 안쪽 부위가 치크를 사용하는 적절한 위치이다.

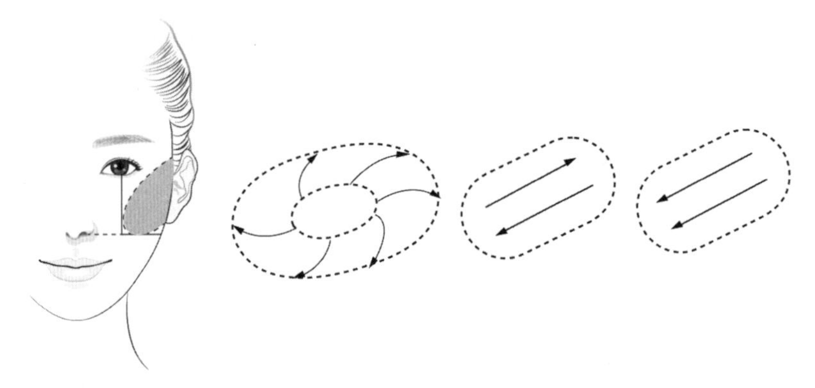

치크의 위치와 방향

a. 치크의 농도 조절

- 치크는 전체를 같은 색조로 칠하는 것이 아니라, 중심이 되는 부위를 가장 진하게 하고 주위는 자연스럽게 퍼뜨려 경계선이 없도록 한다.
- 브러시에 내용물을 묻힌 다음 손등에서 양을 조절하여 가벼운 터치로 바르도록 한다.
- 먼저 엷게 칠하고 그 다음 진하게 하고 싶은 부분에는 중복해서 칠하도록 한다.
- 색이 너무 진하다고 생각될 때에는 치크를 바른 위에 파우더를 덧발라 주면 색이 좀 더 엷게 표현된다.

MEMO

b. 치크의 바르는 범위에 따른 사용법

- 넓게 바를 때 : 바르는 범위의 중심에서 바깥쪽을 향하여 자연스럽게 바른다.
- 좁게 바를 때 : 바르는 범위에 브러시를 상하로 움직이며 바른다. 선적인 느낌으로 강조할 때는 한쪽 방향으로 움직여서 바른다.

c. 치크 응용방법

얼굴의 입체감은 보통 아이섀도나 치크에 의해 표현된다. 치크를 바르면 일반적으로 생동감을 주는 것만으로 생각하기 쉬우나, 치크는 바르는 위치에 따라 많은 변화를 주게 된다.

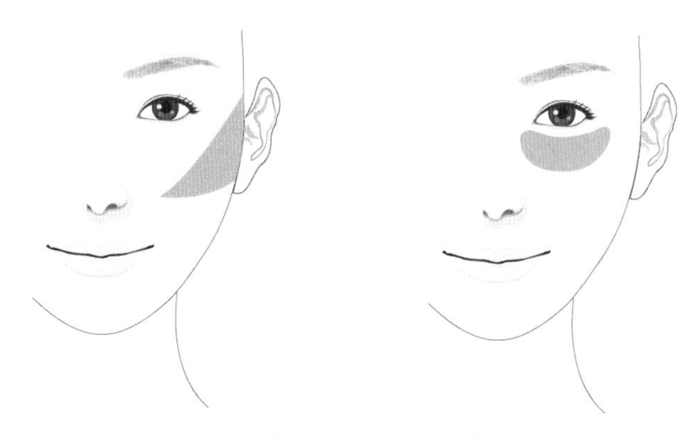

치크의 위치에 따른 느낌

MEMO

ㅣ얼굴형에 따른 치크 메이크업 방법ㅣ

얼굴 형태		방 법
둥근형		관자놀이부터 앞쪽으로 사선 방향으로 그라데이션한다.
사각형		볼의 넓은 부위를 둥근 느낌으로 터치하여 각져 보이는 얼굴을 최소화한다.
긴 형		일직선의 느낌으로 그라데이션하여 분할된 느낌이 들도록 한다.
달걀형		광대 부분을 둥글게 터치하여 색감을 주도록 한다.

(8) 립 메이크업

① 립 메이크업의 목적

- 색상을 이용해 포인트를 강조한다.
- 입술 형태 수정 효과를 준다.
- 입술을 보호할 수 있다.

MEMO

② 립 제품의 종류

종 류		기능 및 효과
립스틱		• 가장 일반적인 립 제품으로 색상과 질감이 다양하다. • 입술에 변화를 주어 새로운 이미지 연출에 효과적이다. • 여성의 매력적인 포인트가 된다.
립크림		• 젤 타입으로 립스틱 색상을 선명하게 해준다. • 촉촉한 입술을 표현해 준다.
립글로스		• 오일 타입으로 입술을 촉촉하게 보호하며 윤기를 준다. • 무색투명 색상이 있어 화장을 하지 않는 사람이나 학생들도 사용할 수 있다.
립라이너		자신이 원하는 입술 모양을 쉽고 뚜렷하게 그릴 수 있다.

③ 립 제품의 선택 조건

- 립스틱 전체가 균일하고 색상이 얼룩지지 않는 것
- 사용 시 매끄럽게 발리고 퍼짐성이 좋은 것
- 향이 강하지 않고 은은한 것

④ 립스틱 색상 선택 요령

립스틱은 자신의 피부색이나 아이섀도, 네일, 의상과의 색상을 고려하여 선택하도록 한다.

| 색상이 주는 이미지 |

종 류	기 능
빨간색(red)	대표적 색상. 정열, 매혹의 대명사로 가장 어른스러운 색상이며 지적이고 엘레강스하다.
분홍색(pink)	가장 여성스러운 색상으로 온화하며 청초하고 귀여운 느낌을 준다.
보라색(purple)	침착하고 로맨틱한 분위기를 연출해 은은한 인상을 준다.
주황색(orange)	검은 피부나 흰색에 잘 어울리고 발랄하고 활동적이다.
갈색(brown)	오클계의 피부에 어울리며 차분하고 어른스러운 느낌이다. 자연스럽고 눈에 띄지 않는 색상은 세련된 이미지를 주기도 한다.

MEMO

⑤ 립 메이크업 방법

a. 립 메이크업의 기본방법

- 먼저, 그리고자 하는 입술 모양과 색을 정한 다음 파운데이션과 파우더로 본래의 입술 색과 입술 라인을 커버한다.
- 립 펜슬을 사용하여 윤곽을 그리도록 하는데 먼저 입술산 모양을 정한 다음, 입술 윤곽을 그리고 립 브러시나 스틱으로 전체를 칠하도록 한다.
- 티슈를 접어 입술로 가볍게 물듯이 하여 립스틱의 유분기를 제거한다.
- 다시 한 번 립스틱을 살짝 덧발라 립스틱이 오래 유지될 수 있도록 한다.

b. 립 메이크업의 응용

- 입술 윤곽선이 잘못되었을 경우 : 작은 점 정도로 미세한 것이라면 면봉을 사용해 닦아 낸 후 면봉에 파운데이션과 파우더를 묻혀 수정한 부분에 누르듯이 바른다. 립스틱이 전체적으로 크게 발렸을 때는 일단 립스틱을 닦아 내고 다시 한 번 발라 수정하는 것이 효과적이다.

- 입술 선에 따른 느낌 : 입술은 립스틱의 색상은 물론 그리는 방법에 따라서도 이미지가 달라진다. 같은 색상을 사용하더라도 입술 윤곽을 어떻게 그리느냐에 따라 달라지며, 윗입술이나 아랫입술의 라인에 변화를 주면 새로운 느낌을 줄 수 있다.

  – 직선(스트레이트) : 이지적이고 개성적인 느낌
  – 안쪽을 향한 커브(인커브) : 여성적인 느낌
  – 바깥쪽을 향한 커브(아웃커브) : 현대적이고 세련된 느낌

CHAPTER 03

색채와 메이크업

MEMO

1 색채의 정의 및 개념

(1) 색의 정의

색이란 빛이 물체를 비추었을 때 생겨나는 반사, 흡수, 투과, 굴절, 분해 등의 과정을 통해 인간의 눈을 거쳐 들어온 가시광선이 대뇌를 자극함으로써 생기는 물리적인 지각현상을 말한다.

- 색 : 빛의 스펙트럼의 파장에 의해 식별할 수 있는 시감각의 특성으로 시각의 기본적 요소이다.
- 색채 : 외적(물리적, 화학적) 및 내적(생리적, 심리적)으로 주어진 것에 의해서 성립하는 시감각의 일종이다.

(2) 색의 지각 원리

① 색순응

항상성과 연관이 있으며, 동일 물체색이 주변의 밝기와 조명색이 바뀌었을 때 물체를 이전의 색과 동일하게 인지하려는 성질이다. 일례로 일반 형광등이 켜진 실내나 전등이 켜진 방에 들어가면 사람들은 신문이나 책의 백색을 동일하게 인식한다.

② 항상성

빛(조명)의 변화 속에서도 색이나 밝기가 본래의 성질을 계속 유지하려는 성질을 말한다. 일례로 햇빛 아래에 있는 흰 종이는 백열등 아래에서 보아도 흰 종이로 보인다.

③ 박명시

추상체와 간상체가 함께 작용하여 황혼이나 새벽처럼 빛이 희미한 상태에서 나타나는 색상의 변화를 말한다.

MEMO

④ 푸르킨예 현상

주위 밝기의 변화에 따라 물체에 대한 색의 명도가 변화되어 보이는 현상을 말한다. 색채의 지각에 있어서 조명이 어두워지면 파장이 긴 빨간색이 제일 먼저 보이지 않게 되고, 조명이 밝아지면 파장이 짧은 파란색이 마지막까지 눈에 보이는 시지각적인 성질 때문에 발생한다. 따라서 낮에 빨간 물체가 밤이 되면 검게, 낮에 파란 물체가 밤이 되면 밝은 회색으로 보이게 된다.

⑤ 명순응

어두운 곳에서 밝은 곳으로 나오면 처음에는 눈이 부시지만, 차츰 사물이 보이게 되는 현상이다.

⑥ 암순응

밝은 곳에서 어두운 곳으로 이동했을 경우 눈이 어두움에 익숙해지는 상태를 말한다.

⑦ 연색성

같은 물체라도 광원의 조명에 따라 색을 다르게 인지하게 되는 성질이다. 상점 또는 전시 공간에서는 광원의 연색성을 이용하여 색상을 더욱 선명하게 보이도록 연출한다.

⑧ 조건등색(메타메리즘)

두 가지의 물체색이 다르더라도 어떤 조명 아래에서는 같은 색으로 보이는 현상이다.

(3) **색지각(색을 느끼는 감각)**

색을 결정하게 하는 3요소는 광원(조명), 물체, 관찰자(눈)이다.

MEMO

(4) 색의 3속성

색지각에 따른 성질인 색상, 명도, 채도를 말한다.

① 색상

색이 지닌 성질을 말한다. 명도, 채도와는 관계없이 색채만을 구별하기 위해 붙여진 색의 명칭으로, 빨강, 초록, 파랑 등 색을 서로 구별하는 특성을 말한다.

② 명도

색 밝기의 정도를 나타내는 것으로서 명도를 밝히려면 흰색을, 명도를 어둡게 하려면 검은색을 섞는다. 명도 단계는 흰색과 검은색 사이에 회색 단계를 이루고 있으며, 0~10까지 총 11단계로 되어 있다.

③ 채도(색의 선명도)

색의 맑고 탁함, 강하고 약함, 순도, 포화도 등으로 다양하게 해석된다. 순색에 가까워질수록 채도가 높아지며 무채색이나 다른 색들이 섞일수록 채도는 낮아진다.

여기서 잠깐!

먼셀 표색계에서의 색의 3속성은 색상(H : Hue), 명도(V : Value), 채도(C : Chroma)라고 하며, HV/C라는 형식에 따라 번호로 표시한다.

(5) 색광의 3원색(RGB)

빨강(R), 초록(G), 파랑(B)의 3원색을 섞어 모든 색광을 표현한다.

MEMO

① 무채색

흰색, 회색, 검은색으로 색상과 채도가 없으며, 명도(밝고 어두움)만으로 구분하는 색을 말한다. 흰색에서 회색을 거쳐 흑색에 이르는 색의 총칭이다.

② 유채색

무채색 이외의 나머지 모든 색상을 갖는 색으로 색의 3속성(색상, 채도, 명도) 모두를 가지고 있다.

(6) 색의 혼합

① 가산혼합(가법혼색, 색광의 혼합)

색광의 3원색을 혼합하는 것으로 혼색될수록 명도가 높아진다. 3원색을 혼합하면 흰색이 되며, 원색인쇄의 색분해, 컬러 TV, 기타 조명 등에 사용된다.

- 초록(G) + 파랑(B) = 사이언(C)
- 파랑(B) + 빨강(R) = 마젠타(M)
- 빨강(R) + 초록(G) = 노랑(Y)
- 빨강(R) + 초록(G) + 파랑(B) = 하양(W)

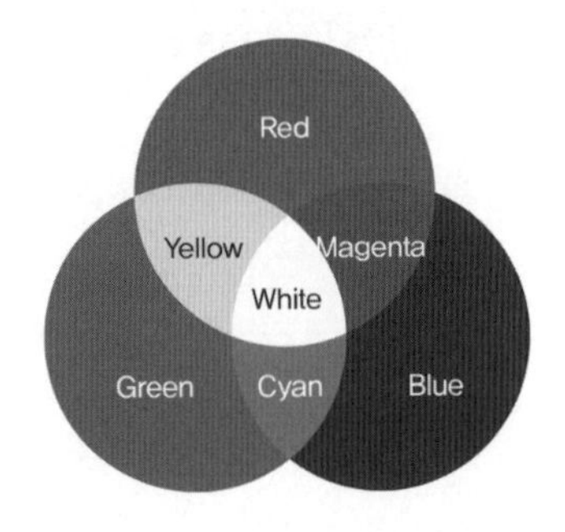

빛의 3원색

② 감산혼합(감법혼색, 색료의 혼합)

색료의 3원색을 혼합하는 것으로, 혼색이 될수록 명도와 채도가 낮아진다. 3원색을 혼합하면 검은색이 된다.

- 마젠타(M) + 노랑(Y) = 빨강(R)
- 노랑(Y) + 사이언(C) = 녹색(G)
- 사이언(C) + 마젠타(M) = 파랑(B)
- 사이언(C) + 마젠타(M) + 노랑(Y) = 검정(K)

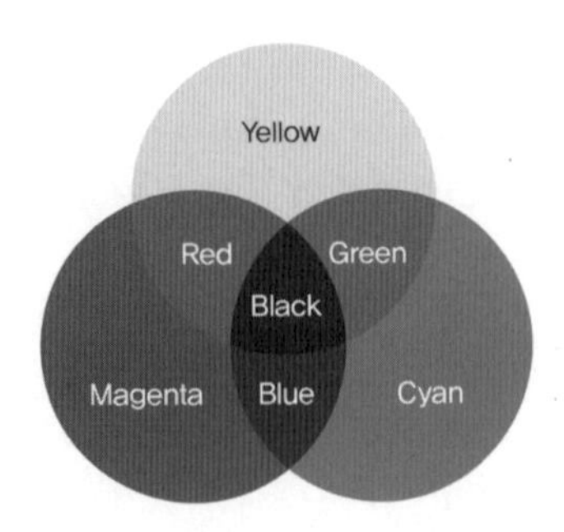

색의 3원색

MEMO

③ 중간혼합

a. 병치혼합

서로 다른 색들을 직접 섞지 않고, 근접하게 배치하여 혼색된 것처럼 보이게 하는 방법이다. 채도가 떨어지지 않으면서 혼색을 만들 수 있으며, 인상파 시대의 점묘법, 직물, 인쇄, 모자이크, 모니터로 보여지는 컬러 색상 등이 대표적이다.

b. 회전혼합

여러 색을 팽이나 회전판에 적당히 배치하여 회전시키면 색이 혼합되어 보이는 원리이다. 맥스웰 원판이라고 하며 보색, 반대색의 혼합 회전은 무채색으로 보인다.

(7) 색과 감정의 관계

사람은 색을 보고 여러 가지를 연상시킨다. 일례로 붉은색을 보면 정열적이고 뜨거운 감정을 느끼게 되고, 같은 색이라도 겨울철에 볼 때와 여름철에 볼 때 다르게 느낀다.

구 분			색의 연상	색의 감정
색상	따뜻한 색	red	피, 태양, 폭염, 불	격정, 열정, 위험
		orange	일몰, 가을	환희, 유혹, 기쁨
		yellow	레몬, 고음	활발함, 쾌활, 명랑
	중간색	green	풀, 식물	청춘, 행복, 평안, 고요
		amber	죽음	우아, 신비, 고귀함
	차가운 색	cyan	호수, 보석, 연못	우수, 안식, 사색
		blue	바다, 달밤, 소극적	비애, 진실, 침정
		magenta	복숭아, 코스모스	자유로운 표현, 포용, 창조, 애정
명도	고	white	일광, 눈, 설탕	담백, 명랑, 순수함
	중	gray	비가 올 것 같은 하늘색	평범, 불쾌함
	저	black	먹구름, 심야, 초상	침묵, 부정, 불길함
채도	고	red	피, 태양, 폭염, 불	정열, 열렬함
	중	pink	가을 풍요, 나무, 가죽, 땅	수줍으며 달콤, 부드러움, 행복, 활기
	저	brown	가을 풍요, 나무, 가죽, 땅	안정감, 풍부함, 엄숙함, 인내, 편함안

MEMO

2 색채의 조화

(1) 색채조화와 배색

두 가지 이상의 색을 배색하였을 때 서로 대립되면서도 전체적으로는 통일된 인상을 주는 것을 말한다.

① 유사 조화

색상이 같은 성격이나 비슷한 성격으로 서로 잘 어울리는 것을 말한다.

② 대비 조화

색상이 서로 다른 성격이나 반대되는 성격으로 잘 어울리는 것을 말한다.

③ 배색의 종류

종 류	특 징
동일색상의 배색	차분함과 시원함, 동일성, 정적인 느낌, 간결함 등을 준다.
유사색상의 배색	온화함, 협조, 화합과 평화감을 주며, 안정, 차분한 느낌을 준다.
반대색상의 배색	화려함과 강함, 동적이며 자극적인 느낌, 예리함과 생생한 느낌을 준다.

(2) 색의 대비

① 색상대비

색상이 다른 두 색 이상이 서로의 영향으로 인해 색상 차이가 크게 보이는 현상을 말한다. 일례로 주황색 배경의 노란색은 연두색 배경에 놓는 경우보다 더욱 노란색 기미를 띠게 되며, 연두색 배경 위에 놓인 노란색은 붉은 기가 강해 보인다.

② 명도대비

명도가 다른 두 색이 서로의 영향으로 밝은색은 더 밝게, 어두운색은 더 어둡게 보이는 현상을 말한다. 일례로 검은 색 바탕 위에 놓인 회색은 흰색 바탕에 놓인 것보다 더 밝아 보이고, 흰색 바탕 위에 놓인 중간 명도의 회색은 더 어둡게 보인다.

MEMO

③ 채도대비

채도가 다른 두 색이 서로의 영향으로 인해 채도 차이가 크게 보이는 현상을 말한다. 채도가 높은 색은 더 높게 낮은 색은 더 낮게 보인다. 일례로 채도가 높은 색의 중앙에 둔 채도가 낮은 색은 더욱 채도가 낮게 보인다.

④ 보색대비

색상환에서 서로 마주 보고 있는 상대적인 색을 보색이라 한다. 보색 관계의 배색은 서로의 색을 원래 색보다 더욱 뚜렷하게 하고, 채도를 높아 보이게 한다. 색의 잔상은 상대색과 일치하며, 보색끼리의 혼합은 무채색이 된다.

⑤ 계시대비

어떤 색을 한참 동안 보고 난 후 눈을 이동해서 다른 색을 보았을 때 이전 색의 잔상의 영향으로 나중에 본 색이 다르게 보이는 현상을 말한다. 일례로 빨간색을 한참 본 후에 노란색을 보면 빨강의 잔상인 엷은 청록이 노랑에 겹쳐서 그 노란색에는 녹색 기미가 나타난다.

(3) 배색의 조건

- 목적과 기능에 맞는 배색이어야 한다.
- 실생활에 맞는 배색이어야 한다.
- 색의 심리적인 작용을 고려한다.
- 미적인 부분과 안정감이 있어야 한다.
- 주관적인 배색은 배제하고, 유행성을 고려해야 한다.

(4) 색채조화론

① 레오나르도 다 빈치

르네상스 시대의 천재 화가로, 색채조화이론을 발전시킨 선구자이다. 반대색의 조화를 최초로 주장하였으며, 6가지 색(하양, 노랑, 초록, 파랑, 빨강, 검정)을 기본색으로 보았다.

② 뉴턴

1676년 프리즘을 통하여 나타난 태양광의 7가지 색 스펙트럼을 음계에 비교하였으며, 색채조화는 수학적 비례와 기하학적인 관계라고 주장하였다.

MEMO

③ 괴테

모든 색채 현상을 물리적, 심리적, 화학적인 3가지로 분류하였다.

④ 셰브럴의 색채조화론

19세기 중엽의 프랑스 화학자로 현대 색채조화론의 기초를 마련하였으며, 색채조화는 유사성의 조화와 대조라고 주장하였다.

⑤ 베졸드의 색채조화론

유사색상의 조화에 있어서 색상 차가 커지면 조화가 깨지는 반면, 색상 차이가 더욱 커지게 되면 보색 및 보색 조화 때와 마찬가지로 좋은 배색이 된다고 주장하였다.

⑥ 문-스펜서의 색채조화론

미국의 건축학자로, 1944년 미국의 광학잡지인 JOSA에 색채조화에 관한 3가지 논문(〈조화의 미도〉, 〈조화의 면적〉, 〈조화의 기하학적 표현〉)을 발표하였다. 과학적이면서 정량적인 색채조화론을 주장하였으며, 색의 3속성에 대해 지각적으로 고른 색채 단계를 가지는 독자적인 색입체로 '오메가 공간'이라는 것을 설정하였다.

⑦ 비렌의 색채조화론

색채조화의 원리를 형태심리적으로 제시한 이론으로, 색채의 지각이 정신적인 반응에 의해 지배된다고 주장하였다.

⑧ 저드의 색채조화론

일반적으로 인정되어 온 질서의 원리, 친근감의 원리, 유사성의 원리, 명료성의 원리를 정립하였다.

- 질서의 원리 : 색채의 조화에 있어서 일정한 질서와 규칙을 갖고 있으며, 이러한 질서와 규칙은 사전 계획에 따라 이루어진다.
- 친근감의 원리 : 일반 사람들이 쉽게 색을 접할 수 있거나 익숙해져 있는 배색일 때 색채조화가 이루어진다.

MEMO

- 유사성의 원리 : 공통성이 있는 색채는 조화롭다.
- 명료성의 원리 : 색채, 명도, 채도가 분명하면 조화롭다.

3 색채와 조명

(1) 빛을 비추는 방향의 조명 방식

① 직접조명

빛을 모아 비추는(= 직접 비추는) 방식으로 그림자가 생긴다.

② 반직접조명

반투명의 유리나 플라스틱을 사용하여 광원 빛의 60~90%가 대상물에 직접 조사되고 나머지가 반사되어 조사되는 방식이다. 그림자, 눈부심이 발생한다.

③ 간접조명

천장이나 벽에 부딪혀 확산된 반사광으로 비추는 방식이다. 그늘짐이나 눈부심이 없고 조도 분포가 균일하여 차분한 분위기를 연출할 수 있다.

④ 반간접조명

광원 빛의 10~40%가 대상물에 직접 조사되고 나머지가 천장이나 벽에서 반사되는 방식이다. 그늘짐이 부드러우며 눈부심도 적다.

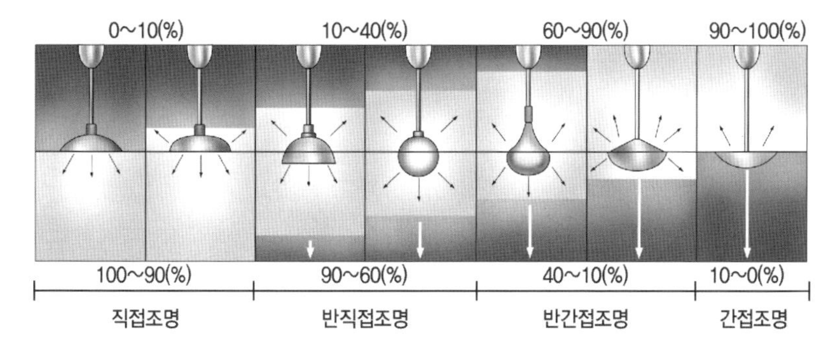

조명 방식의 이해

MEMO

(2) 색온도

흑체가 에너지를 흡수하면 온도가 낮을 때에는 눈에 보이지 않는 적외선을 주로 방출하고 온도가 높아짐에 따라서 점차 눈에 보이는 가시광선이 많아져서 빛이 색을 띠게 된다. 비교적 저온에서는 붉은색을 띠는데 온도가 높아짐에 따라 점차 주황색, 노란색, 흰색으로 바뀌다가 마침내는 푸른빛이 도는 흰색을 나타내게 된다. 이와 같이 흑체는 그 온도마다 정해진 색의 빛을 내므로, 광원이 흑체와 같은 색의 빛을 내는 경우 이때의 흑체의 온도를 그 광원의 색온도로 정의하고 절대온도 켈빈(K)으로 표시한다.

켈빈(Kelvin)은 온도의 국제 단위이다. 켈빈은 절대 온도를 측정하기 때문에, 0K은 절대 영도(이상 기체의 부피가 0이 되는 온도)이며, 섭씨 0도는 273.15K에 해당한다.

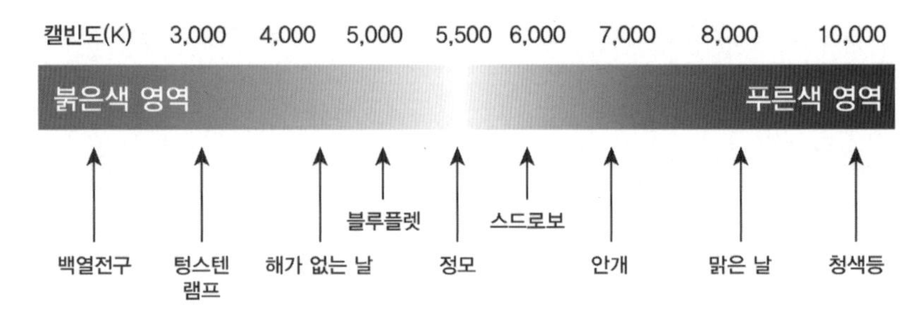

캘빈도(K)

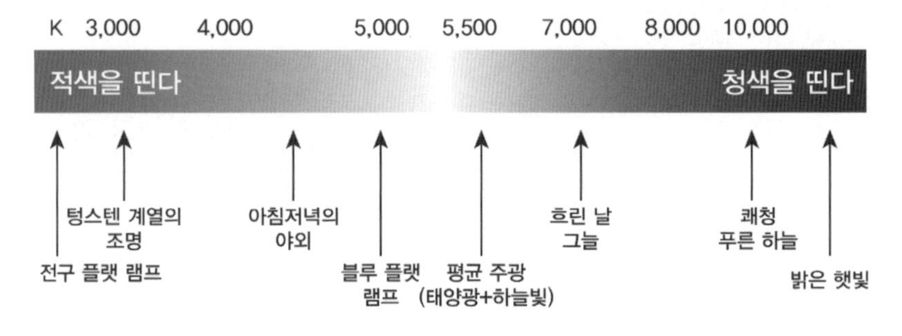

광원에 따른 색온도

CHAPTER 04

메이크업 기기 · 도구 및 제품

MEMO

1 피부 메이크업 도구

(1) 스펀지

종 류	이미지	기능 및 사용법
해면 스펀지		크기가 작을 때 체취된 해면 스펀지는 부드럽고 벗겨지지 않는다. 주로 액체 파운데이션 작업에 사용하는데, 파운데이션의 소모를 방지하는 장점을 갖고 있다. 스펀지가 완전히 젖으면 물기를 짜내고 나서 파운데이션을 사용하기 전에 티슈나 수건으로 다시 한 번 물기를 짜낸 후 사용하고 사용 후에는 스펀지를 깨끗하게 씻어서 보관한다.
라텍스 스펀지		파운데이션을 골고루 곱게 펴 바를 때 사용하는데 특히 액체 파운데이션을 바를 때 생기는 선을 고르게 펴줄 때, 크림 파운데이션이나 페이스 콤팩트를 사용할 때, 컨실러를 펴줄 때 등 매우 다양한 목적으로 간편하게 사용할 수 있다. 쐐기 모양은 콧망울 양옆 주름뿐만 아니라 속눈썹에 아주 가까이에 파운데이션을 펴줄 때 가장 이상적인 모양이다.

여기서 잠깐!

- 완벽한 피부 표현을 위해 하이라이트와 섀딩의 효과를 줄 때는 부분적으로 일정량의 파운데이션을 찍어 두드리고 문지르는 방법이 가장 선호된다.
- 스펀지를 사용하여 파운데이션을 바를 때는 손에 힘을 빼고 사용해야 한다는 점을 명심해야 한다.

MEMO

(2) 파우더 퍼프

파우더를 찍어서 두 개의 퍼프를 맞대어 비빈 후에, 문질러 바르지 말고 피부에 잘 밀착시키듯이 꾹꾹 눌러 바른다. 피부에 부담이 없는 가루 파우더를 편리하게 바르려면 퍼프를 2개 준비하는 것이 좋다.

이미지	기능 및 사용법
	퍼프를 사용해 파우더를 바르면 메이크업이 파운데이션에 달라붙지 않으므로 브러시를 사용하는 것보다 더 효과가 좋다. 세척할 때는 가볍게 누르면서 세척하며 세게 문지르면 퍼프 안의 솜이 틀어질 수 있으므로 주의하고, 통풍이 잘되는 곳에서 건조해야 한다.

(3) 파우더 브러시

이미지	기능 및 사용법
	무난하고 부드러운 브러시 중에서 가장 큰 것을 사용한다. 브러시에 가루분을 듬뿍 묻혀 피부 안쪽에서 바깥 방향으로 가볍게 쓸어 주듯 펴 바른 다음, 다시 한 번 반대 방향으로 쓸어 주어 바른다. 신부화장이나 파티화장과 같이 피부가 뽀송뽀송하게 보이는 블루밍 효과를 위해서도 사용된다.

(4) 팬 브러시

이미지	기능 및 사용법
	부채꼴 모양으로 생긴 브러시로, 파우더를 바른 후 여분의 가루를 털어낼 때 사용한다. 아이섀도 화장 후 눈 밑에 떨어진 여분의 가루를 털어낼 때도 편리하다.

MEMO

(5) 치크(볼연지) 브러시

이미지	기능 및 사용법
	치크는 자연스럽고 건강한 색조를 제공하는 것 이외에, 얼굴의 윤곽을 수정하고 광대뼈를 뚜렷하게 보이도록 하는 데 사용된다. 너무 큰 치크 브러시를 사용한다면 볼연지는 뺨의 너무 많은 부분을 채색하는 경향이 있고, 너무 작은 치크 브러시를 사용한다면 볼연지 색이 갖고 있는 그대로의 색조로 보이게 하거나 명백하게 넓은 띠를 만들어 낼 수도 있기 때문에 적절한 크기의 브러시를 선택하도록 한다.

2 아이 메이크업 도구

(1) 아이섀도 브러시

아이섀도로 라인을 그리는 것은 연필 타입의 아이라이너를 사용하는 것보다 효과를 극대화시킬 수 있다.

이미지	기능 및 사용법
	최상 품질의 브러시는 미세한 눈 부분의 피부를 잡아당기지 않는 족제비 털로 만들어진 것이다. 작고 둥근 모양의 브러시는 아이섀도를 바를 때 사용한다. 사용되는 섀도 색에 따라 각각의 브러시(예를 들면 베이스 컬러용, 메인 컬러용, 하이라이트용)를 사용하는 것이 깨끗한 화장을 하는 방법이다. 큰 브러시는 눈의 큰 부분을 메이크업 할 때 사용하고 작은 브러시는 작은 부분을 메이크업 할 때 사용한다. 가장 작은 크기의 브러시는 유연해야 하지만 위아래 속눈썹 라인에 아이섀도로 정확하고 가늘게 선을 그리는 브러시는 충분히 힘이 있는 것이라야 한다.

MEMO

(2) 납작한 아이섀도 브러시

이미지	기능 및 사용법
	모의 끝이 일직선으로 되어 있는 브러시는 아이섀도를 바르기 애매한 부분에 사용된다. 둥근 모양의 브러시들보다 더 강하기 때문에 제품을 사용할 때 너무 강한 힘을 주지 않도록 해야 한다.

(3) 사선 눈썹 브러시

이미지	기능 및 사용법
	서로 다른 길이로 자란 모발로 인해 생겨난 공간을 채우거나 짙게 만들기 위하여, 눈썹에 섀도를 칠하는 눈썹연필과 함께 혹은 연필 대신에 사용하는데, 각진 사선 형태가 가장 이상적이다. 힘이 있는 돼지 털로 만들어진 것도 있고, 족제비 털로 만들어진 브러시도 있다. 만일 눈썹이 가늘고 부드럽다면 족제비 털을 고르고, 털이 억세고 숱이 많다면 돼지 털로 만들어진 브러시를 고른다.

(4) 액체 아이라이너 브러시

이미지	기능 및 사용법
	액체 아이라이너를 사용할 때 쓰는 브러시이다.

(5) 아이라이너 브러시

이미지	기능 및 사용법
	섬세하고 또렷한 아이라인을 그릴 수 있다. 리퀴드 타입이나 젤 타입의 제품을 사용할 때 이용한다.

MEMO

(6) 스크루 브러시

이미지	기능 및 사용법
	눈썹 색을 칠하거나 그리기 전에 눈썹을 정리해 주며, 너무 색이 짙게 되었을 때 몇 번의 손질로 부드럽게 만들어 주는 브러시이다. 또한 마스카라를 잘못 발라 뭉쳤을 때 가볍게 빗어 주는 작은 브러시이다. 이때 반드시 아래에서 위쪽을 향해 빗어 주어야 속눈썹이 아래로 처지지 않게 수정할 수 있다.

(7) 컨실러 브러시

이미지	기능 및 사용법
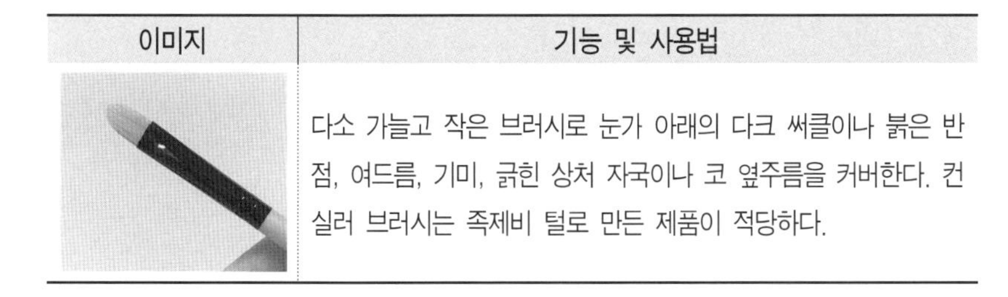	다소 가늘고 작은 브러시로 눈가 아래의 다크 써클이나 붉은 반점, 여드름, 기미, 긁힌 상처 자국이나 코 옆주름을 커버한다. 컨실러 브러시는 족제비 털로 만든 제품이 적당하다.

(8) 아이래시컬러

이미지	기능 및 사용법
	속눈썹에 자연스러운 컬을 주어 살짝 올려 주는 기구로서 자연적으로 올라간 눈썹을 갖지 못한 사람들에게 유용한 도구이다. 눈꺼풀 라인과 아이래시컬러의 커브 상태가 일치하는지, 아이래시컬러의 고무가 탄력 있고 힘 있는 것인지를 비교해 보고 선택한다.

여기서 잠깐!

충전식 눈썹 고데기는 더욱 간편하고 빠른 효과를 볼 수 있으며, 부분적으로 눈썹을 올릴 수 있는 족집게식의 아이래시컬러는 한올 한올 정성을 들여 올리는 드라마틱한 효과를 볼 수 있다.

MEMO

3 립 메이크업 도구

(1) 립 브러시

이미지	기능 및 사용법
	둥근 입술을 그리는 데 편리한 라운드형 립 브러시와 각진 입술을 그리기 편한 스트레이트형의 립 브러시가 있다. 가늘고 둥근 립 브러시는 섬세한 입술 라인을 그릴 때 편리하고, 입술산이나 입꼬리와 같이 섬세하게 선을 그려야 하는 립라인 처리에 효과적인 브러시이다.

(2) 립 펜슬

이미지	기능 및 사용법
	아이브로우 펜슬과는 달리 부드럽고 색이 잘 펴지는 연필 타입이다.

4 기타 메이크업 도구

(1) 연필깎이(샤프너)

이미지	기능 및 사용법
	입술이나 눈과 눈썹에 미세한 선을 그릴 때 사용하는 펜슬을 다듬는 도구로서 좋은 품질의 연필깎이가 필요하며 청결하게 유지한다.

MEMO

(2) 족집게

이미지	기능 및 사용법
	머리카락을 제거하거나 정돈된 눈썹 모양을 유지시켜 주는 데 필수적인 도구이며, 한올 한올 심는 인조 속눈썹을 붙일 때도 사용된다.

(3) 눈썹가위

이미지	기능 및 사용법
	눈썹을 정리할 때, 인조 속눈썹의 길이를 자를 때 쓰는 도구이다.

(4) 티슈

이미지	기능 및 사용법
	파운데이션의 과잉 유분기를 덜어 낼 때, 립스틱을 오랫동안 유지하기 위해 닦아 낼 때 편리하다.

(5) 면봉

이미지	기능 및 사용법
	아이섀도가 뭉쳤거나 혹은 마스카라가 눈두덩이에 묻었을 때, 립라인이나 립스틱이 입술선에서 삐져 나왔을 때 사용하게 되는 필수 도구이다. 리퀴드 타입으로 그린 아이라인이 잘못되었을 때는 내용물이 완전히 굳은 다음에 가볍게 떼어 내듯 면봉으로 수정하고, 마르기 전에 문지르면 번질 우려가 있으므로 조심한다.

CHAPTER 05

메이크업 시술

MEMO

1 기초화장 및 색조화장법

(1) 메이크업 준비물 및 세팅방법

메이크업 이미지를 빠르고 아름답게 표현하기 위해서는 도구를 잡기 쉽고, 사용하기 편한 상태로 정리해 두어야 한다. 또한 고객을 상대할 때 매너로서 메이크업 테이블은 항상 깨끗하게 정리해 두는 습관을 기를 수 있도록 한다.

〈일반적인 메이크업 준비물〉

① 메이크업용 화장품

파운데이션류, 파우더류, 아이 & 치크용 컬러 파우더류, 마스카라, 펜슬류(아이라인, 아이브로우, 립라인), 립 컬러 등 메이크업 제품

② 메이크업 도구

브러시 세트, 메이크업 스펀지, 파우더 퍼프, 스파출러, 그 외 필요한 도구

③ 비품류

화장용 티슈, 면봉, 케이프, 헤어밴드, 핀셋, 헤어 브러시, 헤어핀류 등

(2) 미용사 메이크업 국가고시 준비물

- 모델
- 시술자 위생가운(긴팔 혹은 반팔, 흰색)
- 모델용 어깨보(흰색)
- 흰색 헤어밴드 1개
- 소독제(액상 또는 젤)
- 미용티슈
- 면봉(필요량만큼)
- 탈지면(미용솜)(필요량만큼)
- 탈지면 용기 1개(뚜껑이 있는 용기)

- 위생봉투(투명비닐) 1개 + 고정용 테이프 포함
- 눈썹칼(미사용품)
- 눈썹관리용 족집게 1개
- 아이래시컬러 1개(미사용품)
- 브러시 세트
- 스펀지 퍼프(미사용품)
- 분첩 1개(미사용품)
- 메이크업 베이스 1개
- 파운데이션 1세트(하이라이트, 섀도, 베이스 컬러용 등)
  - 리퀴드, 크림, 스틱 제형 등(에어졸 제품 불가)
- 페이스 파우더 1개
- 핑크 파우더 1개
- 아이섀도 팔레트 1세트(플레이트판)
- 흑갈색 아이브로우 펜슬 1개
- 회갈색 아이브로우 펜슬 1개
- 립 팔레트 1세트
- 인조 속눈썹 1세트(필요량만큼)
- 마스카라 1개
- 갈색, 검은색 아이라이너 각 1개씩
- 아트용 컬러(아쿠아 컬러) 1세트
- 작업대 세팅용 타월(40×80cm 내외의 흰색)
- 세안용 타월(필요량만큼)
- 물통 1개
- 아트용 브러시 1세트
- 실러 혹은 더마왁스 1개(시대 메이크업 눈썹가리개용)
- 생사 혹은 인조사 검은색 수염(가공된 상태) 1세트
- 고정 스프레이(일반 스프레이) 1개
- 수염 접착제(스프리트검 또는 프로세이드) 1개
- 가위 1개(수염 관리용)
- 핀셋 1개(수염 관리용)
- 꼬리빗 1개(수염 관리용)

MEMO

MEMO

- 가제 수건(물에 젖은 상태) 1개 – 거즈, 물티슈 대용 가능
- 얼굴 단면용 마네킹 1개(속눈썹 관리 및 수염 관리용)
- 글루 1개(KC, KPS 등 자가번호 부여받은 공인인증제품)
- 글루판 1개(속눈썹 연장)
- 속눈썹(J컬) 8, 9, 10, 11, 12cm 1세트 – 두께 0.15~0.2mm
- 속눈썹 관리용(5~6mm, 50가닥 이상이 부착) 인조 속눈썹
- 핀셋 2개(속눈썹 관리용)
- 흰색 아이패치 1개(속눈썹 관리용)
- 우드 스파츌러(속눈썹 관리용) 적당량
- 전처리제 1개(속눈썹 관리용)
- 속눈썹 빗 1개(속눈썹 관리용)
- 속눈썹 접착제 1개(속눈썹 관리용)
  – 공인인증기관으로부터 자가번호를 부여받은 공인인증제품
- 속눈썹판 1개(속눈썹 관리용)
- 메이크업 제거용 클렌징 제품 및 도구(클렌징 티슈, 해면, 습포 등)
- 스파츌러 1개(메이크업용)

여기서 잠깐!

- 과제 시작 전 사용에 적합한 상태를 유지하도록 미리 준비(작업대 세팅 및 모델 터번 및 케이프 착용 등)한다.
- 써클 · 컬러렌즈(착용 불가), 헤어컬러링 상태 등은 채점 대상이 아니다.

(3) 시술자의 준비자세

① 모델을 앉힐 때는 거울에 비치는 모델의 얼굴이 잘 보이는지 확인부터 한다.

② 모델의 오른쪽에 서서(왼손잡이는 왼쪽) 작업을 시작한다.

③ 세심한 부분의 작업 시에는 시술자가 의자에 앉아서 작업해도 무방하다.

④ 작업 중간중간 거울을 통해 좌우의 밸런스, 컬러를 확인하면서 한다.

⑤ 립 메이크업을 할 때는 모델의 얼굴을 마주보고 해도 좋다.

MEMO

(4) 기초화장 순서

① **피부 정돈** : 메이크업을 하기 전에 화장수로 닦아 내고 로션, 에센스, 크림을 발라 피부를 정돈해 준다.

② **메이크업 베이스** : 중앙에서 바깥쪽으로 손이나 스펀지로 가볍게 두드리면서 펴준다.

③ **파운데이션** : 피부색을 정리해 주는데 눈 주위나 입술 주위 등, 자주 움직이는 곳은 주의를 기울여 펴주고 이마는 너무 많은 양을 바르지 않도록 하며, 목의 색과도 차이가 나지 않도록 한다. 내추럴 메이크업에서는 본인의 얼굴색을 가능한 한 중시하고 부자연스럽게 되지 않도록 주의한다.

④ **파우더** : 유분기를 잡아 준다.

⑤ **눈썹** : 모델이 가진 눈썹 모양을 기준으로 너무 인위적이지 않은 상태의 모양을 만들어 준다.

⑥ **아이섀도**: 얼굴에 입체감을 주고, 눈이나 코에 입체감을 명확히 주는 것이 목적이므로 모델이 가진 원래의 표정이나 이미지를 손상시키지 않도록 한다.

⑦ **아이라인** : 속눈썹 라인을 따라 검은색이나 갈색 혹은 회색으로 그려 준다.

⑧ **마스카라** : 아이래시컬러로 속눈썹을 위로 올려 주고 투명 마스카라를 발라 속눈썹을 고정시킨 후 마스카라를 발라 예쁜 눈매를 만들어 준다.

⑨ **치크** : 혈색을 좋아 보이게 해서 건강한 이미지를 주고 얼굴을 보다 입체적으로 표현해 준다.

메이크업 베이스의 컬러의 역할

- 녹색, 청색 : 붉은 기미를 눌러 주고 투명감을 준다.
- 회색 : 피부색을 감춰 준다.
- 보라색 : 노란 피부톤을 눌러 준다.
- 분홍색 : 피부색을 건강해 보이게 한다.

MEMO

2 계절별 메이크업

(1) 봄 메이크업

〈봄 메이크업의 포인트〉

- 피어나는 봄날의 화사함과 생동감
- 자연스러운 컬러와의 조화
- 피부 표현을 가볍게 처리해서 자연스럽고 청초한 모습 연출
- 면과 선을 약하게 처리

① 분홍색 메이크업(사랑스러운 여성 이미지)

- 피부 표현 : 밝은 파운데이션으로 맑고 투명한 느낌을 만들어 준다.
- 눈썹 : 흑갈색이나 회색으로 그린다.
- 아이섀도 : 눈두덩이 전체에 연분홍색으로 펴주고 연보라색으로 속눈썹 라인을 따라 아이홀을 향해 위로 펴준다. 포인트로 청보라색으로 마무리를 살짝 해주는 것도 좋다.
- 아이라인 : 아이섀도로 아이라인을 그려 주거나, 검은색 아이라이너 펜슬을 사용해서 눈꼬리를 강조해서 그린다.
- 마스카라 : 검은색이나 갈색이 무난하지만 때에 따라 청색 마스카라로 이국적인 눈매를 만들어 주기도 한다.
- 립 : 연분홍색이 부드러운 이미지를 만들어 준다. 그 위에 립글로스로 마무리를 해주면 더 사랑스럽게 연출된다.
- 치크 : 연분홍색이나 옅은 살구색을 조합해서 사선으로 그려 준다.

② 산호색 메이크업(로맨틱한 여성 이미지)

- 피부 표현 : 피부색보다 한 톤 정도 밝은 리퀴드 파운데이션을 바른다.
- 눈썹 : 흑갈색이나 회색으로 그린다.
- 아이섀도 : 붉은 산호색 아이섀도를 눈두덩이 전체에 바르지 말고 쌍꺼풀만 벗어날 정도로 둥글게 펴준다. 그위에 자연스럽게 보이도록 연한 살색을 산호색의 경계선 부위에 발라 준다.

MEMO

- 아이라인 : 아이섀도로 아이라인을 그려 주거나, 검은색 아이라이너 펜슬을 사용해서 눈꼬리를 강조해서 그린다.
- 마스카라 : 검은색이나 갈색으로 바른다.
- 립 : 밝은 살구색의 립 펜슬을 이용하여 입술 윤곽을 그려 주고 입술 전체에 분홍빛이 도는 살구색을 발라 주면 된다.

(2) 여름 메이크업

〈여름 메이크업의 포인트〉

다갈색으로 그을린 탄력 있고 건강해 보이는 이미지

① **피부 표현** : 크림이나 스틱 타입의 파운데이션으로 다갈색으로 표현하고, 옅은 구릿빛 톤의 투웨이 케이크로 가볍게 덧발라 마무리한다.

② **눈썹** : 브로우 펜슬이나 섀도로 선명하고 뚜렷하게 표현하며 약간 각이 지게 처리하여 시원한 이미지로 만든다.

③ **아이섀도** : 연주황색으로 눈두덩이 전체에 펴주고, 골드 펄로 아이홀 부분까지 경계지지 않게 그라데이션해 준다. 포인트로 청색을 쌍꺼풀 부위에만 바른다.

④ **아이라인** : 땀에도 쉽게 지워지지 않는 워터프루프 제품을 사용한다.

⑤ **마스카라** : 청색 마스카라를 발라 눈매를 시원하게 표현한다. 속눈썹이 짧은 경우에는 검은색 마스카라를 먼저 바른 후 청색 마스카라를 끝부분에만 바른다.

⑥ **립** : 분홍 계열의 립펜슬로 입술선을 먼저 그려 주고 펴준 뒤 립스틱을 바르면 잘 지워지지 않으면서도 효과적으로 연출이 가능하다.

⑦ **치크** : 흑갈색으로 광대뼈에 살짝 넣어 준다.

MEMO

(3) 가을 메이크업

〈가을 메이크업의 포인트〉

분위기 있고 성숙한 이미지

① **피부 표현** : 크림이나 스틱 타입의 파운데이션으로 약간 어둡게 표현한다. T존에는 하이라이트를 주고 V존에 음영을 주어 입체적인 이미지로 만들어 준다.

② **눈썹** : 흑갈색이나 갈색 섀도 혹은 펜슬로 그려 준다.

③ **아이섀도** : 주로 채도가 낮고 농도가 짙은 색을 사용한다. 주요 색상은 갈색 계열이 주가 되며 카키색을 더해 주면 섹시하거나 세련되어 보이고, 와인 컬러를 더하면 여성스러우면서도 섹시한 이미지로 연출이 가능하다.

④ **아이라인** : 리퀴드 아이라이너로 강하게 선 처리를 하되 아래 라인은 펜슬로 자연스럽게 처리해 준다.

⑤ **마스카라** : 검은색 마스카라를 먼저 바른 후 갈색 계열의 마스카라를 끝부분에만 살짝 발라 주면 이지적인 이미지가 연출된다.

⑥ **립** : 연갈색에 분홍색을 소량 섞어 전체 이미지를 밝게 처리해 준다.

⑦ **치크** : 광대뼈 밑으로 코와 입 사이를 향해 사선으로 그라데이션한다.

MEMO

(4) 겨울 메이크업

〈겨울 메이크업의 포인트〉

성숙한 여성의 이미지

① **피부 표현** : 베이지톤의 크림 타입 파운데이션을 사용하는 것이 좋다. 피부가 건조한 시기이므로 파우더 타입인 투웨이 케이크는 사용하지 않는 것이 좋다. 주름이 강조되는 부위는 부드럽게 발라 준 후 투명 파우더로 매트하게 마무리한다.

② **눈썹** : 흑갈색이나 갈색 섀도 혹은 펜슬로 그려 준 뒤 브로우 브러시로 문질러 자연스럽게 연출한다.

③ **아이섀도** : 무채색 계열을 사용하여 아이홀 라인을 중심으로 색을 넣어주고 인조 속눈썹을 끝쪽에만 붙여 고혹적인 이미지를 연출할 수 있다.

④ **아이라인** : 검은색의 아이라이너를 사용하여 그려 주는데 약간 뒤끝을 올려 주면 세련미와 더불어 성숙한 이미지 연출이 된다.

⑤ **마스카라** : 검은색 마스카라를 바른다.

⑥ **립** : 붉은 계열의 립스틱 컬러를 입술선을 따라 자연스럽게 혹은 과장되게 아웃커브로 그려 주어 매트하게 처리한 후 립글로스를 덧발라 촉촉함을 더해 준다.

⑦ **치크** : 광대뼈 밑으로 갈색으로 자연스럽게 쓸어 준 후 페이스라인과 목선의 경계선이 생기지 않도록 부드럽게 마무리한다.

MEMO

3 국가기술자격 실기 메이크업

(1) 뷰티 메이크업 – 웨딩(로맨틱), 40분

① 수험자의 손 및 도구류를 소독한다.

② 모델의 피부톤에 적합한 메이크업 베이스를 선택하여 얇고 고르게 펴 바른다.

③ 모델의 피부보다 한 톤 밝게 표현한다.

④ 섀딩과 하이라이트 후 파우더로 가볍게 마무리한다.

⑤ 모델의 눈썹 모양에 맞추어 흑갈색으로 그리되 눈썹산이 각지지 않게 둥근 느낌으로 그린다.

⑥ 아이섀도는 펄이 약간 가미된 연분홍색으로 눈두덩이와 언더라인 전체에 바른다.

⑦ 연보라색 아이섀도로 그림과 같이 아이라인 주변을 짙게 바르고 눈두덩이 위로 자연스럽게 그라데이션한 후 눈꼬리 언더라인 1/2~1/3까지 아이홀 라인의 경계가 생기지 않게 그라데이션한다.

⑧ 아이라인은 아이라이너로 속눈썹 사이를 메꾸어 그리고 눈매를 아름답게 교정한다.

⑨ 아이래시컬러를 이용하여 자연 속눈썹을 컬링한다.

⑩ 인조 속눈썹은 모델 눈에 맞춰 붙이고, 마스카라를 발라 준다.

⑪ 치크는 분홍색으로 애플 존 위치에 둥근 느낌으로 바른다.

⑫ 립은 분홍색으로 입술 안쪽을 짙게 바르고 바깥으로 그라데이션한 후 립글로스로 촉촉하게 마무리한다.

Point

로맨틱 웨딩 메이크업을 시술할 때 가장 중요한 점은 피부 표현이 깔끔해야 하고 여성스러운 이미지를 최대한 극대화하는 것이다.

MEMO

(2) 뷰티 메이크업 – 웨딩(클래식), 40분

① 수험자의 손 및 도구류를 소독한다.
② 모델의 피부톤에 적합한 메이크업 베이스를 선택하여 얇고 고르게 펴 바른다.
③ 모델의 피부톤에 맞춰 결점을 커버하여 깨끗하게 피부 표현을 해준다.
④ 섀딩과 하이라이트로 윤곽 수정 후 파우더로 매트하게 마무리한다.
⑤ 모델의 눈썹 모양에 맞추어 흑갈색으로 그리되 눈썹산이 약간 각지도록 그려 준다.
⑥ 복숭아색의 아이섀도를 눈두덩이 전체에 펴 바른 후 갈색으로 속눈썹 라인에 깊이감을 주고, 눈두덩이 위로 펴 바른다.
⑦ 눈 앞머리의 위, 아래에는 골드 펄을 발라 화려함을 연출하는데, 이때 아이홀 라인의 경계가 생기지 않게 그라데이션한다.
⑧ 아이라인은 속눈썹 사이를 메꾸어 그리고 눈매를 아름답게 교정한다.
⑨ 아이래시컬러를 이용하여 자연 속눈썹을 컬링한다.
⑩ 인조 속눈썹은 뒤쪽이 긴 스타일로 모델 눈에 맞춰 붙이고, 마스카라를 발라 준다.
⑪ 치크는 복숭아색으로 광대뼈 바깥에서 안쪽으로 블렌딩한다.
⑫ 립 컬러는 베이지핑크색으로 바르고 입술 라인을 선명하게 표현한다.

Point

로맨틱 웨딩의 귀여운 이미지와 달리 성숙한 여성미를 돋보이게 해주는 것이 중요하다. 눈썹의 각이나 눈의 깊이감을 최대한 살리도록 한다.

MEMO

(3) 뷰티 메이크업 – 한복, 40분

① 손 및 도구류를 소독한다.
② 모델의 피부톤에 적합한 메이크업 베이스를 선택하여 얇고 고르게 펴 바른다.
③ 모델의 피부톤에 맞춰 결점을 커버하여 깨끗하게 피부 표현을 해준다.
④ 섀딩과 하이라이트 후 파우더로 가볍게 마무리한다.
⑤ 모델의 눈썹 모양에 맞추어 자연스러운 갈색 컬러의 눈썹을 표현한다.
⑥ 아이섀도의 표현은 펄이 약간 가미된 복숭아색으로 눈두덩이와 언더라인 전체에 바른다.
⑦ 갈색 아이섀도로 그림과 같이 아이라인 주변을 짙게 바르고 눈두덩이 위로 자연스럽게 그라데이션한 후, 눈꼬리 언더라인 1/2~1/3까지 아이홀 라인의 경계가 생기지 않게 그라데이션한다.
⑧ 언더라인에는 밝은 크림색 섀도를 덧발라 애교살이 돋보이도록 한다.
⑨ 아이라인은 속눈썹 사이를 메꾸어 그리고 눈매를 아름답게 교정한다.
⑩ 아이래시컬러를 이용하여 자연 속눈썹을 컬링한다.
⑪ 인조 속눈썹은 모델 눈에 맞춰 붙이고, 마스카라를 발라 준다.
⑫ 치크는 주황색 계열로 광대뼈 위쪽에 안에서 바깥으로 블렌딩해서 바른다.
⑬ 립 컬러는 오렌지레드색으로 바르고 입술 라인을 선명하게 표현한다.

Point

- 한복이 가진 우아함과 어우러져야 하므로 단아하고 깔끔한 이미지를 연출하는 것이 포인트이다.
- 피부 표현에서부터 립까지 깔끔한 주황색 계열의 따뜻한 분위기를 연출한다.

MEMO

(4) 뷰티 메이크업 – 내추럴, 40분

① 손 및 도구류를 소독한다.

② 모델의 피부톤에 적합한 메이크업 베이스를 선택하여 얇고 고르게 펴 바른다.

③ 베이스 메이크업은 모델 피부색과 비슷한 리퀴드 파운데이션을 사용한다.

④ 피부의 결점 등을 커버하기 위하여 컨실러 등을 사용할 수 있으며 파운데이션은 두껍지 않게 골고루 펴 바르며 투명 파우더를 사용하여 마무리한다.

⑤ 눈썹의 표현은 모델의 눈썹의 결을 최대한 살려 자연스럽게 그려 준다.

⑥ 아이섀도의 표현은 펄이 없는 베이지색으로 눈두덩이와 언더라인 전체에 바른다.

⑦ 갈색으로 그림과 같이 아이라인 주변을 바르고 눈두덩이 위로 자연스럽게 그라데이션한 후, 눈꼬리 언더라인 1/2~1/3까지 아이홀 라인의 경계가 생기지 않게 그라데이션한다.

⑧ 아이라인은 갈색의 섀도 타입이나 펜슬 타입을 이용하여 점막을 채우듯이 속눈썹 사이를 메꾸어 그리고 눈매를 자연스럽게 교정한다.

⑨ 아이래시를 이용하여 자연 속눈썹을 컬링한다.

⑩ 속눈썹은 마스카라를 이용하여 자연스럽게 표현해 준다.

⑪ 치크는 복숭아색으로 광대뼈 안쪽에서 바깥쪽으로 블렌딩한다.

⑫ 립은 베이지핑크색으로 자연스럽게 발라 마무리한다.

Point

한듯 안 한듯 부드러운 이미지를 연출하는 메이크업이다. 최대한 손에 힘을 빼고 작업한다.

MEMO

(5) 시대 메이크업 – 그레타 가르보, 40분

① 손 및 도구류를 소독한다.

② 모델의 피부톤에 적합한 메이크업 베이스를 선택하여 얇고 고르게 펴 바른다.

③ 눈썹은 파운데이션 등(또는 눈썹 왁스 및 실러)을 사용하여 그림과 같이 완벽하게 커버한다.

④ 모델의 피부톤에 맞춰 결점을 커버하여 깨끗하게 피부 표현을 한다.

⑤ 섀딩과 하이라이트로 윤곽 수정 후 파우더로 매트하게 마무리한다.

⑥ 눈썹은 아치형으로 그려 그레타 가르보의 개성이 돋보이게 표현한다.

⑦ 아이섀도의 표현은 그림과 같이 모델의 눈두덩이에 펄이 없는 갈색 계열의 컬러를 이용하여 아이홀을 그리고 그라데이션한다.

⑧ 아이라인은 속눈썹 사이를 메꾸어 그리고 그림과 같이 눈매를 교정한다.

⑨ 아이래시컬러를 이용하여 자연 속눈썹을 컬링한다.

⑩ 인조 속눈썹은 모델 눈에 맞춰 붙이고, 깊고 그윽한 눈매를 연출한다.

⑪ 치크는 갈색으로 광대뼈 아래쪽을 강하게 표현하고 얼굴 전체를 분홍톤으로 가볍게 쓸어 표현한다.

⑫ 적당한 유분기를 가진 적갈색 립 컬러를 이용하여 인커브 형태로 바른다.

Point

피부 표현은 뷰티 메이크업 때보다 더 꼼꼼하고 빈틈없이 해야 복고스러운 이미지가 연출될 수 있다. 아치형 눈썹의 방향과 홀라인, 인커브형의 립라인 등에 주의한다.

MEMO

(6) 시대 메이크업 – 마릴린 먼로, 40분

① 손 및 도구류를 소독한다.

② 모델의 피부톤에 적합한 메이크업 베이스를 선택하여 얇고 고르게 펴 바른다.

③ 모델의 피부톤보다 밝은 분홍 톤의 파운데이션으로 표현한다.

④ 섀딩과 하이라이트로 윤곽 수정 후 파우더로 매트하게 마무리한다.

⑤ 눈썹은 갈색의 양미간이 좁지 않은 각진 눈썹으로 표현한다.

⑥ 아이섀도는 모델의 눈두덩이를 중심으로 분홍과 베이지 계열의 색상을 이용하여 아이홀을 표현하고 그라데이션한다.

⑦ 아이홀 안쪽 눈꺼풀에 흰색으로 입체감을 주고 언더에는 베이지 계열의 섀도를 바른다.

⑧ 아이라인은 속눈썹 사이를 메꾸어 그리고 그림과 같이 아이라인을 길게 뺀 형태의 눈매를 표현한다.

⑨ 아이래시컬러를 이용하여 자연 속눈썹을 컬링한다.

⑩ 인조 속눈썹은 모델의 눈보다 길게 뒤로 빼서 붙여 주고 깊고 그윽한 눈매를 표현한다.

⑪ 치크는 분홍 톤으로 광대뼈보다 아래쪽에서 입꼬리(구각)를 향해 사선으로 바른다.

⑫ 적당한 유분기를 가진 빨간색 립 컬러를 아웃커브 형태로 바른다.

⑬ 그림과 같이 마릴린 먼로의 개성이 돋보이는 점을 그린다.

Point

마릴린 먼로를 표현하기 위해서는 각진 눈썹과 아이홀 라인, 그리고 아웃커브의 립 형태에 더불어 점을 찍어 섹시한 베이비돌 같은 이미지를 표현해야 한다.

MEMO

(7) 시대 메이크업 – 트위기, 40분

① 손 및 도구류를 소독한다.
② 모델의 피부톤에 적합한 메이크업 베이스를 선택하여 얇고 고르게 펴 바른다.
③ 베이스 메이크업은 모델 피부색과 비슷한 리퀴드 또는 크림 파운데이션을 사용한다.
④ 파운데이션은 두껍지 않게 골고루 펴 바르며 파우더를 사용하여 마무리한다.
⑤ 눈썹의 표현은 그림과 같이 자연스러운 갈색으로 눈썹산을 강조하여 그린다.
⑥ 아이섀도는 흰색 베이스 컬러와 분홍색, 남색, 회색, 어두운 청색 등을 사용하여 인위적인 쌍꺼풀 라인을 표현한다.
⑦ 쌍꺼풀 라인과 아이라인의 선이 선명하도록 강조하여 그라데이션 하고 흰색으로 쌍꺼풀 안쪽 및 눈썹 아래 부위에 하이라이트를 준다.
⑧ 아이라인은 선명하게 그리고 그림과 같이 눈매를 교정한다.
⑨ 아이래시컬러를 이용하여 자연 속눈썹을 컬링한 후 마스카라를 바르고 인조 속눈썹을 붙여 눈매를 강조한다.
⑩ 그림과 같이 과장된 속눈썹 표현을 위해 언더 속눈썹에 마스카라를 한 후 아이라이너를 사용하여 그리거나 인조 속눈썹을 붙여 표현한다.
⑪ 아이라인은 검은색을 이용하여 아이홀 라인 바깥쪽으로 과장되게 그려 그림과 같이 표현한다.
⑫ 치크는 분홍 및 연갈색으로 애플 존 위치에 둥근 느낌으로 바른다.
⑬ 베이지핑크색의 립 컬러를 자연스럽게 발라 마무리한다.

Point

트위기는 60년대를 대표하는 패션 모델계의 살아 있는 전설이다. 깡마른 몸매에 두드러진 주근깨가 매력적이며 놀란 듯 귀여운 표정의 눈 모양과 옅은 입술 색이 포인트이다.

MEMO

(8) 시대 메이크업 – 펑크, 40분

① 손 및 도구류를 소독한다.

② 모델의 피부톤에 적합한 메이크업 베이스를 선택하여 얇고 고르게 펴 바른다.

③ 베이스 메이크업은 크림 파운데이션을 사용하여 창백하게 피부 표현을 해준다.

④ 피부의 결점 등을 커버하기 위하여 컨실러 등을 사용할 수 있으며 파우더를 이용하여 매트하게 표현한다.

⑤ 눈썹은 그림과 같이 눈썹의 결을 강조하여 짙고 강하게 그린다.

⑥ 아이섀도의 표현은 흰색, 베이지색, 회색, 검은색 등의 컬러를 이용하여 아이홀을 강하게 표현한다.

⑦ 아이홀은 눈꼬리에서 앞머리 쪽으로 그리고 아이홀의 눈꼬리 1/3 부분을 검은색 아이섀도나 아이라이너를 이용하여 채우고 그림과 같이 그라데이션한다.

⑧ 아이라인은 검은색을 이용하여 3개의 라인을 아이홀 라인의 바깥쪽으로 과장되게 그려 그림과 같이 표현한다.

⑨ 언더라인은 위쪽 라인까지 연결하여 강하게 표현한다.

⑩ 속눈썹은 아이래시컬러를 이용하여 자연 속눈썹을 컬링한 후 마스카라를 바르고, 모델의 눈에 맞게 인조 속눈썹을 붙인다.

⑪ 치크는 적갈색으로 얼굴 앞쪽을 향하여 사선으로 선을 그리듯 강하게 바른다.

⑫ 립은 검붉은색을 이용하여 펴 바르고 입술 라인을 선명하게 표현한다.

Point

- 펑크는 기존의 미의식에서 탈피한 반사회적인 스타일로서 어둡고 짙은 화장과 괴상한 헤어스타일로 표현되는 메이크업이다.
- 짙은 눈 화장과 사선의 치크, 그리고 선명한 입술 라인을 표현해야 한다.

MEMO

(9) 캐릭터 메이크업 – 레오파드이미지, 50분

① 손 및 도구류를 소독한다.

② 모델의 피부톤에 맞는 메이크업 베이스를 바른다.

③ 피부톤보다 밝은색 파운데이션을 이용하여 바른 후 파우더로 마무리한다.

④ 노란색, 주황색, 갈색의 아쿠아 컬러나 아이섀도 등을 사용하여 그림과 같이 조화롭게 그라데이션을 한다.

⑤ 아이홀 부위는 그림과 같이 흰색으로 뚜렷하게 표현하고, 검은색 아이라이너, 아쿠아 컬러 등으로 눈꺼풀 위와 눈밑 언더라인의 트임을 표현한다.

⑥ 레오파드 무늬는 아쿠아 컬러나 아이라이너 등을 사용하여 선명하고 점진적으로 표현한다.

⑦ 인조 속눈썹을 사용하여 길고 날카로운 눈매를 표현한다.

⑧ 그림과 같이 언더라인은 아이라이너를 사용하여 그리거나 인조 속눈썹을 붙여 표현한다.

⑨ 버건디레드의 립 컬러를 모델의 입술에 맞게 사용하되, 입꼬리(구각)를 강조한 인커브 형태로 표현한다.

Point

- 레오파드 이미지의 캐릭터 메이크업은 노란색, 주황색, 갈색의 바탕, 그라데이션, 양쪽 눈 모양의 대칭만 잘 어우러진다면 크게 문제될 것이 없는 메이크업 기법이다.
- 밝은색에서 어두운색으로 그라데이션한다는 점에 유의한다.

MEMO

(10) 캐릭터 메이크업 – 무용(고전), 50분

① 손 및 도구류를 소독한다.
② 모델의 피부톤에 적합한 메이크업 베이스를 선택하여 얇고 고르게 펴 바른다.
③ 모델의 피부톤에 맞춰 결점을 커버하고 파운데이션으로 깨끗하게 피부 표현을 해준다.
④ 섀딩과 하이라이트로 윤곽 수정 후 분홍색 파우더로 매트하게 마무리한다.
⑤ 눈썹은 갈색으로 시작하여 검은색으로 자연스럽게 연결되도록 표현하며, 모델의 얼굴형을 고려하여 그림과 같이 부드러운 곡선의 동양적인 눈썹으로 표현한다.
⑥ 눈썹 뼈에 흰색으로 하이라이트를 주어 입체감 있는 눈매를 연출한다.
⑦ 연분홍색 아이섀도를 이용하여 눈두덩을 그라데이션한다.
⑧ 눈꼬리 부분과 언더라인을 마젠타 컬러로 포인트를 주고 그림과 같이 상승형으로 표현한다.
⑨ 아이라인은 검은색 아이라이너를 사용하여 그림과 같이 그리고 언더라인은 펜슬 또는 아이섀도로 마무리한다.
⑩ 아이래시컬러를 이용하여 자연 속눈썹을 컬링한다.
⑪ 마스카라 후 검은색의 짙은 인조 속눈썹을 사용하여 끝부분이 처지지 않도록 상승형으로 붙인다.
⑫ 치크는 분홍색으로 광대뼈를 감싸듯 화사하게 표현한다.
⑬ 빨간색의 립라이너를 이용하여 립 안쪽으로 그라데이션하고 분홍색이 가미된 빨간색의 립 컬러로 블렌딩한다.
⑭ 검은색 펜슬 또는 검은색 아이라이너를 이용하여 귀밑머리를 자연스럽게 그린다.

Point

분홍 톤의 파운데이션으로 은은하고 화사한 피부 표현을 주로 하는데, 실제 실기 과제에서는 분홍 파우더로만 마무리한다.

MEMO

(11) 캐릭터 메이크업 – 무용(발레), 50분

① 손 및 도구류를 소독한다.

② 모델의 피부톤에 적합한 메이크업 베이스를 선택하여 얇고 고르게 펴 바른다.

③ 모델의 피부톤에 맞춰 결점을 커버하고 파운데이션으로 깨끗하게 피부 표현을 한다.

④ 섀딩과 하이라이트로 윤곽 수정 후 분홍색 파우더로 매트하게 마무리한다.

⑤ 눈썹은 흑갈색으로 시작하여 검은색으로 자연스럽게 연결되도록 표현하며, 모델의 얼굴형을 고려하여 갈매기 형태로 그린다.

⑥ 눈썹 뼈에 흰색으로 하이라이트를 주어 입체감 있는 눈매를 연출한다.

⑦ 아이홀은 분홍색과 보라색을 이용하여 그라데이션하고 홀의 안쪽은 흰색으로 채워 표현한다.

⑧ 속눈썹 라인을 따라서 아쿠아블루색으로 포인트를 주고 언더라인도 같은 색으로 눈과 일정한 간격을 두고 그린 후 흰색을 넣어 눈이 커 보이도록 표현한다.

⑨ 검은색 아이라이너를 사용하여 그림과 같이 아이라인과 언더라인을 길게 그린다.

⑩ 아이래시컬러를 이용하여 자연 속눈썹을 컬링한다.

⑪ 마스카라 후 검은색의 짙은 인조 속눈썹을 사용하여 끝부분이 처지지 않도록 상승형으로 붙인다.

⑫ 치크는 분홍색으로 광대뼈를 감싸듯 화사하게 표현한다.

⑬ 로즈 컬러의 립라이너를 이용하여 립 안쪽으로 그라데이션하고 분홍색 립 컬러로 블렌딩한다.

Point

발레 메이크업은 한국무용 메이크업과 달리 눈매가 깊어 보이게 하는 것과 눈이 커보이는 효과가 매우 중요하다. 색상은 분홍과 파랑이 주가 되기 때문에 아이라인을 잘 연결해 준다면 어렵지 않다.

MEMO

(12) 캐릭터 메이크업 – 노역(추면), 50분

① 손 및 도구류를 소독한다.
② 모델의 피부 타입에 맞는 메이크업 베이스를 바른다.
③ 파운데이션을 가볍게 바르고 모델 피부톤보다 한 톤 어둡게 피부 표현을 한다.
④ 섀딩 컬러로 얼굴의 굴곡 부분을 자연스럽게 표현한다.
⑤ 하이라이트 컬러를 이용하여 돌출 부분을 그림과 같이 표현한다.
⑥ 갈색 펜슬을 이용하여 얼굴의 주름을 표현하고 파우더로 가볍게 마무리 한다.
⑦ 눈썹은 강하지 않게 회갈색을 이용하여 표현한다.
⑧ 립 컬러는 내추럴 베이지를 이용하여 아랫입술이 윗입술보다 두껍지 않게 표현한다.

Point

- 노역 메이크업은 나이가 든 모습을 표현하는 주름선의 표현이 중요하다. 나이가 들면 처지거나 어둡게 표현되는 면의 표현에도 주의한다.
- 메이크업을 하기 전에 주름이 생기는 원리를 이해하며 패턴지에 여러 번 연습을 해보는 것이 중요하다.

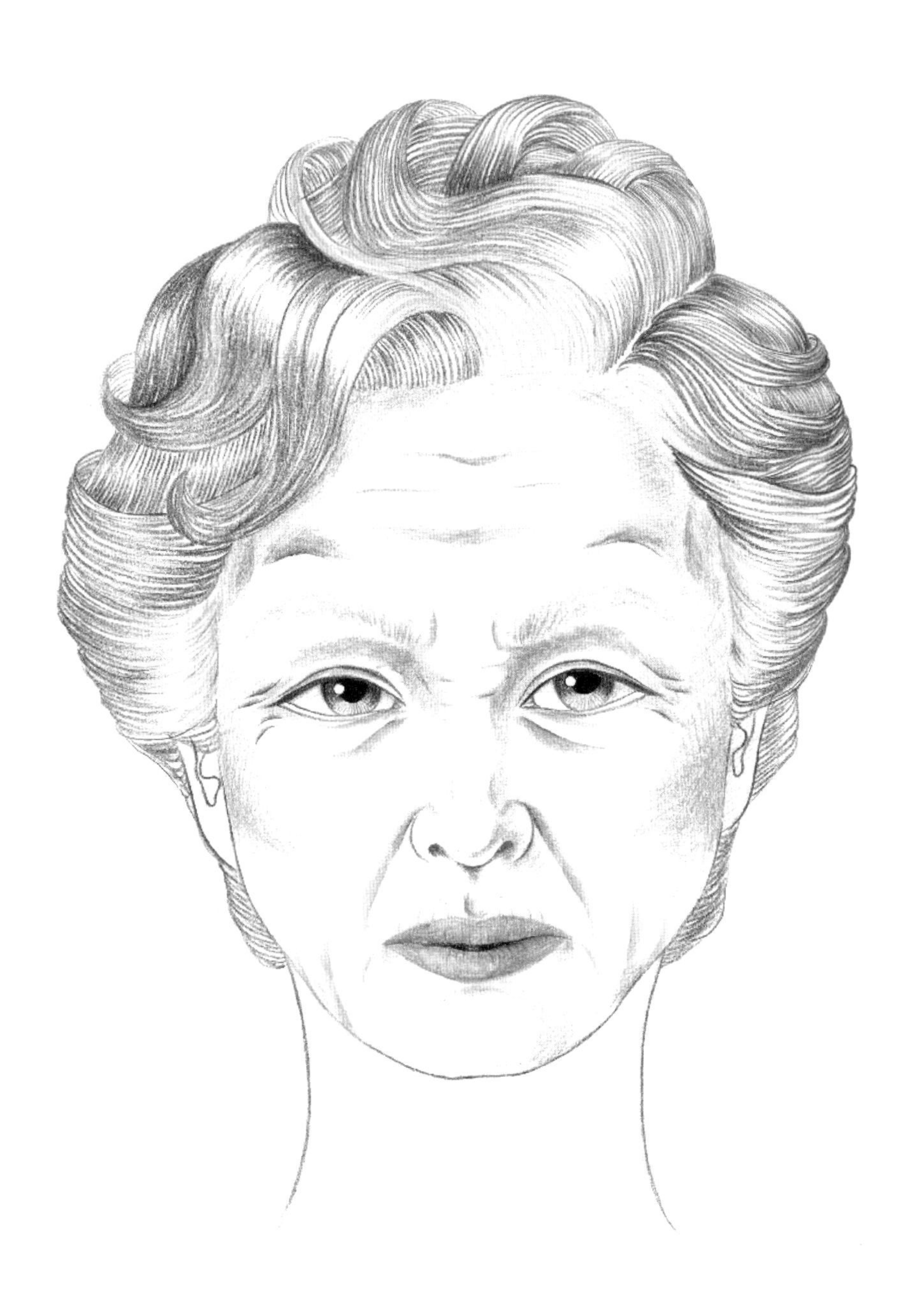

MEMO

(13) 속눈썹 익스텐션 – 왼쪽 속눈썹 익스텐션, 25분

① 5~6mm의 인조 속눈썹이 부착된 마네킹을 준비한다.

② 손 및 도구류와 마네킹의 작업 부위를 소독한 후 적절한 위치에 아이패치를 부착한다.

③ 일회용 도구를 사용하여 전처리제를 균일하게 도포한다.

④ 연장하는 속눈썹은 J컬 타입으로 길이 8, 9, 10, 11, 12mm, 두께 0.15~0.2mm의 싱글모를 사용한다.

⑤ 제시된 그림과 같이 전체적으로 중앙이 길어 보이는 라운드형(부채꼴 디자인)의 속눈썹 익스텐션(왼쪽)을 완성한다.

⑥ 마네킹에 부착된 속눈썹 1개당 하나의 속눈썹(J컬)만 연장한다.

⑦ 5가지 길이(8, 9, 10, 11, 12mm)의 속눈썹(J컬)을 모두 사용하여 자연스러운 디자인이 되도록 완성한다.

⑧ 모근에서 1~1.5mm를 반드시 떨어뜨려 부착한다.

⑨ 왼쪽 인조 속눈썹에 최소 40가닥 이상의 속눈썹(J컬)을 연장한다.
(단, 눈 앞머리 부분의 속눈썹 2~3가닥은 연장하지 않는다.)

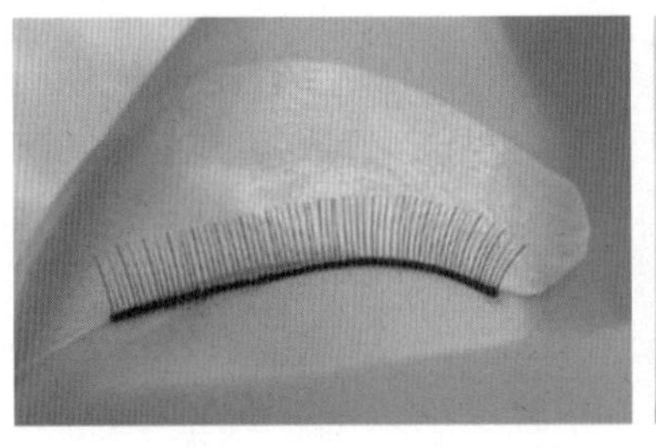

시험 시작 전 마네킹 준비 상태

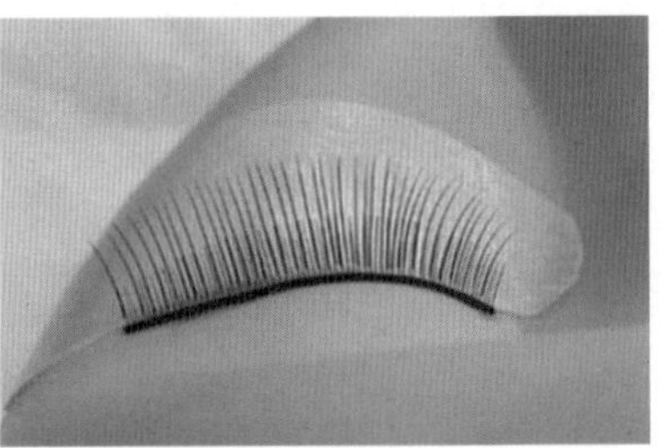

완성 상태(왼쪽 눈)

MEMO

(14) 속눈썹 익스텐션 – 오른쪽 속눈썹 익스텐션, 25분

① 5~6mm의 인조 속눈썹이 부착된 마네킹을 준비한다.

② 손 및 도구류와 마네킹의 작업 부위를 소독한 후 적절한 위치에 아이패치를 부착한다.

③ 일회용 도구를 사용하여 전처리제를 균일하게 도포한다.

④ 연장하는 속눈썹은 J컬 타입으로 길이 8, 9, 10, 11, 12mm, 두께 0.15~0.2mm의 싱글모를 사용한다.

⑤ 제시된 그림과 같이 전체적으로 중앙이 길어 보이는 라운드형(부채꼴 디자인)의 속눈썹 익스텐션(오른쪽)을 완성한다.

⑥ 마네킹에 부착된 속눈썹 1개당 하나의 속눈썹(J컬)만 연장한다.

⑦ 5가지 길이(8, 9, 10, 11, 12mm)의 속눈썹(J컬)을 모두 사용하여 자연스러운 디자인이 되도록 완성한다.

⑧ 모근에서 1~1.5mm를 반드시 떨어뜨려 부착한다.

⑨ 오른쪽 인조 속눈썹에 최소 40가닥 이상의 속눈썹(J컬)을 연장한다.
(단, 눈 앞머리 부분의 속눈썹 2~3가닥은 연장하지 않는다)

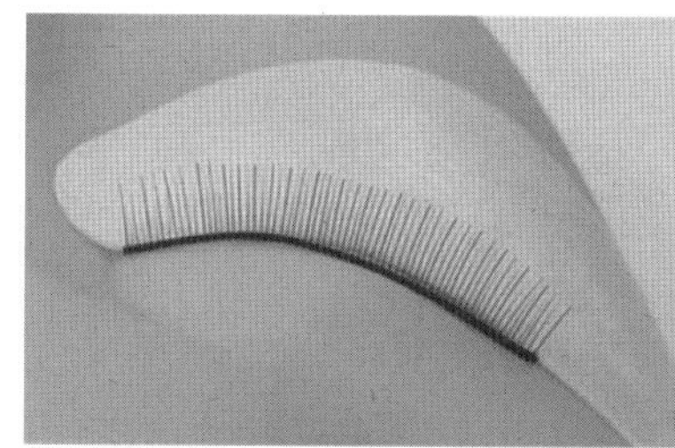

시험 시작 전 마네킹 준비 상태

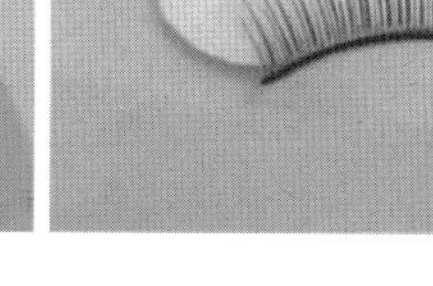

완성 상태(오른쪽 눈)

Point

속눈썹 익스텐션은 쉬워 보이지만 여러 번 연습을 해야 시험에서 실수가 없다. 인조모처럼 얇기 때문에 주의가 필요한 과제이다.

MEMO

(15) **미디어 수염, 25분**

① 제시된 그림을 참고하여 현대적인 남성 스타일을 연출한다.
(단, 완성된 수염의 길이는 마네킹의 턱 밑 1~2cm 정도로 작업한다.)
② 손 및 도구류와 마네킹의 작업 부위를 소독한다.
③ 수염 접착제(스프리트 검)를 균일하게 도포하여 마네킹의 좌우 균형, 위치, 형태에 주의하면서 사전에 가공된 상태의 수염을 붙인다.
④ 수염의 양과 길이 및 형태는 그림과 같이 콧수염과 턱수염을 모두 완성한다.
⑤ 빗과 핀셋으로 붙인 수염을 다듬은 후 고정 스프레이와 라텍스 등을 이용하여 스타일링 한다.

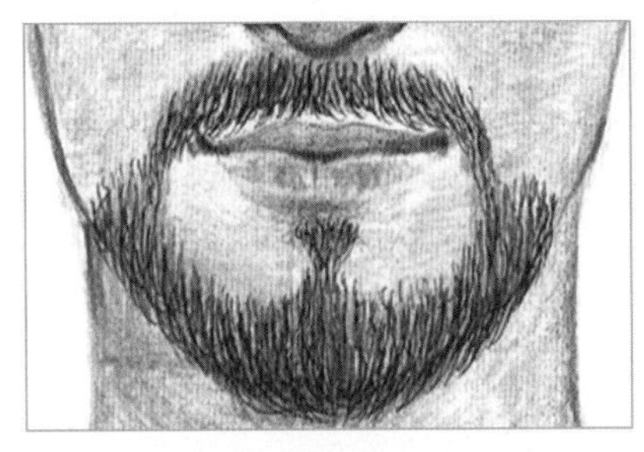
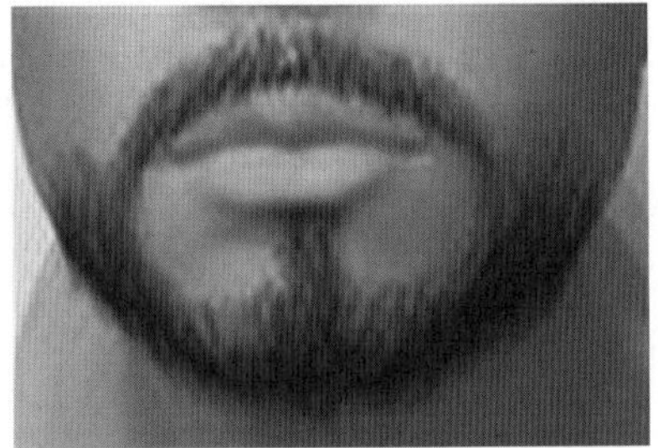

완성 상태

피부와 피부 부속기관

CHAPTER 06

MEMO

1 피부 구조 및 기능

우리의 피부는 신체 내부의 장기를 보호하고 외부의 환경으로부터 우리 몸을 보호하고 있는 몸의 가장 넓은 기관으로, 총 면적은 1.6~1.9m^2이며 중량은 평균체중의 15~17%에 달한다.

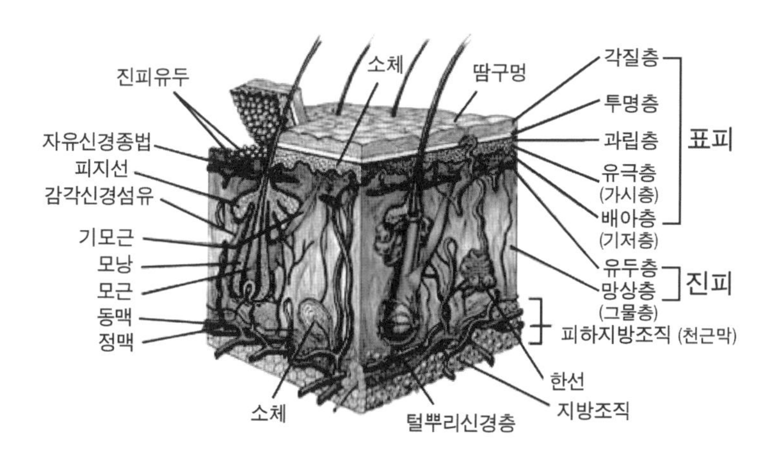

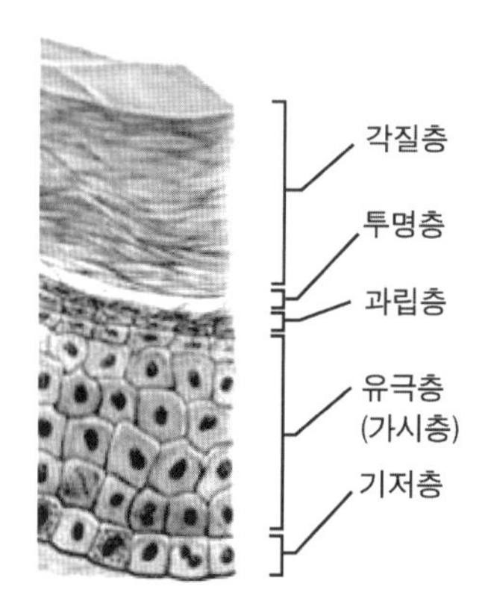

출처

- 피부구조: http://blog.naver.com/yebby0103?Redirect=Log&logNo=150105207368
- 표피: http://blog.naver.com/goyangeenj?Redirect=Log&logNo=220163701329
  http://blog.naver.com/rhodex?Redirect=Log&logNo=220444034649

(1) 표피(epidermis)

① 특징

- 피부의 가장 상부층에 위치하는 층으로 내부의 수분 증발을 막고 세균, 유해물질, 자외선 등의 외부의 자극으로부터 피부를 보호한다.
- 외배엽에 유래하며 신경과 혈관이 존재하지 않는다.

MEMO

- 두께는 평균적으로 약 0.2mm로, 가장 두꺼운 손바닥의 경우 약 1.6mm, 가장 얇은 눈꺼풀의 경우 약 0.04mm 정도의 얇은 피부조직이다.
- 신진대사 작용을 한다(표피의 가장 아래층인 기저층에서 세포분열을 통해 새로운 세포 생성).

② 표피의 구조

구 조	기 능
각질층	• 표피의 가장 바깥층 • 납작한 무핵의 죽은 세포로 라멜라(층상) 구조 • 각화가 완전히 된 세포들로 구성(비듬이나 때처럼 박리현상을 일으킴) • 외부로부터 피부 보호, 이물질 침투 방지 • 케라틴, NMF(천연보습인자), 지질을 함유하고 있어 15~20%의 수분을 유지
투명층	• 무색, 무핵층으로 손바닥, 발바닥에 주로 존재 • 엘라이딘 함유(반유동성 물질로 빛의 굴절・차단 및 수분 침투・증발을 방지하며 피부를 윤기 있게 하는 단백질)
과립층	• 각화 과정 시작 단계(유핵과 무핵이 공존하는 층) • 각화 유리질(케라토하이알린)이라는 과립 존재 • 투명층과 과립층 사이에 외부로부터 이물질 침입 및 수분 침투와 피부 내부의 수분 유출을 막아 주는 수분저지막 존재(수분저지막 = 레인 방어막 = 베리어 존) • 유황단백질(sulfurprotein)을 함유하고 있어 빛의 굴절・차단을 통해 피부를 맑게 함
유극층 (가시층)	• 살아 있는 유핵 세포로 구성되어 있으며 표피 중에서 가장 두꺼운 층 • 가시 모양의 돌기가 세포 사이를 연결하고 있어 가시층이라고도 함 • 피부 면역기능을 담당하는 랑게르한스 세포가 존재 • 세포 사이 세포간교를 통한 림프액이 흐르고 있어 혈액순환이나 노폐물 배출, 영양공급에 관여하는 물질대사가 이루어짐
기저층	• 살아 있는 유핵층으로 표피의 가장 아래층에 존재 • 진피의 유두층으로부터 영양공급을 받으며 물결 모양을 이룸 (요철이 깊을수록 건강한 피부) • 원주형의 세포가 단일세포층(단층) • 각질 형성세포(keratinocyte)와 멜라닌 생성세포(melanocyte)로 구성(4 : 1~10 : 1) • 각질화 과정이 처음 시작되는 곳(유핵층)

MEMO

〈각질층 구성 성분 : 케라틴, 천연보습인자, 지질〉

- 케라틴 : 단백질의 일종으로 상피세포(피부, 모발, 손톱)를 구성하는 주요한 물질이며, 세포 증식 조절, 세포 신호 전달, 외부로부터의 보호 역할을 하고 있다.
- 천연보습인자(NMF : Natual Moisturizing Factor) : 함습작용이 강하여 각질층의 수분량을 일정하게 유지하는 기능을 한다. 아미노산(40%), 피롤리돈카르복시산(12%), 젖산(12%), 요소(7%)로 구성되어 있다.
- 지질 : 라멜라 구조를 단단하게 고정하는 역할을 하여 장벽기능에 영향을 준다. 주된 성분은 세라마이드로서 약 40%로 구성되어 있다.

③ 표피의 구성세포

세 포	기 능
각질 형성세포 (keratinocyte)	• 기저층에 위치하며 표피세포의 약 80~90% 차지 • 표피의 모든 층에서 발견되며 표피의 각질(케라틴)을 형성하는 것이 가장 주된 기능 – 각화 과정(keratinization) : 각질 형성세포(keratinocyte)는 기저층에서 생성되고 분열되어 각질층 쪽으로 계속 밀려 올라와 결국에는 각화가 완전히 된 세포로 되는 과정으로, 밀려 올라오는 데 약 14일, 떨어져 나가는 데 약 14일 정도 주기를 가지고 있음(약 4주)
멜라닌 생성세포 (melanocyte)	• 기저층에 위치하며 표피의 약 5%를 차지 • 피부색을 결정짓는 멜라닌 색소를 생성하며 다수의 가지 돌기를 가짐 • 피부가 자극을 받으면 멜라닌이 왕성하게 활동하여 세포동기를 통해 각질 형성세포로 이동하여 각질층에 붙어 있다가 떨어져 나감 • 자외선을 받으면 멜라닌의 양이 증가되어 자외선을 흡수 또는 산란시켜 피부 손상 방지함 – 멜라닌 생성세포의 수는 인종에 관계 없이 일정하며 피부색은 멜라닌 생성세포 안에 들어 있는 멜라노좀의 분비능력에 따라 결정됨(피부색 결정짓는 요인 – 멜라닌, 헤모글로빈, 카로틴)
랑게르한스 세포 (Langgerhans cell)	• 표피의 유극층 상부에 주로 존재 • 외부로부터의 이물질을 림프구로 전달하는 강력한 항원전달 세포로서 피부 면역학적 반응 담당 세포 • 표피세포 중 약 2~4% 존재
머켈 세포 (Merkel cell)	• 기저세포층에 위치하며 피부의 가장 기본적인 촉각수용체로서 '촉각세포'라 불림 • 주로 털이 있는 부위에서 발견되지만 털이 없는 손발 바닥, 입술 및 입점막과 같은 신체의 특정 부위에 분포

MEMO

(2) 진피

① 특징

- 피부의 90% 이상을 차지하며 치밀한 결합조직으로 표피 두께의 20~40배 정도의 두께이다.
- 피부의 긴장성, 탄력성, 피부 재생에 관여하며 유두층과 망상층으로 나뉜다.
- 교원섬유(콜라겐)와 탄력섬유(엘라스틴) 및 기질(뮤코다당류) 등 섬유성 단백질로 구성된다.
- 진피에 있는 모세혈관은 표피에 영양분을 공급하며 표피를 지지한다.
- 수분 저장, 체온 조절, 감각에 대한 수용체 역할(감각기를 통해 위험 감지)을 한다.
- 피부의 부속기관인 한선, 피지선, 혈관, 근육, 림프관, 신경관 등이 포함된다.

② 진피의 구성

구 조	기 능
유두층	• 진피의 1/5을 차지 • 표피의 기저층 경계 부위에 유두 모양의 돌기를 형성 • 유두층의 물결 모양은 노화가 진행됨에 따라 평평해짐 • 혈관과 신경이 몰려 있어 표피의 기저층에 산소와 영양분을 공급 • 신경, 감각기관의 촉각, 통각이 분포
망상층	• 진피의 4/5를 차지하며 피하조직과 연결됨 • 교원섬유와 탄력섬유, 기질 등으로 이루어진 결합조직으로 이들은 일정 방향으로 섬세한 섬유가 망상 구조로 되어 있음 • 유두층에 비해 모세혈관은 거의 존재하지 않으며 비교적 큰 혈관, 피지선, 한선, 신경, 감각기관의 압각, 냉각, 온각이 분포

③ 진피의 구성물질

구성물질	기 능
교원섬유	• 진피의 80~90%를 차지하는 단백질로 콜라겐으로 구성됨 • 섬유아세포에서 만들어지며 탄력섬유와 함께 그물 모양으로 짜여 있음 • 노화가 진행되면서 콜라겐의 양이 감소되고 피부의 탄력 감소와 주름 형성의 원인이 됨

MEMO

구성물질	기 능
탄력섬유	• 진피의 2~3%를 차지하며 콜라겐에 비해 얇고 긴 엘라스틴 섬유로 구성되어 있음 • 섬유아세포에서 만들어지며 피부의 처짐과 이완에 관여 • 엘라스틴은 신축성과 탄력성 등의 피부의 스프링 역할을 하며 화학물질에 강함
기질	• 진피의 0.1~0.2%를 차지하며 결합섬유세포 사이를 채우고 있는 물질로 젤 상태로 되어 있음 • 친수성 다당체로 물에 녹아 끈적끈적한 상태가 된다 하여 뮤코다당류라고도 함 • 구성물질은 히알루론산과 콘드로이친 황산 등으로 이루어져 있음 -기질의 구성물질은 수분친화력이 높아 자신의 질량에 수백 배 수분 보유능력이 있음

(3) 피하조직

- 진피와 근육 또는 뼈 사이에 위치하며 지방을 함유하고 있다. 귀와 눈꺼풀, 고환 등에는 덜 발달되어 있으며 허리, 둔부, 어깨, 가슴, 하복부에 발달된다.
- 남성보다 여성이 더 발달되어 있어 여성의 곡선미를 결정 짓는 역할을 하며 지방 정도에 따라 비만 정도가 결정된다.
- 지방층의 과도한 축적은 순환 등의 대사기능 저해로 피부 표면의 귤껍질과 같은 울퉁불퉁한 현상이 생길 수 있는데, 이러한 현상을 셀룰라이트라고 한다.
- 체온 유지기능, 수분 조절기능, 외부로부터 충격 완화기능, 피부탄력성 유지, 인체의 소모되고 남은 영양소 저장기능 등을 한다.

(4) 피부의 기능

① 체온 조절작용

건강한 피부는 36.5℃의 체온을 유지한다. 피부는 혈관 확장과 수축, 한선, 기모근을 통해 열 생산과 소실을 하여 체온 조절을 돕는다.

MEMO

② 분비 및 배설 작용

한선(땀샘)의 1일 분비량은 약 700~1,000cc로 한관을 통해 분비되는 땀은 노폐물을 배출하고 수분 유지를 돕는다. 피지선의 1일 분비량은 1~2g으로 피부의 건조와 피부의 pH를 도와 외부로부터의 이물질 침투를 방지한다.

③ 감각작용

머켈 세포가 감지하며 진피와 피부 밑 감각신경 종말에 위치한다. 통각점은 100~200개 정도로, 촉각점(25개) 〉 냉각점(12개) 〉 압각점(6~8개) 〉 온각점(1~2개) 순으로 분포되어 있다.

④ 저장작용

수분, 에너지와 영양, 혈액, 지방을 저장한다.

⑤ 재생작용

인체는 성형수술을 하거나 심한 수술로 인한 상처가 나게 되면 일정 시간 경과 후에는 원래 상태로 되돌아오려 하는 항상성 작용이 있다.

⑥ 면역작용

외부로부터의 이물질, 세균 등의 침입에 대항하기 위해 림프구와 랑게르한스 세포에서 면역물질을 생산하여 생체방어기전에 관여한다.

⑦ 호흡작용

모공을 통해 산소를 흡수하고 이산화탄소를 방출한다.

⑧ 비타민 D 형성 작용

자외선에 의해 비타민 D를 생성하며 비타민 D는 자외선 B의 조사가 필요하다.

MEMO

피부의 pH

- 수소이온 농도지수를 지수함수로 나타낸 단위로 여기서 말하는 피부의 pH란 피지막의 pH를 나타낸다.
- 피부의 pH는 약산성이 가장 이상적이며 피지막의 상태가 약산성에서 파괴되면 방어기능이 저하되어 소양증, 감염, 세균 번식 등에 쉽게 노출되기 때문에 피부의 정상 pH는 항상 유지되어야 한다.

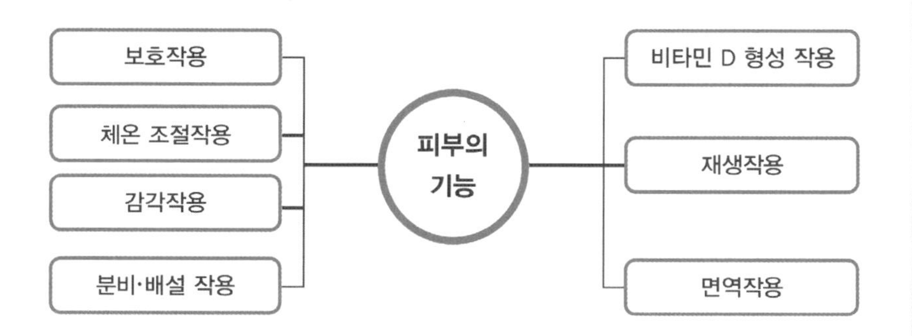

2 피부 부속기관의 구조 및 기능

(1) 한선

- 한선은 실뭉치처럼 엉켜 진피와 피하지방 경계 부위에 위치한다.
- 하루 분비량은 700~1,000cc 정도이며 체온 조절, 피부 수분 유지, 노폐물 배출 및 산성막 형성의 기능이 있다.
- 한선은 기능에 따라 소한선(에크린선)과 대한선(아포크린선)으로 나뉜다.

소한선(에크린선)	대한선(아포크린선)
• 무색, 무취, 무미 • 피부의 진피층에 위치 • 전신에 분포(입술, 음부 제외) • 체온 조절 분비	• 유색, 유취, 유미 • 땀 분비의 이상으로 세균감염을 가져와 냄새 유발 (액취증의 원인) • 겨드랑이, 유두, 성기, 배꼽 등에 분포 • 성호르몬 영향으로 분비(사춘기 이후) • 여성 > 남성, 흑인 > 백인 > 동양인

MEMO

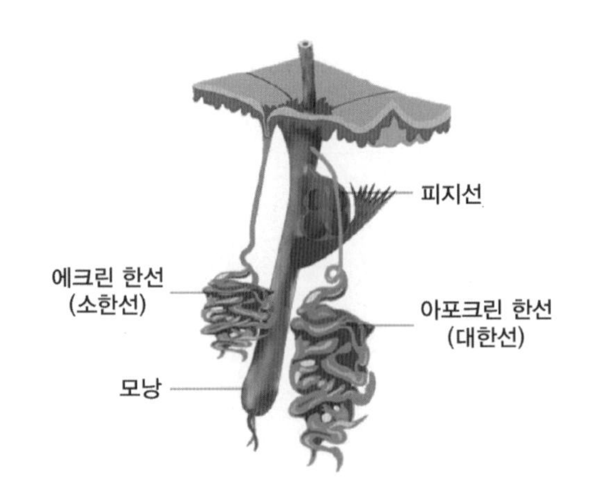

한선과 피지선

(2) **피지선**

① 특징

- 진피의 망상층에 위치하며 피부 표면으로 피지를 분비한다.
- 하루 분비량은 약 1~2g 정도이며 한선에서 분비되는 땀과 함께 천연보호막(피지막)을 만들어 피부의 수분 증발을 막으며 피부를 촉촉하게 유지시켜 준다.
- 손발 바닥을 제외한 신체의 모든 부위에 분포한다.
- 피지는 남성호르몬의 안드로겐, 성호르몬(프로게스테론)에 의해 촉진되며 여성호르몬의 에스트로겐에 의해 억제된다.
- 트리글리세라이드 43%, 왁스에스테르 23%, 스쿠알렌 15%, 자유지방산 15% 및 소량의 콜레스테롤 4%로 구성되어 있다.
- 입술, 성기, 유두, 구강점막, 눈꺼풀 등은 모낭이 없어 독립피지선이 직접 피부 표면으로 연결되어 피지를 분비한다.

② 피지의 기능

- 각질층과 모발의 표면에 천연보호막(피지막)을 만들어 수분 증발을 방지한다.
- 피지 중 함유된 자유지방산이 항균작용을 한다.
- 유화작용을 하며 피부의 타입(지성, 중성, 건성)을 결정한다.
- 피지의 기능은 모체의 성호르몬의 영향으로 기능이 항진되어 신생아 시기에 여드름이 나타나는 경우가 있으며 약 6개월 후 기능이 저하되었다 사

MEMO

춘기 시기에 다시 발달한다. 여성은 50세 이후에, 남성은 80세 이후에 조금씩 감소한다.

(3) 모발

① 모발의 특성

- 케라틴이라는 단백질이 주성분으로 멜라닌, 지질, 수분 등으로 구성되어 있다.
- 손바닥, 발바닥, 점막과 치부의 경계 부위 등을 제외한 피부 어디에나 존재한다.
- 표피의 상피세포로 이루어져 있으며 생명과 직접 관련은 없지만 외부로부터 우리 몸을 보호하고 마찰을 감소시켜 주며 성적 매력을 제공하는 등의 역할을 한다.
- 수명은 약 5년이다.
- 건강한 모발의 pH는 4.5~5.5 정도이다.
- 성장기(2~6년), 휴지기(3주), 퇴행기(3개월)의 성장과정을 반복한다.

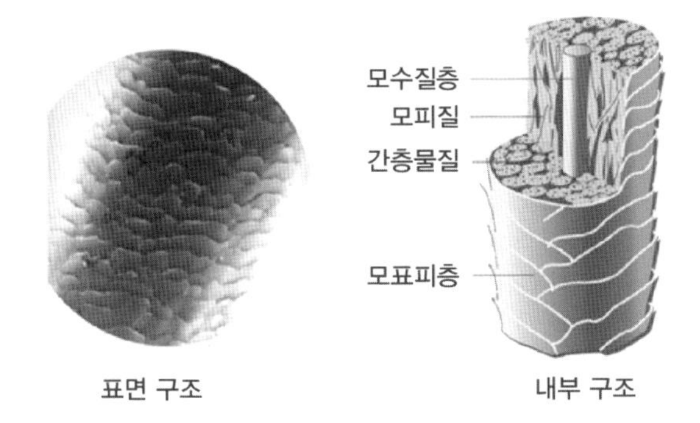

모발의 구조

모간 : 모표피, 모피질, 모수질

- 모표피 : 모발 바깥쪽 얇은 비늘 모양 층, 멜라닌 색소 없으며 모피질 보호, 수분 증발 억제
- 모피질 : 모발의 85~90%, 피질세포 사이가 간충물질로 채워짐. 멜라닌 색소 있으며, 모발의 물리적・화학적인 성질 좌우함
- 모수질 : 수질세포로 공기 함유(취모에는 없음)

MEMO

모근 : 모발 성장의 근원, 모세혈관으로부터 영양 공급받아 세포분열을 통해 영양 공급

- 모낭 : 모근을 둘러싼 주머니, 피지선과 연결되어 모발에 윤기
- 모구 : 모낭의 가장 아랫부분, 모유두와 연결, 내부에는 모모세포, 멜라닌 세포 존재
- 모유두 : 모발과 모모세포에 영양 공급, 세포분열 시작(모구에 영양 공급)
- 모모세포 : 세포분열 일어나서 모발 형성, 멜라노사이트 있어서 모발의 색 결정

② 모발의 결합구조

폴리펩티드 결합	세로 방향의 결합으로 모발의 결합 중 가장 강한 결합
수소 결합	아미노산과 아미노산 사이에서의 결합을 나타내며 물에 의한 모발 힘은 적지만, 건조에 의한 모발 힘은 강함. 모발의 힘은 70% 수소 결합이 관여함
염(이온) 결합	모발은 pH 4.5~5 범위(등전점)일 때 결합력이 최대로, 케라틴 섬유 강도에 약 35% 정도 기여하며 산・알칼리에서 쉽게 파괴됨
시스틴 결합	측쇄 결합으로 일반적인 모발 웨이브를 형성시킬 때 펌1제로 모발 케라틴 중 시스틴 결합을 절단한 후 모발을 원하는 모양으로 변형시키고 그 형태를 유지하기 위해 2제(산화제)로 절단된 결합을 다시 합치는 결합

③ 모발의 색상

- 천연 모발 색상은 모피질 층에서 발견되는 천연색소(pigment)의 양과 분포 정도에 따라 결정된다.
- 멜라닌 양이 많은 모발 순서는 흑색 〉 갈색 〉 적색 〉 금발색 〉 백발이며, 과립의 크기가 크면 흑색, 작으면 적색과 갈색이 된다. 백모는 멜라노사이트에서 멜라닌 생성이 멈추어 일어나는 일종의 노화 현상이다.
- 유멜라닌 : 갈색・검은색 중합체 입자형 색소
- 페오멜라닌 : 적색・갈색 중합체

④ 털세움근(입모근)

- 교감신경의 지배를 받아 피부에 소름을 돋게 하는 근육을 말한다.
- 진피의 표피에 접하는 유두부에서 모낭에 달하는 미소한 평활근으로, 털의 경사면에 존재하며 수축하면 털이 옆으로 회전하면서 서게 된다.
- 코털이나 눈썹 또는 얼굴 솜털의 일부 등과 같이 입모근이 없는 털도 있다.

MEMO

(4) 조갑(손발톱)

① 조갑의 특성

- 손가락과 발가락 말단 부위에 붙어 있는 반투명의 단단한 케라틴 판을 말한다.
- 손과 발의 보호, 촉감 구분, 손발의 기능 수행에 도움을 준다.
- 보통 손톱은 하루에 약 0.1mm, 1개월에 3mm, 발톱은 1개월에 1mm 정도 자란다.
- 손발톱 기질에서 말단까지 손톱은 6개월, 발톱은 12~18개월 정도 걸린다.

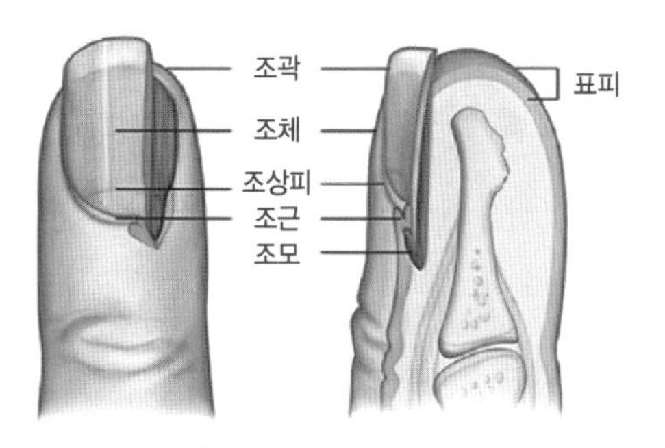

조갑의 구조

손톱 부분

- 조근(nail root) : 손톱이 자라기 시작하는 부위(손톱의 성장장소)
- 조체(nail body) : 손톱의 본체
- 자유연(free edge) : 손톱의 끝부분

손톱 밑부분

- 조상(nail bed) : 조체의 밑부분 신경조직, 모세혈관이 존재해 손톱에 영양 공급
- 조모(matrix) : 손톱 뿌리 바로 밑부분, 림프관 · 혈관 · 신경 존재, 손톱의 세포 생산
- 반월(lunula) : 완전히 각질화되지 않은 조체의 아랫부분, 반달 모양 흰 부분

손톱을 싸고 있는 부분

- 조소피(cuticle) : 손톱 주위를 덮고 있는 피부, 세균으로부터 피부 보호
- 조구(nail groove) : 조사의 양쪽 측면의 움푹 파인 곳
- 조벽(nail wall) : 조구를 덮고 있는 양쪽 피부

CHAPTER 07

피부 유형 분석

MEMO

1 정상 피부

① 중성 피부라고도 하며 이상적인 피부 유형이다.

② 수분이 적당하고 촉촉하며 피부색이 맑다.

③ 주름과 기미가 없고 피지 분비가 적당하다.

④ 피부결이 곱고 모공이 촘촘하며 탄력이 좋다.

⑤ 세안 후 당기거나 번들거리지 않는다.

⑥ 화장이 잘 지워지지 않고 오랫동안 지속된다.

⑦ 모공이 촘촘하여 보기 좋은 피부로 주름이 없고 촉촉하다.

⑧ 윤기 있고 탄력이 있으며 부드럽다.

⑨ 계절과 기후에 따라 수분과 피지 공급의 균형이 바뀐다.

2 건성 피부

① 피지분비량이 적고 수분도 부족한 상태이다.

② 피부가 푸석거리고 건조하며 얇은 편이다.

③ 쉽게 각질이 생기며 노화가 빨리 온다.

④ 모공이 촘촘하고 잔주름이 많으며 피부결이 섬세하다.

⑤ 세안 후 손질하지 않으면 심하게 당긴다.

⑥ 화장이 잘 들뜬다.

⑦ 피부가 손상되면 색소침착이 생기기 쉽다.

⑧ 각질층의 수분 함유 저하로 소양증이 올 수 있다.

3 지성 피부

① 피지분비량이 많고 여드름 발생과 염증 유발이 많다.

② 모공이 크고 눈에 띄며 블랙헤드와 화이트헤드가 있다.

MEMO

③ 피부가 거칠고 주름이 보이며 번들거린다.

④ 피부가 두껍고 표면이 귤껍질처럼 보이기도 한다.

⑤ 남성호르몬(안드로겐)과 여성호르몬(프로게스테론) 기능이 활발하다.

⑥ 피부색이 칙칙하고 어두워 보인다.

⑦ 피지 분비가 활발해 외부에 대한 저항력이 비교적 강한 편이다.

⑧ 건성 피부에 비해 잔주름이 거의 없고 노화가 느린 편이다.

⑨ 세안 후 잠시 지나면 번들거린다.

⑩ 화장이 잘 지워진다.

4 민감성 피부

① 피부조직의 이상으로 각화 과정이 빨라져 피부가 얇고 모공이 거의 보이지 않는다.

② 심신의 컨디션에도 피부가 쉽게 반응한다.

③ 바람이나 날씨에 얼굴이 빨개진다.

④ 원인으로는 계절의 변화, 화장품, 약품, 음식, 기호식품, 자외선, 스트레스, 내장기관 이상, 질병 등이 있다.

⑤ 피부저항력이 약해 붉고 예민하며 홍반, 수포, 알레르기 등의 반응이 나타나기 쉬운 편이다.

⑥ 세안 후 당김이 심한 편이다.

5 복합성 피부

① T존 부위에 피지 분비가 많다.

② T존 부위를 제외한 다른 부분은 건성화로 눈 주위나 볼이 건조하다.

③ 눈가에 잔주름이 많고 화장이 잘 받지 않는다.

④ 유분은 많은데 세안 후 눈가, 볼 부분이 당긴다.

⑤ 피부 트러블이 가끔 생긴다.

MEMO

6 노화 피부

① 피지분비량과 수분량이 감소한다.

② 눈가와 입가에 잔주름이 생긴다.

③ 탄력이 떨어져 볼 주위가 늘어지기 시작한다.

④ 검버섯이 생기기 시작한다.

⑤ 진피의 구조적 변화로 인해 피부가 얇아진다.

⑥ 세안 후 바로 당긴다.

⑦ 모공이 넓어지고 볼 부분이 늘어진다.

CHAPTER 08

피부와 영양

MEMO

1 피부와 영양소

(1) 영양소

① 영양소

- 식품의 성분 중 체내에서 유효 성분으로 작용하여 우리 몸을 만들고 에너지를 제공하며, 몸의 생체기능을 조절하는 양분의 요소이다.
- 우리 몸의 건강을 지키기 위해 반드시 섭취해야 하는 영양소로는 탄수화물, 단백질, 지방의 3대 영양소가 있다.

② 영양소의 구분

- 열량소 : 탄수화물, 단백질, 지방(에너지원)
- 구성소 : 단백질, 무기질, 물, 지방(신체조직 구성)
- 조절소 : 비타민, 무기질, 물, 지방, 단백질(생리기능 조절)

> • 3대 영양소 : 탄수화물, 단백질, 지방
> • 5대 영양소 : 탄수화물, 단백질, 지방, 비타민, 무기질
> • 6대 영양소 : 탄수화물, 단백질, 지방, 비타민, 무기질, 물
>
> **3대 영양소의 구성물질**
> • 탄수화물, 지방 : 탄소(C), 수소(H), 산소(O)
> • 단백질 : 탄소(C), 수소(H), 산소(O), 질소(N)

2 6대 영양소

(1) 탄수화물

식사를 통해 얻는 총 섭취 열량의 60%를 차지하는 주된 열량 영양소이다.

① 탄수화물의 기능과 역할

- 1g당 4kcal의 에너지를 공급한다. 체내에서 분해된 포도당은 적혈구의 주요 에너지원이며 세포 기능 유지를 위해 사용된다.

MEMO

- 단백질 절약 작용을 한다.
- 장내 포도당, 과당, 갈락토스로 흡수된다.
- 신체 구성성분이다.
- 소화흡수율은 약 99%이다.
- 단당류(포도당, 과당, 갈락토스), 이당류(자당, 맥아당, 유당), 다당류(전분, 글리코겐, 섬유소)로 구분할 수 있다.
- 간으로 흡수된 단당 물질은 포도당으로 전환되어 에너지원으로 활용된다.

② 피부에 미치는 영향

과다 섭취할 경우 피부의 산도를 높여 피부의 저항력을 약화시키며 부종을 유발한다.

(2) 단백질

체내에 필수적인 중요한 물질들을 만들거나 운반한다. 면역력을 향상시켜 외부로부터 침입한 이물질과 대항하기도 하며 콜라겐, 피부, 모발, 손발톱, 뼈, 근육 등의 연결조직을 이룬다.

① 단백질의 기능과 역할

- 조직의 성장과 유지에 중요한 역할을 한다.
- 호르몬과 효소, 항체, 세포막을 형성한다.
- 체액 균형, 산・염기(pH) 균형을 유지한다.
- 최소 단위는 아미노산이다.
- 면역세포와 항체를 생산하며 피부의 각화 작용이 용이하도록 도움을 준다.
- 피부, 모발, 손톱, 근육 등의 신체 조직을 생성한다.
- 필수 아미노산 : 아이소류신, 루신, 라이신, 발린, 메티오닌, 페닐알라닌, 트레오닌, 트립토판(나아신 생성), 히스티딘, 알기닌
- 비필수 아미노산 : 글리닌, 알라닌, 세린, 아스파라진산, 글루탐산, 프롤린, 옥시플롤린, 시스틴, 타이로신

② 피부에 미치는 영향

단백질은 피부의 재생작용을 하기 때문에 결핍 시 주름 증가, 탄력 감소, 여드름 유발 등의 현상이 생긴다.

MEMO

(3) 지방

① 지방의 기능과 역할

- 농축된 에너지의 급원으로, 과잉되면 체지방의 형태로 축적된다.
- 체온 유지, 장기 보호 기능을 한다.
- 지용성 비타민의 흡수를 돕는다.
- 세포막을 구성하고 피부를 보호하며 피부를 윤기 있고 탄력 있게 한다.
- 필수지방산을 제공한다.
- 단순지질(중성지방, 밀납), 복합지질(인지질, 당지질, 지단백), 유도지질(에르고스테롤, 콜레스테롤)로 구분할 수 있다.
- 필수지방산 : 체내에서 합성할 수 없어 음식으로 섭취해야 하며, 식물성 기름에 많다(리놀렌산, 아라키돈산).
  - 필수지방산은 모두 불포화지방산이지만 불포화지방산이 모두 필수지방산은 아니다.
  - 불포화지방산은 상온에서 액체, 포화지방산은 상온에서 고체 형태를 띤다.

② 피부에 미치는 영향

결핍 시에는 피부 표면이 거칠고 윤기가 없으며 외부로부터 감염되기 쉬워진다. 반면 과다 시에는 콜레스테롤로 인한 모세혈관의 이상증상으로 피부 탄력이 저하된다.

(4) 무기질

① 무기질의 기능과 역할

- 신체의 필수성분이지만 식사를 통해 섭취해야만 한다.
- 뼈, 치아 등의 체조직을 구성한다.
- 대사작용, 조절기능, 효소와 호르몬의 구성요소로 작용한다.
- 신경자극 전달, 근육의 수축성 조절, 심장박동 조절에 관여한다.
- 산·염기(pH)의 균형을 조절한다.
- 체액의 균형을 조절한다.
- 혈액 응고 작용에 관여한다.

MEMO

② 다량무기질의 종류와 기능

종 류	기 능	결 핍
칼슘	• 뼈, 치아를 단단하게 함 • 심장박동, 불면증 완화, 근육운동, 혈압 조절, 신경 전달 기능 촉진 • 상처, 혈액 응고 작용	골다공증, 거친 피부, 트러블
인	• 성장 촉진, 관절염의 통증 완화 • 건강한 치아 유지 • 지방대사를 촉진시켜 에너지와 활력 증진 • 산과 알칼리 균형	구루병, 빈혈, 근육 약화
칼륨	• 혈압 저하작용 • 체내 노폐물 배설 촉진 • 머리를 맑게 해줌 • 삼투압 유지	근수축 장애, 변비, 설사, 구토
나트륨	• 삼투압 조절, 수분 균형 • 근육 및 신경자극 전도	근육경련, 무력감, 식욕감퇴
마그네슘	• 우울증 치료 보조 • 심혈관계 기능 강화(심장발작 예방) • 치아를 건강하게 함 • 삼투압 조절	신경계 이상, 심혈관계 질환, 신장 질환

③ 미량무기질의 종류와 기능

종 류	기 능	결 핍
철	• 헤모글로빈 생성, 산소 운반, 빈혈 예방 • 감염증에 대한 저항력 증가 • 면역기능 • 체온 조절기능	빈혈, 두통, 현기증, 수족냉증
아연	• 상처 치유 촉진, 식욕 촉진, 성장 촉진 • 정자 생산능력 촉진 • 강력한 항산화제	손톱 성장 장애, 면역기능 저하, 피부 자극
요오드	• 갑상선 호르몬의 구성성분 • 모세혈관 기능 정상화 • 탈모 예방 • 과잉지방 연소 촉진작용(체중감소 효과) • 활력 증진, 건강한 피부	갑상선 기능 저하증, 크레틴병
셀레늄	• 항산화 작용, 노화 억제 • 면역기능	노화, 생식기능 저하, 케샨병
구리	• 철분 흡수 촉진, 에너지 생성 증가 • 항산화 기능 • 콜라겐 합성 도움	근무력증, 안면 창백, 면역력 감소

MEMO

(5) 비타민

① 비타민의 특징

- 자체로는 에너지를 제공하지 않지만 인체의 정상적인 대사과정과 생리기능 유지에 필요한 영양소로, 체내에서 합성이 이루어지지 않아 음식으로 섭취하여 공급받아야 한다.
- 비타민은 탄수화물, 지방, 단백질이 에너지를 내는 과정에 작용(생리대사 보조역할)한다.
- 세포분열, 시력, 성장, 상처 치료, 혈액 응고 등과 같은 과정에 참여한다.
- 유기용매에 용해되는 지용성 비타민과 물에 용해되는 수용성 비타민으로 나누어진다.
- 빛, 열, 공기 중에 노출 시 쉽게 파괴된다.

② 수용성 비타민의 종류와 기능

- 물에 녹는 비타민으로 조효소의 구성성분이다.
- 체내에 축적되지 않는다.
- 종류로는 비타민 B, 비타민 C, 비타민 H, 비타민 P가 있다.

구 분	기 능
비타민 B_1 (티아민)	• 탄수화물 대사과정 중에 조효소로서 매우 중요한 역할을 함 • 민감성 피부, 상처 치유에 도움 • 지루성, 알레르기성 증상에 작용 • 결핍 시 증상 : 피로, 식욕부진, 수포 형성, 각기병
비타민 B_2 (리보플래빈)	• 피지분비 조절, 보습 증가 • 피부 신진대사에 관여 • 입술이 거칠어지는 것을 막으며 구강 질병 치료에 도움 • 에너지 발생 과정을 촉진 • 결핍 시 증상 : 구순구각염, 설염
비타민 B_3 (니아신)	• 에너지대사 합성 • 피부 염증 완화 • 필수 아미노산인 트립토판으로부터 합성 • 결핍 시 증상 : 펠라그라병
비타민 B_6 (피리독신)	• 세포 재생에 관여 • 여드름, 민감한 피부에 효과적 • 스테로이드 호르몬 기능 조절 • 결핍 시 증상 : 피부염, 피부습진

MEMO

구 분	기 능
비타민 B_7 (비오틴)	• 탄수화물, 지방 대사에 관여 • 세포의 신진대사 활성 • 유전자 발현 조절 • 혈중 콜레스테롤 저하 • 탈모, 염증 완화 • 결핍 시 증상 : 피부 염증, 감염, 탈모
비타민 B_9 (엽산)	• 세포 증식, 재생, 아미노산 대사에 관여 • DNA, RNA 합성 및 적혈구 생성에 관여 • 결핍 시 증상 : 피로, 빈혈
비타민 C (아스코르브산)	• 콜라겐 합성에 관여 • 멜라닌 색소 형성 억제(미백 효과) • 모세혈관을 튼튼하게 함 • 상처 회복 촉진, 항산화 작용으로 유해산소 억제 • 결핍 시 증상 : 만성 피로, 상처 회복 지연, 괴혈병
비타민 P (바이오 플라보노이드)	• 비타민 C의 작용을 보강하여 강화시킴 • 모세혈관을 강화시키며 항균작용을 함 • 혈압강하 작용 • 결핍 시 증상 : 피하출혈, 멍이 쉽게 듦

③ 지용성 비타민의 종류와 기능

- 지방에 잘 녹으며 림프관을 거쳐 혈액으로 들어가 간을 통해 순환한다.
- 일부는 담즙을 통하여 대변으로 배출되나 과량 섭취 시 체내에 축적된다.
- 체내에 축적되므로 과잉증을 유발한다.
- 종류로는 비타민 A, 비타민 D, 비타민 E, 비타민 K가 있다.

구 분	기 능
비타민 A (레티놀)	• 눈의 망막세포를 구성하여 시력을 보호함 • 피부의 면역기능 강화, 주름 예방 • 항산화 작용, 항암작용 • 뼈와 치아의 정상 성장과 발육에 도움 • 결핍 시 증상 : 야맹증, 상피세포 분화 억제하여 거친 피부 • 과잉 시 증상 : 두통, 피로, 태아 기형(임산부는 5,000IU 이하 복용해야 함)

MEMO

구 분	기 능
비타민 D (칼시페롤)	• 자외선에 의해 체내에서 합성되는 비타민 • 칼슘과 인의 흡수를 도와 뼈와 이를 튼튼하게 함 • 혈액 응고 • 결핍 시 증상 : 구루병, 골연화증, 골다공증 • 과잉 시 증상 : 고칼슘혈증, 신장결석
비타민 E (토코페롤)	• 항산화 기능, 노화 방지 • 적혈구 세포막 파괴를 막아 빈혈 예방 • 결핍 시 증상 : 조산, 유산, 불임, 신경계 장애 • 과잉 시 증상 : 면역계 손상
비타민 K	• 혈액 응고에 관여하는 인자 • 장내 박테리아에서 합성하므로 결핍은 흔하지 않음 • 피부염, 습진에 관여 • 모세혈관벽 강화 • 결핍 시 증상 : 혈액 응고 지연 • 과잉 시 증상 : 체내에서 배출이 빨라 과잉 시 증상은 거의 없음

(6) 물

물은 생명을 유지하는 데 없어서는 안 되는 물질로, 신체의 약 2/3가량을 차지하며 다량영양소로 분류된다.

신체 내에 함유되어 있는 수분의 양은 남자는 체중의 약 60%, 여자는 50~55% 정도이며, 태어나는 순간에는 90%, 성장하는 동안에는 70%, 사망 시는 약 50% 정도를 차지한다.

① 물의 기능과 역할

- 물질의 운반
- 체온 조절
- 입, 눈, 코 조직에 수분 공급
- 관절 유연작용, 근육 강화 도움
- 세포 대사활동 도움
- 장기 조직을 보호
- 체내 공간을 채움
- 각종 영양소의 용해, 운반, 배출

MEMO

- 독소 제거, 노폐물 운반, 발암물질 희석
- 피로 감소, 숙취 감소
- 장기능 활성화

3 피부와 영양

- 인체가 정상적으로 성장하고 생명을 유지하기 위해 필요한 에너지와 필요한 요소를 외부에서 섭취하여 신체 내에서 대사시키는 모든 과정을 '영양'이라고 하며, 피부의 기능성과 미적인 매력은 영양에 크게 의존한다.
- 피부는 인체의 일부로서 신체가 건강하지 못하면 피부의 건강도 나빠지므로 피부의 영양적·건강적 측면에서 올바른 영양소의 섭취는 가장 기본적인 사항이다.
- 피부는 림프계와 혈관계로부터 영양을 공급받는데, 피부 조직은 음식물을 통한 영양소의 공급이 좋으면 정상적인 기능을 발휘하지만, 영양소의 과잉 섭취나 잘못된 영양소의 공급 또는 결핍의 경우에는 이상증상이 생긴다.
- 피부를 아름답게 유지하기 위해서는 피부의 약산성 상태를 유지해야 하는데, 이는 피부 내부에서 나오는 땀과 피지에 의해 결정되므로 내면의 영양을 고려하여 균형 잡힌 영양 공급이 중요하다.

4 체형과 영양

- 음식물의 섭취량과 활동량, 소비량에 비례해 체형에 영향을 미친다.
- 영양의 섭취가 불충분하면 쉽게 피로해지고 무기력해지며 발육기 청소년의 경우 신체의 성장과 발달에 지장을 준다.
- 불규칙한 식사는 대사작용에 문제를 일으켜 대사질환 및 노화를 촉진시킬 수 있다.
- 영양을 과다하게 섭취하면 비만 등 성인병의 원인이 된다.
- 영양의 섭취와 소비가 균형을 이루도록 균형 잡힌 식생활과 적당한 신체 운동을 해야 한다.

CHAPTER 09

피부와 광선

MEMO

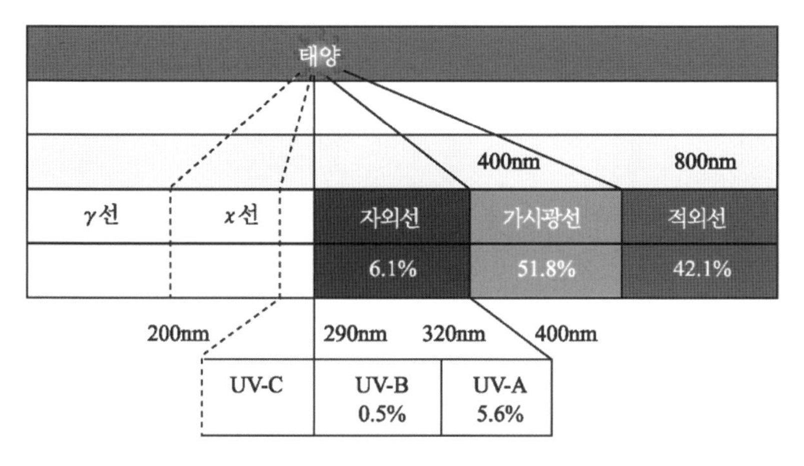

태양광선의 구분

태양광선은 자외선, 가시광선, 적외선(열)으로 나뉜다.

1 자외선

- 눈으로 볼 수 없는 비가시광선으로 파장이 200~400nm이다.
- 살균력이 강하고 피부에 자극적인 화학반응을 일으켜 화학선이라고도 한다.
- 열이 없어 찬빛, 냉선이라고 한다.
- 자외선의 강도는 살고 있는 지형, 계절, 시간에 따라 달라진다.

(1) 자외선의 종류

종 류	파 장	특 징
UV-A (장파장)	320~400nm	• 피부의 진피층까지 침투 • 피부탄력 감소, 잔주름 유발(피부 노화의 주범) • 색소침착, 선탠 반응 • 흐린 날, 실내에서도 영향을 받음(침투력이 좋음) • 광독성, 광알레르기 유발

MEMO

종 류	파 장	특 징
UV-B (중파장)	290~320nm	• 표피의 기저층, 진피 상부까지 도달 • 각질 세포 변형 원인(각질층 두껍게 함), 선번(홍반) • 멜라노사이트를 자극해 색소침착을 유발 • 수포, 일광화상 원인 • 피부암 유발 • 비타민 D 형성 작용
UV-C (단파장)	200~290nm	• 각질층까지 도달 • 단파장으로 강도가 강하지만 오존층에 의해 차단 • 강한 에너지로 각질층에 도달되면 피부암을 유발 • 살균, 소독 효과

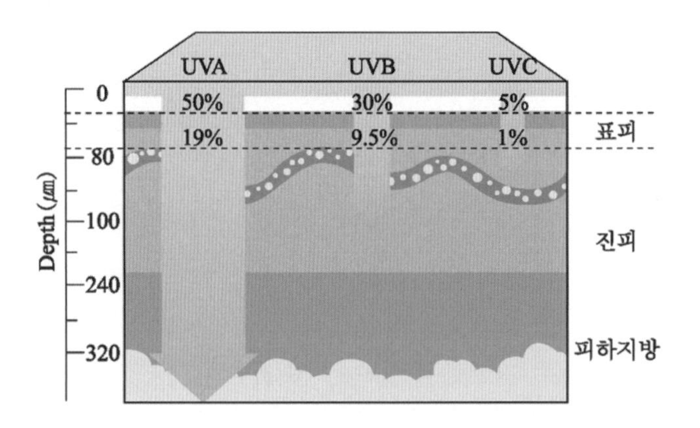

(2) **자외선의 영향**

요 소	특 징
긍정적 요소	비타민 D 형성(구루병 예방), 살균 및 소독, 강장 효과 및 혈액순환 촉진
부정적 요소	홍반 반응, 색소침착 및 광노화, 선번(일광화상), 광과민, 광알레르기

(3) **자외선 차단지수**

① SPF(Sun Protection Factor)

SPF는 자외선 B의 차단을 나타내는 수치로, 이 수치는 자외선 차단 제품을 도포했을 경우 자외선으로부터 피부가 보호되는 정도를 나타낸 지수를 말한다.

MEMO

- $SPF = \frac{\text{자외선 차단 제품을 바른 피부의 MED}}{\text{자외선 차단 제품을 바르지 않은 피부의 MED}}$
- MED(Minimal Erythma Dosage) : 홍반을 일으키는 최소 홍반량

② PFA(Protection Factor of UVA)

자외선 A를 차단하는 지수로, PA+로 표시되고 있다.

2 적외선

가시광선보다 긴 파장을 가지고 있는 650~1,400nm의 장파장으로, 눈에 보이지 않는 광선이다. 피부 표면에 자극을 주지 않고 고열의 상태로 피부 깊숙이 열을 침투시켜 열선이라고도 한다.

(1) 적외선의 종류

- 근적외선 : 진피 침투, 자극 효과
- 원적외선 : 표피 전체층 침투, 진정 효과

(2) 적외선의 효과

- 혈관 촉진으로 인한 홍반 현상
- 혈액량 증가로 혈액순환 및 신진대사 촉진
- 근육 이완 및 수축
- 통증 완화 및 진정 효과
- 피지선, 한선의 기능을 촉진하여 노폐물 배출

(3) 적외선과 미용

- 온열작용을 통해 팩 또는 화장품의 흡수율을 높인다.
- 건성, 노화 피부에 효과적이다.

CHAPTER 10

피부 면역

MEMO

1 면역의 종류와 작용

(1) 면역의 정의

특정의 병원체에 대해 저항하는 항체가 체내에 있는 동안 특정 항원에 대한 항체와 기억세포가 생성되어 저항성을 지니게 되는 현상을 면역이라고 한다. 태어날 때부터 지니는 선천면역과 후천적으로 얻어지는 획득면역으로 구분된다.

(2) 면역세포

B림프구(B-Lympohcyte)와 T림프구(T-Lympohcyte)가 있다.

종 류	특 징
세포성 면역 (T림프구)	• 혈액 내 림프구의 90% 차지 • 흉선에서 성숙된 세포 • 직접 이물질을 파괴하는 기능 가짐 • 항원에 대하여 항체가 아닌 세포를 매개로 하여 일어나는 반응이기 때문에 세포면역이라 함 • T림프구는 B림프구를 활성화시킴(항체를 만들지 않으며 B세포 항체 생산 조절) • 살해T세포, 협조T세포, 억제T세포, 기억T세포로 구분
체액성 면역 (B림프구)	• 골수에서 성숙된 세포 • 항원과 접촉한 후 B림프구(항원전달세포)는 형질세포(항체생산세포)로 분화하여 항체 또는 면역글로불린을 혈액 중에 분비해서 간접적으로 항원을 공격 • 분비된 항체는 혈액이나 림프액 등의 체액을 타고 돌면서 작용하기 때문에 체액면역이라 함 • T세포에 비해 수명 짧음

면역글로불린(Immunogologulin)

- 면역글로불린은 IgG, IgM, IgA, IgD, IgE의 5가지로 분류
- 일부 기능이 중복되지만 각각의 기능을 수행

MEMO

항원과 항체
- 항원(Antigen) : 외부에서 침입하여 인체에서 면역반응을 유발시키는 원인 물질로 음식물, 꽃가루, 약, 화학물질 등이 해당
- 항체(Antibody) : 특정 항원의 자극에 의해 만들어지는 대응물질(항원과 반응하여 형성된 결과)
- 대식세포 : 항원을 잡아먹고 소화하여 면역 정보를 림프구에 전달하는 면역세포
- 보체 : 항체의 작용을 도와 항원에 대한 방어기능을 보조하는 단백질
- 자연살해세포 : 암세포를 직접 파괴하는 역할을 하는 면역세포
- 인터페론 : 바이러스에 감염되면 생산되는 항바이러스성 단백질
- 사이토카인 : 신체의 방어체계를 제어하고 자극하는 신호물질

(3) 선천면역(자기면역)

생체가 태어날 때부터 선천적으로 가지고 있는 면역으로서 항원과 상관없이 선천적으로 존재하는 면역반응으로, 특정의 병원체를 기억하지 않고 침입한 병인원에 대하여 즉시 반응하여 일차적으로 제거해 주는 역할을 하는 면역체계(선천적으로 가지고 있는 저항력)이다.

① 1차 방어기전

피부의 각질층 및 점막, 위산이나 눈물, 재채기, 한선, 피지선 등으로 방어한다.

② 2차 방어기전

- 식균과 염증반응(대식세포, 자연살해세포, 사이토카인, 혈소판 등)
- 화학적 방어벽(히스타민, 보체, 인터페론 등)

(4) 후천면역(획득면역)

- 후천적 면역으로 침입했던 항원을 기억하여 다시 침입할 경우 특이적으로 반응한다.
- 선천면역을 보강하는 역할을 한다.
- 3차 방어기전 : 특이성 면역의 주된 역할을 하는 세포는 림프구와 대식세포이다.
- 세포성 면역(T세포)과 체액성 면역(B세포)으로 구분된다.

MEMO

| 능동면역과 수동면역 |

종 류	특 징
능동면역	• 자연능동면역 : 감염에 의해 얻어지는 면역으로 한 번의 감염 후에 평생 면역이 계속됨 • 인공능동면역 : 병원성이 없는 병원체를 인위적으로 감염시켜 형성되는 면역(예방접종)
수동면역	• 자연수동면역 : 임신기간 중 모체의 태반을 통해 면역이 성립되거나 초유나 모유를 섭취함으로써 면역이 성립됨 • 인공수동면역 : 어떤 생체가 능동적으로 생성한 항체를 다른 개체에 옮겨 줌으로써 나타나는 면역(인공제제를 접종하여 형성되는 면역). 항체의 수명이 있어 일시적인 방어능력만 제공

(5) 피부의 면역작용

- 표피의 랑게르한스 세포는 항원 인식을 담당하여 림프구에 전달한다(피부의 면역에 중요한 역할).
- 피부의 각질형성세포는 면역기능에 관여하는 사이토카인을 생성하여 면역반응을 한다.
- 피부 표면의 피지막이 약산성 상태를 유지해 박테리아 성장을 억제한다.
- 피부 각질층은 라멜라 구조로 이루어져서 피부를 외부로부터 보호한다.
- 진피의 대식세포와 비만세포가 피부의 면역에 중요한 역할을 한다.

CHAPTER 11

피부 노화

MEMO

1 피부 노화의 원인

(1) 피부 노화

생물학적 노화는 나이가 들어가면서 피부에 나타나게 되는 유형과 무형상의 구조와 기능이 저하되는 변화를 말한다.

(2) 피부 노화 원인

- 출생 시 유전자의 정보(유전적으로 예정된 노화)
- 주위 환경에 의한 손상이 누적되어 생물체의 기능 손상
- 프리라디칼(활성산소)
- 텔로미어 단축

2 피부 노화 현상

(1) 내인성 노화(유전적 요소 작용)

시간의 진행에 따라 발생하며, 나이가 들어감에 따라 생리기능의 저하로 나타나는 현상이다.

① 특징

- 표피와 진피의 두께가 얇아진다.
- 섬유아세포, 멜라닌 세포, 랑게르한스 세포 수가 감소한다.
- 피하지방층 두께가 감소한다.
- 피지 분비가 감소한다.
- 순환 감소로 인한 멍이 잘 든다.
- 기제세포 활동기능이 저하된다(상처 회복 느림).

(2) 외인성 노화(자외선 작용)

환경적인 요소에 의해 발생하며 광(光)노화라고 한다.

MEMO

① 특징

- 표피의 두께가 두꺼워진다.
- 굵고 깊은 주름이 발생한다.
- 멜라닌 세포의 양이 증가한다.
- 모세혈관이 확장한다.
- 섬유아세포 수가 감소한다.
- 탄력섬유가 비정상(일광 탄력증)적이다.
- 콜라겐이 변성 및 파괴된다.

구 분	내인성 특징	외인성 특징
두께	표피와 진피 두께가 얇아짐	표피의 두께 두꺼워짐
멜라닌 세포	멜라닌 세포 감소	멜라닌 세포 증가
교원섬유	구조 불변, 감소	구조 변성
탄력섬유	양, 직경 감소	비정상 탄력섬유
혈액순환	순환 감소로 인한 멍이 잘 듦	빈번한 혈관 확장

(3) 피부 노화로 인한 기능적 변화

- 상처 치유능력 저하
- 피부 면역기능의 저하
- 피부 종양 발생의 증가
- 비타민 D 합성능력 저하
- 항산화 기능 저하
- 표피의 수분 유지기능 저하

(4) 피부 노화의 예방과 치료

- 금연, 소식이나 절식 등과 같은 생활습관
- 항산화제 성분의 섭취나 도포
- 보습제의 사용
- 일광 차단제의 사용
- 일광 차단 의복과 모자 착용
- 레티노이드제(피부 노화 치료)의 사용
- 호르몬 요법(에스트로겐 보충요법)

피부장애와 질환

CHAPTER 12

MEMO

1 원발진과 속발진

(1) 원발진

건강한 피부에 1차적 나타나는 병적 변화를 원발진이라 한다.

① 원발진의 종류와 특징

종 류	특 징
반점	피부 표면의 융기나 함몰 없이 병변 부위가 평평하며, 주변 피부와 색이 다른 반점 → 주근깨, 기미, 자반, 노화반점, 백반, 몽고반점 등
홍반	모세혈관의 염증성 충혈에 의한 흔한 반응으로 피부가 붉게 변하는 증상
팽진	크기가 다양하며 평평한 융기로 부풀어 오르는 부종성 발진으로 소양증을 유발하며 모기 등의 곤충에 물렸을 때, 주사 맞은 후 등에도 발생할 수 있으며 담마진이라고도 함 → 두드러기, 알레르기, 곤충교상 반응
구진	1cm 미만의 융기된 병변 부위로 주위 피부보다 붉으며 대부분 표피 및 진피의 상부에 위치함 → 습진, 피부염
결절	구진보다 크고 종양보다는 작은 형태로 경계가 명확하고 딱딱한 덩어리가 만져지는 융기로 구진과는 달리 표피, 진피, 피하지방층까지 자리 잡음 → 섬유종, 지방종
수포	표피 내 또는 표피와 진피 경계부에 존재 • 소수포 : 직경 1cm 미만으로 투명한 액체를 가지며 내용물은 인체로 흡수되거나 의식적·무의식적으로 파괴되거나 괴사되어 흔적 없이 치유 • 대수포 : 직경 1cm 이상 혈액성 내용물을 가진 물집으로 표피하에 깊이 존재하면 궤양과 반흔을 남길 수 있음
농포	• 직경 1cm 미만이며, 표면 위로 돌출되어 있고 만지면 아프며 농이 차 있는 작은 융기 • 고름과 염증포, 백혈구들이 모여 있으며 진피, 피하조직에 나타나는 농양과 구별 • 염증성 홍반 동반
낭종	• 진피 안에 공동이 생기고 그 속에 장액·혈액·지방 등이 들어 있으며 털구멍·기름샘·땀샘에서 발생하여 상피성 내벽을 가지고 있는 것이 많음 • 심한 통증을 유발하며 여드름 4단계 생성
종양	직경 2cm 이상의 혹처럼 부어서 외부로 올라와 있는 결절보다 큰 몽우리로서 모양과 색상이 다양하며, 악성종양과 양성종양으로 구분

MEMO

② 여드름 발생과정

면포 → 구진 → 농포 → 결절 → 낭종(낭포)

- 면포 : 세균감염이 이루어지기 전 초기 병변 상태
- 1단계(구진) : 면포 상태의 박테리아에 의해 자극을 받아 면역반응이 염증으로 나타난 단계
- 2단계(농포) : 구진성 여드름의 염증이 악화되어 고름이 보이는 상태
- 3단계(결절) : 모방벽이 파열되어 염증이 악화된 상태로 피부 깊숙이 위치하며 세포에 손상을 일으킴
- 4단계(낭종) : 결절에서 더 심화된 상태로 진피층까지 손상되어 주변의 모낭에도 염증을 일으키며 제거 시 영구적인 반흔이 남음

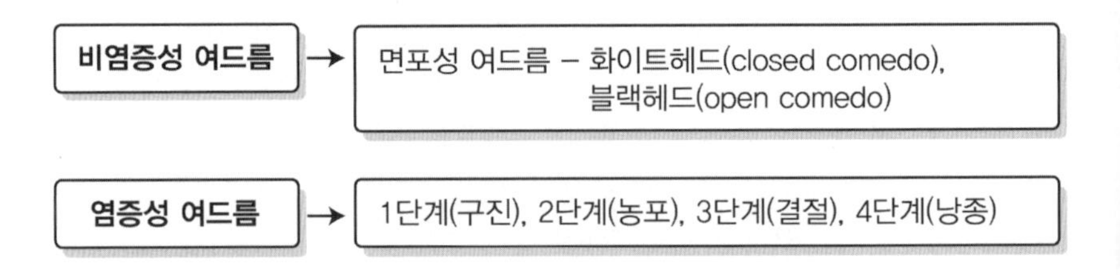

③ 여드름의 원인

- 80% 이상이 유전으로 피지의 크기와 수에 영향을 받는다.
- 남성호르몬의 과다분비, 황체호르몬의 분비량 증가로 발생한다.
- 경구피임약, 스트레스, 화장품, 의약품, 기계적 · 물리적 자극 등도 원인이 된다.

여드름을 유발할 수 있는 물질

- 미네랄오일
- 라놀린
- 바셀린
- 이소프로필미리스테이트
- 이소프로필팔미테이트
- 부틸스테아레이트

MEMO

(2) 속발진

원발진에 이어서 계속 일어나는 병적 변화 또는 회복, 외상을 말한다.

① 속발진의 종류와 특징

종 류	특 징
인설	• 불안정한 각화 과정으로 인해 피부 표면에서 벗겨져 떨어진 각질 조각 • 미세한 상태를 비강상이라 하고 나뭇잎같이 큰 상태를 낙엽상이라 함
가피	• 표피가 손상된 부위에 장액·혈액·고름 등이 건조해서 굳은 것 • 상처나 염증 부위에서 즉시 흘러나온 조직액이 딱지로 말라붙은 상태
미란	• 염증 때문에 표피가 연해져서 상하는 것으로 짓무르거나 벗겨진 상태 • 반흔 없이 치유됨
균열	• 피부의 건조 상태로 인하여 탄력성이 떨어져 표피에서 진피까지 가늘고 깊게 갈라진 상태 • 바닥이 불그스름하게 보이며 출혈과 통증 동반 • 입가, 항문, 귀뿌리 등에 생기기 쉬움(무좀)
궤양	• 진피에서 피하조직에 이르는 피부조직 괴사 상태 • 장액과 고름으로 젖어 있고 출혈이 있으며 반흔 남김
농양	진피나 피하조직 안에 생긴 고름
변지	굳은살로 피부의 한 부분에 반복적인 자극으로 각질이 증식하여 두껍고 딱딱해진 상태
반흔	외상이 치유된 후 재생되어 만들어진 부분으로 흉터라고 함 → 켈로이드
위축	피부의 퇴화 변성으로 피부가 얇아지고 표면이 매끄러워져서 잔주름이 생기거나 둔한 광택이 나는 상태
태선화	반복적인 소양성 질환으로 표피가 가죽처럼 두꺼워지며 딱딱해진 상태

2 피부질환

(1) 피부질환의 원인

- 세균, 바이러스 : 농가진, 매독, 수두가 유발될 수 있으며 전염성이 있음
- 내인성 요인 : 위장장애, 간장병, 신장병, 비타민 결핍
- 내분비 장애 : 뇌하수체, 갑상선, 생식선, 자율신경계, 물질대사의 영향
- 항원(알레르기) : 공업약품, 금속, 기타의 항원 접촉에 의한 항원항체 반응

MEMO

- 유전성 : 모반, 어린선, 액취증, 백색증
- 물리적 인자에 의한 질환 : 굳은살, 티눈, 화상 등
- 화장품에 의한 질환 : 릴 안면흑피증, 벨로크피부염, 기타
- 색소성 질환 : 기미, 주근깨, 흑자, 지루각화증, 백반증, 백색증 등

(2) 피부질환의 종류와 특징

1) 물리적 인자로 인한 피부질환

① 열에 의한 피부질환

- 화상

종 류	특 징
1도 화상	주로 통증이나 물집은 없으며 홍반과 열감 수반
2도 화상	진피층까지 손상된 상태로 부종 및 통증, 물집을 동반, 표피의 괴사
3도 화상	피부 전 층이 손상된 상태로 표피 및 진피의 완전한 파괴로 인하여 반흔을 남김
4도 화상	피부 전 층, 근육, 신경까지 손상되어 결손 부위에 피부 이식 필요

- 한진(땀띠)

땀관이 폐쇄되어 땀이 원활히 배출되지 못하고 축척되어 발생한다.

② 한랭에 의한 피부질환

종 류	특 징
동상	• 영하 2~10℃의 추위에 노출되어 피부조직에 혈액이 공급되지 않는 상태 • 주로 귀, 코, 뺨, 손가락, 발가락 부위에 주로 발생
동창	온대지방의 다습한 기후에서 주로 발생하며 한랭에 의한 국소염증반응

MEMO

③ 기계적 충격에 의한 피부질환

종 류	특 징
굳은살	만성적인 자극으로 인해 각질층이 두꺼워지는 현상으로 주로 마찰이 강한 발바닥에 생기며 자연 소실됨
티눈	피부에 계속적인 압박으로 생기는 각질층의 증식현상으로 중심핵을 가지고 있으며 통증을 동반, 주로 발바닥이나 발가락 사이에 나타남
욕창	지속적인 압박으로 인해 혈액순환이 저하되어 피부가 괴사하는 현상으로 장시간 누워 있는 환자들에게 발생

2) 감염성 피부질환

① 세균성 피부질환

종 류	특 징
농가진	• 화농성 연쇄상구균에 의해 발생 • 주로 유・소아의 피부에서 나타남 • 수포와 진물이 터져 노란색 가피가 형성
모낭염	• 털 주변 조직에 포도상구균으로 인하여 화농성 염증 상태 • 모낭이 세균에 감염되어 황백색 반구형의 고름이 나타남 • 면도에 의해 악화될 수 있음
절종, 옹종	• 황색 포도상구균에 의해 모낭 깊숙이 발생한 급성 화농성 염증 • 열이 나며 림프절이 붓고 통증 유발 • 옹종은 2개 이상의 절종이 융합된 형태
간찰진	• 피부가 겹치는 부위에 발생 • 주로 비만에서 나타나며 가렵고 화끈거림
봉소염	• 용혈성 연쇄상구균에 의해 진피와 피하조직에 나타나는 급성 세균성 감염 • 홍반, 열감, 부종, 통증을 동반

② 진균성 피부질환

종 류	특 징
백선	• 사상균(곰팡이균)에 의해 발생하며 일명 무좀이라고도 함 • 주로 손과 발에서 번식하고 가려움증이 동반되며 피부가 벗겨짐 • 발생되는 부위에 따라서 두부백선(머리), 조갑백선(조갑), 족부백선(발), 체부백선(몸), 고부백선(성기 주변), 수발백선(수염)으로 명명
칸디다증	• 칸디다균에 의해 발생되며 붉은 반점과 소양증을 동반하는 염증성 질환 • 구강, 질, 입안, 식도 등에 주로 발생
전풍	• 말라세지아균에 의해 발생하며 어루러기라고도 함 • 피지 분비 왕성한 성인 남성에 주로 발생하며 얼룩덜룩한 피부착색이 생김

MEMO

③ 바이러스성 피부질환

종 류	특 징
수두	• 급성 바이러스 질환으로 신체 전반이 가렵고 발진성 수포가 생기는 피부질환 • 주로 어린아이의 피부에 발생하며 감염성이 강함
단순포진	• 헤르페스 바이러스 감염에 의해 점막이나 피부에 나타나는 급성 수포성 질환 • 입, 입 주변, 성기, 항문 주변에 주로 발생하며 감염성 있음
대상포진	• 수두를 앓고 난 후 잠복되어 있던 바이러스가 감염을 일으킴 • 지각신경 분포를 따라 군집, 수포성 발진이 생기며 심한 통증을 동반 • 주로 면역력이 떨어진 60세 이상의 성인에게 발생 • 신경이 있는 부위에는 어디든지 발생할 수 있으며 전신에 퍼져 사망에 이를 수도 있음
홍역	• 파라믹소 바이러스에 의해 감염되는 급성 발진성 질환 • 주로 소아에게 발생되며 피부 및 점막에 수포가 나타남
감염성 연속증	• 폭스 바이러스에 의해 감염되며 감염성과 재발 가능성이 있는 질환 • 주로 아토피 피부염이 있는 소아에게 발생
사마귀	• 파포바 바이러스에 의해 감염되는 감염성이 강한 질환 • 어느 부위에나 쉽게 발생
풍진	• 풍진 바이러스에 의해 발생 • 얼굴과 몸에 발진이 나타나는 감염성 질환

3) 색소침착 이상증상

① 과색소 침착

종 류	특 징
기미	• 간반이라고 불리며 경계가 명확한 후천적 피부질환 • 원인이 불명확하지만 자외선 노출, 경구 피임약 장기복용, 내분비장애 등이 있음 • 표피형, 진피형, 혼합형으로 나뉘며 남성보다 여성에게 잘 나타남
주근깨	작란반이라 불리며 자외선, 유전적 요인에 의해 발생
오타씨모반	• 주로 여성들에게 발병되며 외관 형태는 기미와도 비슷함 • 멜라닌 세포가 3차 신경절을 따라 밀집해 있는 현상으로 진피 깊숙이 위치함 • 진피성 색소 반점으로 푸르거나 회색, 갈색 반점으로 나타남
검버섯	• 지루각화증이라 하며 원인은 밝혀지지 않음 • 경계가 뚜렷하며 얼굴, 목, 손등, 가슴 부위에 주로 발생
리일흑피증	자율신경계 내분비 이상, 화장품이나 향수에 함유된 광감각제가 원인으로 추정
벨로크 피부염	향료의 베르가모트 오일이 주원인인 광접촉 피부염

MEMO

② 저색소 침착

종 류	특 징
백반증	멜라닌 색소의 결핍으로 나타나는 후천적 탈색소 질환으로 원형, 불규칙한 형태의 탈색반이 나타남
백색증	• 멜라닌 세포 수는 정상이나 멜라닌 합성과정의 비정상화로 인하여 모발, 피부, 홍채의 색소감 감소 • 멜라닌 색소 이상증상으로 인해 자외선으로의 보호가 되지 않아 화상, 피부 노화, 시력장애 나타날 수 있음

4) 습진에 의한 피부질환

가려움, 홍반, 부종과 진물 등의 증상을 보이며 조직학적으로 표피의 해면화, 염증세포 침윤과 진피의 혈관 증식과 확장, 혈관 주위의 염증세포 침윤을 보이는 피부질환이다.

종 류	특 징
화폐상 습진	• 자극성 물질과의 접촉 • 유전적 요인, 알레르기, 세균 감염, 스트레스 등의 복합적 요인으로 나타나는 타원형 또는 동전 모양의 만성 피부질환
건성 습진	피부 건조증이 심해지는 겨울철에 잘 나타남(노인성 습진)

5) 기타 피부질환

① 안검 주위 피부질환

종 류	특 징
비립종	• 피부의 얇은 부위에 위치하며 1mm 정도의 하얗게 보이는 알맹이로 안에는 각질이 차 있음 • 주로 눈꺼풀, 뺨에 나타남
한관종	• 물사마귀 라고도 불리우며 황색 또는 분홍색으로 한관 조직이 비정상적으로 증식하면서 생긴 피부 양성종양, 약 2~3mm 크기 • 눈 주위, 뺨, 이마에 주로 발생, 피부색으로 튀어 올라옴

MEMO

② 기타 피부질환

종 류	특 징
주사	• 피지선과 관련된 질환 • 혈액의 흐름이 나빠져 모세혈관이 파손되어 코를 중심으로 양 뺨에 나비 형태로 붉어진 증상으로 주로 40~50대에 발생
하지 정맥류	다리의 혈액순환 이상으로 피부 밑에 검푸른 상태로 형성
아토피 피부염	• 소양증과 피부 건조증, 습진 동반 • 반복적으로 긁게 되면 피부가 두꺼워지는 태선화가 나타남 • 가을이나 겨울에 심해지고 알레르기 비염이나 천식을 동반하기도 함 • 원인으로는 유전적 영향, 환경적 영향(환경공해, 집먼지 진드기, 꽃가루, 동물의 털), 피부장벽구조 손상(염증성 면역반응)이 있음
지루성 피부염	• 원인 불분명 • 피지선이 발달된 부위에 나타나는 염증성 피부질환
소양감	자각증상으로 피부를 긁거나 문지르고 싶은 충동에 의한 가려움증

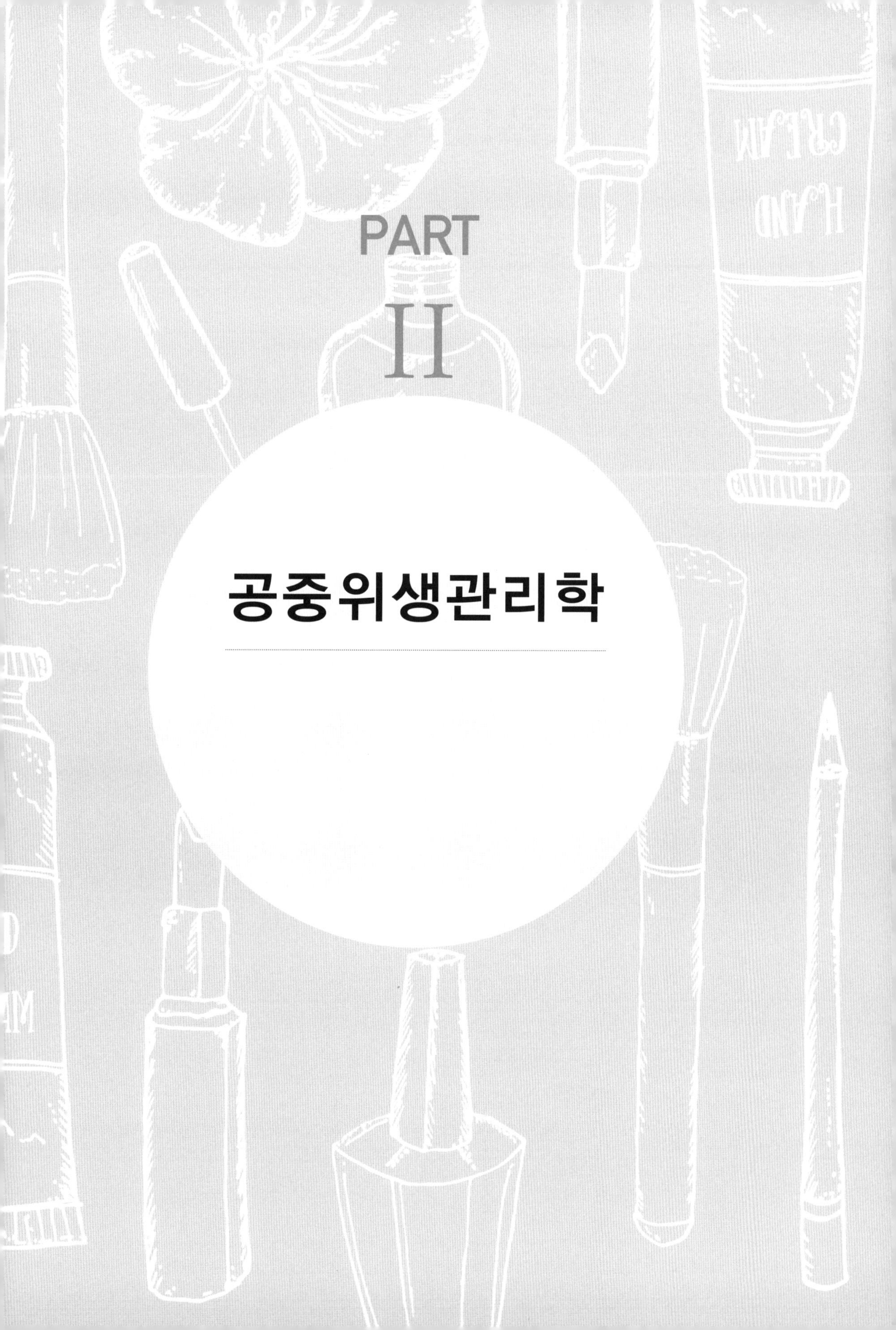

PART II

공중위생관리학

CHAPTER 01

공중보건학

MEMO

1 공중보건학 총론

(1) 공중보건학의 개념

① 공중보건학의 정의(E.A. Winslow,1877-1957)

공중보건학은 조직적인 지역사회의 노력을 통하여 질병을 예방하고, 생명을 연장하며, 신체적·정신적 효율을 증진시키는 기술이며 과학이다.

- 공중보건학의 대상 : 지역사회 전체 주민
- 공중보건의 3대 요소 : 생명 연장, 질병 예방(감염병 예방), 신체적·정신적 건강 증진

② 공중보건

지역사회가 중심이 되어 주민의 건강을 지키기 위한 노력을 하는 것이다.

- 공중보건의 3대 사업 : 보건교육, 보건행정, 보건관계법
- 공중보건학의 분야
  - 환경보건 : 환경위생, 식품위생, 산업보건 등
  - 질병관리 : 역학, 감염병 관리, 만성질병 관리 등
  - 보건관리 : 보건행정, 인구보건, 모자보건, 학교보건, 보건교육, 보건통계 등

Point

피부 미용이나 일반 미용 등 모두 이 범위에서 벗어나지 않으므로 전반적인 학습을 필요로 한다.

MEMO

공중보건과 비슷한 개념

- 위생학 : 개인과 환경과의 관련을 규명하는 환경위생에 중점
- 지역사회의학 : 의료 환경에 대응하고자 출발, 보건의료 공급자와 일반 주민 간의 역학적 과정으로 포괄적 보건의료를 제공
- 건설의학 : 건강 상태를 최고조로 증진시키는 데 역점을 둔 적극적 건강관리 방법을 연구
- 사회의학 : 사회적 건강장애 요인과 인간집단의 건강을 추구하는 학문
- 예방의학 : 개인을 대상으로 질병 예방과 건강 증진에 필요한 의학적 지식과 기술을 적용

| 공중보건의 분야별 내용 |

분 야	내 용
기초 분야	환경위생학, 식품위생학, 역학, 정신보건학, 우생학, 인구학, 보건통계학, 보건행정학, 사회보장, 보건교육 등
임상 분야	모자보건학, 학교보건, 성인보건, 가족계획, 보건간호학 등
응용 분야	도시 및 농어촌 보건, 공해, 산업보건 등

③ 공중보건의 역사

a. **서양** : 고대기－중세기－여명기－확립기－발전기

구 분		내 용
고대기	기원전~500년	• 개인위생 중시(이집트, 로마시대) • 히포크라테스(장기설, 4액체설(혈액, 점액, 황담즙, 흑담즙)) • 갈레누스(Galenus) – 최초로 "hygiene(위생)" 용어 사용
중세기	500~1500년	암흑기, 질병 확산(한센병, 페스트, 매독), 최초의 검역제도
여명기	1500~1850년	공중보건학의 기초 확립
확립기	1850~1900년	예방의학
발전기	1900년대 이후	• 지역사회 보건학 • 세계 최초의 공중보건법 제정 • 최초의 보건부 설립(영국, 1919) • 최초의 사회보장법 제정(미국, 1935)

MEMO

b. 한국 : 시대별 의료기관

- 약부 : 질병을 치료하고 약제를 조달(백제시대)
- 약전(보명사) : 의료행정기관(신라시대)
- 제위보 : 빈민의 구호 및 질병 치료(고려시대)
- 전향사 : 의약, 제사, 음선 등의 업무(조선시대)
- 전의감 : 일반 의료행정과 의학교육을 담당(조선시대)
- 내의원 : 왕실 의료(조선시대)
- 혜민서 : 일반 서민의 치료사업 담당(조선시대)
- 활인서 : 도성 내의 감염병 환자를 치료(조선시대)

(2) 건강과 질병

① 건강의 정의(WHO–세계보건기구)

단순히 질병이 없고 허약하지 않은 상태만을 의미하는 것이 아닌 육체적・정신적・사회적으로 건전한 상태이다.

② 질병 발생의 3가지 요인

a. 병인적 요인

- 생물학적 병인 : 세균, 곰팡이, 기생충, 바이러스 등
- 물리적 병인 : 열, 햇빛, 온도 등
- 화학적 병인 : 농약, 화학약품 등
- 정신적 병인 : 스트레스, 노이로제 등

b. 숙주적 요인

- 생물학적 요인 : 성별, 연령, 영양 상태, 유전 등
- 사회적 요인 : 직업, 거주환경, 흡연, 음주, 운동 등

c. 환경적 요인

기상, 계절, 매개물, 사회 환경, 경제적 수준 등

MEMO

(3) 인구 구조 및 보건지표

① 인구 피라미드의 정의

연령별, 성별 인구 구성과 각 지역 인구의 특징과 지역 간의 차이점을 비교할 수 있도록, 인구의 성별, 연령별 분포를 피라미드 모양으로 나타낸 그래프를 말한다.

② 인구 피라미드 구성 시 고려사항

- 인구밀도 : 인구분포의 조밀한 정도를 측정하는 대표적 지표 (=인구(명)/국토면적(km^2))
- 성비 : 여자 100명당 남자의 수(=(남자 인구/여자 인구)×100)
- 노령화 지수 : 유소년 인구 100명에 대한 고령 인구의 비 (=(고령 인구/유소년 인구)×100)

③ 인구 피라미드 형태

피라미드형	종형	방추형	표주박형	별형
증가형	정체형	감소형	전출형	전입형
개발도상국	초기 선진국	선진국	농촌	도시
출생률과 사망률이 높고 평균수명이 낮음	출생률과 사망률이 낮고, 노년층의 비율이 높게 나타남	출생률과 사망률이 모두 낮고, 인구 감소가 예상됨	청장년층이 적고, 노년층의 비중이 높은 전출형 인구 구조	청장년층의 비중이 높은 전입형 인구 구조

※ 유소년 인구(0~14세), 생산연령 인구(15~64세), 고령 인구(65세 이상)

④ 인구 구조의 변화요인

- 출생률의 저조
- 여성의 사회활동
- 평균 수명의 증가

MEMO

- 의학기술의 발달
- 영양 상태의 개선
- 노년층 인구 증가

⑤ 보건지표

a. 인구통계

구 분	내 용
조출생률	1년간의 총 출생아수를 당해 연도의 총 인구로 나눈 수치를 1,000 분비로 나타낸 것
일반출생률	15~49세의 가임여성 1,000명당 출생률

b. 사망통계

구 분	내 용
조사망률	인구 1,000명당 1년 동안의 사망자 수
영아사망률	한 국가의 보건수준을 나타내는 지표, 생후 1년 안에 사망한 영아의 사망률
신생아사망률	생후 28일 미만 유아의 사망률
비례사망지수	한 국가의 건강수준을 나타내는 지표로, 총 사망자 수에 대한 50세 이상의 사망자 수를 백분율로 표시한 지수

다른 나라와의 보건수준 평가 3대 지표(WHO의 종합건강지표)
- 평균수명(0세의 평균수명)
- 조사망률
- 비례사망지수

다른 지역과의 보건수준 평가 3대 지표
- 평균수명
- 영유아사망률
- 비례사망지수

MEMO

2 질병 관리

(1) 역학

① 역학의 정의

인구에 관한 학문 또는 인구의 질병에 관한 학문으로 인간 사회의 집단을 대상으로 그 속에서 질병의 발생, 분포 및 경향과 양상을 명백히 하고 그 원인을 탐구하는 학문이다. 역학의 궁극적 목적은 질병 발생원인을 제거(질병 발생원인을 규명)함으로써 질병을 예방하는 데 있다.

② 역학의 범위

- 감염성 질환 및 비감염성 질환
- AIDS 등 새롭게 나타나는 감염성 질병
- 각종 대사성 질환, 만성퇴행성 질환 및 악성신생물에 의한 질환

③ 역학의 역할

- 질병의 발생원인 규명
- 질병의 발생 및 유행의 감시
- 질병의 자연사 연구
- 보건의료서비스 연구
- 임상 분야

(2) 감염병 관리

① 감염병의 정의

제1군 감염병, 제2군 감염병, 제3군 감염병, 제4군 감염병, 제5군 감염병, 지정 감염병, 세계보건기구 감시대상 감염병, 생물테러 감염병, 성매개 감염병, 인수공통 감염병 및 의료 관련 감염병을 말한다.

MEMO

② 감염병 관리

감염병 발생과 관련된 자료 및 매개체에 대한 자료를 체계적이고 지속적으로 수집, 분석 및 해석하고 그 결과를 제때에 필요한 사람에게 배포하여 감염병을 예방 및 관리하는 것을 말하고, 이런 일체의 과정을 감염병 감시체계라고 한다(감염병의 예방 및 관리에 관한 법률 제2조 제16호).

③ 감염병 감시의 목적

- 대상 질병에 의해 발생되는 문제의 크기를 예측
- 질병 발생의 추이를 관찰
- 질병의 집단 발생 및 유행 확인
- 새로운 문제를 찾아내어 예방・관리 활동 등에 적용

④ 감염병 감시방법

구 분	방 법

1. 감염병 보고의 신속・정확성 제고	• 관내 요양기관의 신속한 신고 제고
	  –제1군, 제2군, 제3군(인플루엔자는 예외), 제4군 감염병 : 지체 없이
	  –제3군 감염병 중 인플루엔자, 제5군 감염병, 지정 감염병 : 7일 이내
	• 감염병 보고의 신속성 및 정확성 제고

2. 감염병 정보 분석과 활용 증진	• 시・도, 시・군・구의 감염병 발생현황 분석 정례화 • 시・도, 시・군・구의 사례검토회의를 통한 정보 분석능력 제고 • 감염병 발생현황에 대한 정보 교류 강화
3. 감염병 데이터베이스 관리 강화	• 감염병 데이터베이스 활용으로 감염병 정보 관리 강화 • 감염병 데이터베이스 보안 관리 및 자료 관리 강화 –감염병 정보 관리자 지정

4. 감염병 전담요원 전문성 향상	• 감염병 정보 관리 및 정보 분석, 활용능력 함양
	• 감염병 전담요원 교육 이수
	  –감염병 보고 및 정보 관리에 대한 직무교육 이수
	  (직무교육 시기와 신청방법 등은 공문으로 별도 통지)
	  –신규 업무담당자는 반드시 교육을 이수토록 함

MEMO

⑤ 감염병 예방 개인위생 수칙

- 화장실에 다녀온 뒤, 음식 만들기 전, 식사하기 전에는 반드시 흐르는 물에 비누로 손을 씻는다.
- 음식과 물은 항상 끓인 뒤에 먹는다.
- 과일 및 채소류는 흐르는 물에 씻고, 어패류 등은 씻은 후 조리하며 가급적 조리 즉시 섭취한다.
- 음식은 오래 보관하지 않는다.
- 감염병 유행 시 여러 사람들과 식사하는 것을 가급적 피한다.
- 설사 증상이 있으면 가급적 다른 지역으로 여행을 삼간다.
- 집 주변의 환경을 깨끗이 하여 모기, 파리 등 유해곤충의 서식지를 없앤다.
- 화장실 및 주방에는 방서, 방충망을 설치한다.
- 오물통이나 쓰레기통은 뚜껑을 덮는다.

(3) 기생충 질환 관리

① 병원체 및 병원소의 종류

a. 병원체의 종류

| 병원체 종류에 따른 감염병 |

종 류	감염병
동물성 기생충	말라리아, 아메비아시스, 각종 기생충 질환
스피로헤타	보렐리아, 렙토스피라증, 매독
리케차	티푸스, 쯔쯔가무시병
진균	칸디다증, 스포로트리쿰증
클라미디아	앵무새병, 트라코마
박테리아	장티푸스, 콜레라, 디프테리아, 파상풍, 임질
바이러스	홍역, 풍진, 유행성 이하선염(볼거리), 바이러스성 간염, 후천성 면역결핍증(AIDS)

Point

- 법정감염병의 분류가 가장 중요하다.
- 질병은 외우기 힘드니 반복해서 학습해야 한다.
- 병원체, 병원소, 감염병을 중점적으로 학습한다.

MEMO

b. 병원소의 종류

| 전파방법에 따른 감염병 |

종 류	감염병
사람 간 접촉에 의한 전파	홍역, 풍진, 유행성 이하선염(볼거리), 디프테리아, 인플루엔자, 감기, 무균성 뇌막염, 단순포진, 결막염, 결핵
식품, 식수에 의한 전파	장티푸스, 이질, 콜레라, 각종 식중독, A형 간염, 장출혈성 대장균감염증
곤충 매개에 의한 전파	말라리아, 황열, 뎅기열, 일본뇌염, 쯔쯔가무시병
동물에서 사람으로 전파	광견병, 탄저병, 브루셀라병, 렙토스피라증
성적 접촉에 의한 전파	매독, 임질, 후천성 면역결핍증(AIDS)

② 감염병의 발생기전

질병 발생의 주요 3요인은 병원체, 숙주 그리고 이들을 둘러싸고 있는 환경 요인으로 구성되어 있다. 이들 3요인이 균형 상태를 이루고 있을 때에는 질병이 발생하지 않는다. 그러나 숙주 요인이 약해지거나, 병원체가 강해지거나, 환경 요인이 인간에게 해롭게 혹은 병원체에게 이롭게 작용하는 상황에서는 질병이 발생하게 된다.

③ 감염병의 발생과정

일반적으로 감염병 발생과정은 6단계를 거쳐 이루어지는데, 이 중 한 단계라도 거치지 않으면 감염은 이루어지지 않는다.

병원체 → 병원소 → 병원소로부터 병원체의 탈출 → 전파 →
새로운 숙주에게 침입 → 감수성 숙주

a. 병원소

병원체가 생존과 함께 증식하면서 감수성 있는 숙주에 전파될 수 있는 기회를 제공하는 환자, 동물, 곤충, 식물 및 흙 등을 병원소라고 한다. 병원체는 생존과 증식을 하여야 하므로 병원체에게 필요한 영양소가 필수적인 요소이다.

MEMO

병원소	병원체
인간	매독균, 임질균, HIV, B형 및 C형 간염 바이러스, 세균성 이질균, 장티푸스균
동물	광견병 바이러스, 페스트균, 렙토스피라균, 살모넬라균, 브루셀라균
흙	보툴리누스균, 히스토플라스마, 파상풍균
물	레지오넬라균, 슈도모나스균, 마이코박테리움

b. 사람 병원소

- 건강 보균자(healthy carrier) : B형 간염
- 잠복기 보균자(incubatory carrier) : 호흡기 전파 감염병
- 회복기 보균자(convalescent carrier) : 위장관 감염병
- 만성 보균자(chronic carrier) : 장티푸스, B형 간염, 결핵

c. 동물 병원소

동물 병원소를 통해서는 주로 동물이 감염되지만, 여러 경로를 통하여 인간에게도 감염을 시킬 수 있다. 이러한 경우를 인수전염병 또는 인수공통감염병이라고 한다.

- 가축 : 감염 여부 파악이 용이하여 관리가 비교적 쉽다.
- 야생동물 : 감염 여부 파악뿐만 아니라 관리도 어렵다.

④ 병원체의 탈출

병원소로부터 병원체가 탈출하는 경로는 매우 다양하다. 일반적으로 호흡기계를 통한 탈출의 경우 주로 증상이 발현되기 전에 균이 배출되는 데 비하여, 위장관계를 통한 탈출의 경우 주로 증상이 발현된 이후에 균이 배출된다. 이와 같은 이유 때문에 호흡기계 감염병의 경우에는 환자 격리가 감염병 관리에 큰 효과가 없는 경우가 많다.

- 호흡기계로 탈출 : 가장 흔하며, 위험한 탈출구로서 대화, 기침, 재채기 등
- 위장관계로 탈출 : 분변, 토사
- 비뇨생식기계로 탈출 : 소변, 성기 분비물 등
- 개방된 상처로 탈출 : 농양, 상처 부위, 결막 등

MEMO

- 기계적 탈출 : 곤충의 흡혈, 주삿바늘 등
- 태반을 통한 탈출

⑤ 전파

a. 직접전파

환자의 호흡기 분비물이 다른 사람의 호흡기 계통이나 안구 점막에 직접 전달되어 발생하는 것을 말한다.

- 비말(droplet)을 통한 전파 : 환자가 기침을 하거나 재채기를 하면서 발생한 비말에 의한 것으로, 보통 중력에 의해 바닥으로 가라앉는 동안 1~2m까지 날아갈 수 있다.
- 공기를 통한 전파 : 먼지나 비말핵에 의하여 이루어진다. 비말핵이란 이야기, 기침, 재채기 등을 통하여 튀어나온 비말이 바닥에 가라앉은 뒤 수분이 증발하면 지름이 작아지면서 실내에 떠다니는 것을 의미한다.

b. 간접전파

환자로 인해 오염된 주변 환경과 접촉하면서 발생하는 것을 말한다.

- 오염된 주변 환경을 통한 전파 : 인플루엔자 바이러스는 오염된 손에서 5분 가량 생존할 수 있다.
- 매개체를 통한 전파 : 생명력이 없는 모든 물질(의류, 휴지, 금속 등)에 의하여 전파되는 것을 말한다. 오염된 의류나 휴지에서 8~12시간, 오염된 금속이나 플라스틱 표면에서 24~48시간 생존할 수 있다.

⑥ 침입

병원소로부터의 탈출, 전파 과정을 거친 뒤 새로운 숙주로 침입하는 과정은 일반적으로 병원소로부터 병원체의 탈출 경로와 침입 경로가 유사한 경우가 많다.

MEMO

| 주요 감염병의 탈출, 전파, 침입의 예 |

탈 출	전 파	침 입	감염병
기도 분비물	직접전파(비말), 공기매개 전파(비말핵), 개달물	기도	결핵, 홍역, 디프테리아, 감기
분변	음식, 파리, 손, 개달물	입	장티푸스, 소아마비, 콜레라, A형 간염
혈액	주삿바늘	피부	AIDS, B형・C형 간염
	흡혈절족동물		말라리아, 일본뇌염, 황열, 뎅기열
병변 부위 삼출액	직접전파(성교, 손)	피부, 성기점막, 안구점막 등	단순포진, 임질, 매독, 종기

⑦ 면역 및 주요 감염병의 접종시기

a. 개인의 저항성과 면역

숙주인 사람에게 균이 침입하였다고 하여 모두 질병을 야기하는 것은 아니다. 즉 사람이 높은 저항성 혹은 면역성을 갖고 있다면, 감염 혹은 감염으로 인한 질병은 발생하지 않게 된다.

b. 집단면역

지역사회 혹은 집단에 병원체가 침입하여 전파하는 것에 대한 집단의 저항성을 나타내는 지표로, 각 질병에 따라 차이가 있지만 집단의 인구밀도에 따라 변하게 된다.

인구밀도가 높으면 집단 구성원 간에 접촉 가능성이 높아지므로 한계밀도가 높아야 유행이 일어나지 않으며, 인구밀도가 낮으면 한계밀도도 낮지만 이 경우에도 유행은 일어나지 않는다.

c. 면역의 종류

면역이란 생체 내에서 자기와 비자기를 구별해서 외부에서 들어온 이물질을 인식하여 제거하는 일련의 반응을 말한다.

MEMO

선천성 면역반응은 체내에 자연적으로 형성된 면역으로, 1차 방어는 피부와 점막이, 2차 방어는 수용성 단백질이 담당한다. 후천성 면역반응은 인체 내 이종단백질에 의해 형성되거나 이미 형성된 것을 받는 것으로, 능동면역과 수동면역이 있다.

- 능동면역 : 자기 자신의 면역체계에 의해서 만들어지며 대부분 영구적이며, 수동면역에 비해 지속기간이 길다.
  - 자연적 능동면역 : 항원이 신체에 침입했을 때 그 항원에 저항하는 항체를 능동적으로 형성함으로써 발생한다(수두 바이러스).
  - 인위적 능동면역 : 적은 양의 특이항원을 신체 내부에 침투시켜(예방접종) 신체가 항원에 대하여 능동적인 반응을 일으켜 항체를 형성하는 것이다.
- 수동면역 : 다른 사람이나 동물의 신체에서 형성된 특이항원에 대한 항체를 체내에 주입하여 면역이 생기게 하는 것으로 대개 수 주에서 수개월이 지나면 소실되게 된다.
  - 자연적 수동면역 : 태반이나 모유를 통해 항체가 전달된다.
  - 인위적 수동면역 : 광견병, 파상풍 예방접종이 해당된다.

d. 법정감염병 관리

| 법정감염병의 분류기준 |

구 분	내 용
제1군 감염병	발생 또는 유행 즉시 방역대책을 수립하여야 하는 감염병
제2군 감염병	국가예방접종 사업의 대상이 되는 감염병
제3군 감염병	간헐적으로 유행할 가능성이 있어 지속적 감시 및 예방대책의 수립이 필요한 감염병
제4군 감염병	국내에서 새로 발생한 신종감염병증후군, 재출현 감염병 또는 국내 유입이 우려되는 해외유행 감염병으로서 방역대책의 긴급한 수립이 필요하다고 인정되어 보건복지부령이 정하는 감염병
제5군 감염병	기생충에 감염되어 발생하는 감염병으로서 정기적인 조사를 통한 감시가 필요하여 보건복지부령으로 정하는 감염병
지정 감염병	유행 여부의 조사를 위하여 감시활동이 필요하다고 인정되어 보건복지부장관이 지정하는 감염병

MEMO

| 법정감염병의 종류 |

구분(신고)	종 류	특 성
제1군 감염병 (즉시)	콜레라, 장티푸스, 파라티푸스, 세균성 이질, 장출혈성 대장균 감염증, A형 간염 (6종)	물 또는 식품 매개 발생(유행) 즉시 방역대책 수립 필요
제2군 감염병 (즉시)	디프테리아, 백일해, 파상풍, 홍역, 유행성 이하선염(볼거리), 풍진, 폴리오, B형 간염, 일본뇌염, 수두, B형 헤모필루스 인플루엔자, 폐렴구균 (12종)	국가예방접종사업 대상
제3군 감염병 (즉시)	말라리아, 결핵, 한센병, 성홍열, 수막구균성 수막염, 레지오넬라증, 비브리오 패혈증, 발진티푸스, 발진열, 쯔쯔가무시증, 렙토스피라증, 브루셀라증, 탄저, 공수병, 신증후군출혈열, 인플루엔자, 후천성 면역결핍증(AIDS), 매독, 크로이츠펠트－야콥병(CJD) 및 변종크로이츠펠트－야콥병(vCJD), C형간염, 반코마이신 내성 황색포도알균(VRSA) 감염증, 카바페넴 내성 장내세균속균종(CRE) 감염증 (22종)	간헐적 유행 가능성 계속 발생 감시 및 방역대책 수립 필요
제4군 감염병 (즉시)	페스트, 황열, 뎅기열, 바이러스성 출혈열(마버그열, 라싸열, 에볼라열 등), 두창, 보툴리눔독소증, 중증 급성호흡기 증후군, 동물인플루엔자 인체감염증, 신종인플루엔자, 야토병, 큐열, 웨스트나일열, 신종감염병증후군, 라임병, 진드기매개뇌염, 유비저, 치쿤구니야열, 중증열성 혈소판감소증후군, 중동호흡기증후군 (19종)	국내 새로 발생 또는 국외 유입 우려
제5군 감염병 (7일 이내)	회충증, 편충증, 요충증, 간흡충증, 폐흡충증, 장흡충증 (6종)	기생충 감염증 정기적 조사 필요
지정 감염병 (7일 이내)	C형 간염, 수족구병, 임질, 클라미디아, 연성하감, 성기단순포진, 첨규콘딜롬, 반코마이신 내성 황색포도알균(VRSA) 감염증, 반코마이신 내성 장알균(VRE) 감염증, 메티실린 내성 황색포도알균(MRSA) 감염증, 다제내성 녹농균(MRPA) 감염증, 다제내성 아시네토박터바우마니균(MRAB) 감염증, 카바페넴 내성 장내세균속균종(CRE) 감염증, 장관감염증, 급성호흡기 감염증, 해외유입 기생충감염증, 엔테로바이러스 감염증 (17종)	유행 여부 조사·감시 필요

※ 2017년 6월 현재 법령임.

MEMO

e. 기본적 예방접종

나 이	백신 종류	접종 시기
0~4주	결핵(BCG)	생후 4주 이내
0~6개월	B형 간염(B virus : HBV)	생후 0, 1, 6개월에 3회 기초접종
2개월~만 12세	디프테리아, 백일해, 파상풍(DTaP)	생후 2, 4, 6개월에 3회 기초접종 18개월, 만 4~6세 2회 추가접종 만 11~12세에 Td로 추가 접종
2개월~만 6세	폴리오(경구용 소아마비, Polio)	생후 2, 4, 6개월에 3회 기초접종 만 4~6세 1회 추가접종
12개월~15개월	홍역, 유행성 이하선염, 풍진(MMR)	생후 12~15개월 사이, 만 4~6세 사이에 각각 1회 접종(총 2회)
12개월~15개월	수두	생후 12~15개월에 1회 접종
12개월~만 12세	일본뇌염	생후 12~24개월에 1~2주 간격으로 2회 접종 2차 접종 후 12개월 뒤 3차 접종 만 6세, 만 12세 때 각각 1회 접종

⑧ Leavell과 Clark 질병의 자연사 5단계와 예방 3단계

구 분	질병과정	예비적 조치	예방수준	예방단계
1단계 비병원성기	병인, 숙주, 환경의 상호작용	환경위생 개선, 건강 증진	적극적 예방	1차적 예방
2단계 초기 병원성기	병인자극의 형성	예방접종, 특수예방	소극적 예방	
3단계 불현성 감염기	병인자극에 대한 숙주의 반응	조기발견, 조기치료	중증화 예방	2차적 예방
4단계 발현성 감염기	질병	악화 방지를 위한 치료	진단과 진료	
5단계 회복기/사망	회복 또는 사망	재활활동, 사회복귀활동	무능력 예방	3차적 예방

⑨ 질병 발생의 3요소(숙주, 병인, 환경)

- 숙주(인간) : 개인위생 또는 집단의 생활습관, 유전력, 성, 연령, 민족적 특성, 병인(전염원)과의 접촉 상태, 체질, 유전, 방어기전(저항력) 등

MEMO

- 병인(질병의 원인) : 세균, 리케차, 바이러스, 기생충 등 병원체의 특성, 민감성에 대한 저항성, 전파조건
- 환경 : 물리적, 화학적, 사회적-경제적, 생물학적 등

⑩ 질병의 예방대책

현대 보건의료에서는 질병을 포괄적으로 관리하기 위한 적극적인 예방활동에 중점을 둔다.

- 1차적 예방 : 예방접종, 환경 개선, 안전관리, 건강증진활동, 보건교육(건강생활실천) 등
- 2차적 예방 : 조기발견(건강검진, 집단검진), 조기치료
- 3차적 예방 : 질병의 악화 방지, 재활치료, 사회복귀훈련 등

(4) 성인병 관리

① 성인병의 정의 및 종류

a. 정의

인체의 노화로 인해 발생하는 만성 퇴행성 질환이나 만성 소모성 질환들을 만성 질병 또는 성인병이라고 하며 전염되지 않는 질환이다.

b. 우리나라 주요 사망 원인

- 암
- 뇌혈관 질환
- 심장 질환
- 고의적 자해
- 당뇨병

c. 성인병의 종류 및 관리

각종 악성 신생물(암), 뇌졸중, 고혈압증, 당뇨병, 알레르기, 류마티스 관절염, 만성 간질환, 만성 신장염, 심장 질환 등을 말한다.

MEMO

- 고혈압 : 90%가 원인미상이다. 주로 유전, 신경과민, 식염 섭취량, 신부전 등을 원인이라고 볼 수 있으며, 2차적인 원인은 동맥경화증, 신경질환, 부신종양 등에 의해서 생긴다.
  증상은 두통, 이명, 현기증, 불면증, 불안, 피로감, 출혈 및 신경질적인 증상이 있다. 치료에서는 식이요법과 약물요법이 주로 쓰이고 있다.

- 뇌졸중 : 뇌혈관 장애로 인한 질환으로 동맥경화증과 고혈압의 합병증으로 발생한다. 예방을 위해 과로, 온도의 급변화, 충격 등을 피하고 신체검사를 통해 조기에 발견하도록 한다.

- 악성종양 : 정상세포 이외에 세포가 생체기능에 아무런 필요도 없이 증식해 주위 조직을 파괴하며 기계적, 내분비적, 화학적으로 장애를 일으키고 원발 부위에서 다른 부위로 전이해 증식하는 질환으로 암이라 부른다.

- 당뇨병 : 고혈당이 되어 당이 오줌으로 배설되는 질병으로 포도당이 열량으로 이용되지 못하고 오줌으로 빠져나가 낭비된다. 당뇨병은 췌장이 충분한 인슐린을 만들어 내지 못하거나 몸의 세포가 만들어진 인슐린에 적절하게 반응하지 못하는 것이 원인이 된다.
  인슐린 작용의 부족 등에 의한 만성 고혈당증은 여러 특징적인 대사이상을 수반한다. 인슐린은 주로 탄수화물 대사에 관여하므로, 당뇨병은 탄수화물 대사의 이상이 기본적인 문제이나, 이로 인해 체내의 모든 영양소 대사가 영향을 받게 되므로, 또한 총체적인 대사상의 질병이라고 할 수 있다. 당뇨병은 현대에서 가장 중요한 만성 질병으로 꼽히며 특히 선진국일수록 발생 빈도가 높다.

② 대사증후군 진단과 원인

1988년 미국의 의사인 G. 리븐이 심혈관 질환을 일으키는 여러 위험 인자들은 함께 존재한다는 것을 발견해 'X증후군'이라는 병명으로 발표했다. 1998년에는 세계보건기구가 이를 '대사증후군'으로 다시 이름 지었다.

MEMO

a. 인슐린 저항성

대사증후군은 인슐린이 포도당을 제대로 운반하지 못하는 인슐린 저항성으로 인해 발생하는 것으로 생각되고 있다.

b. 대사증후군 진단 기준

대사증후군의 주요 증상은 당뇨병, 중성지방 증가, 고밀도 콜레스테롤, 고혈압, 복부비만이 동반된다. 대사증후군 진단에서 3가지 이상 만족 시 대사증후군으로 진단한다.

미국 국립 콜레스테롤 교육 프로그램(NCEP)이 제시한 진단 기준

- 허리둘레 : 남자 102cm 이상(동양인 90cm), 여자 88cm 이상(동양인 85cm)
- 혈액 속의 중성지방 양 : 150mg/dℓ 이상 시 고지혈증
- HDL 콜레스테롤 함량 : 남자 40mg/dℓ 이하, 여자 50mg/dℓ 이하
- 혈압 : 130mmHg 이상 또는 이완기 85mmHg 이상 시
- 공복혈당 : 100mg/dℓ 이상 또는 당뇨병 치료 중

c. 대사증후군의 원인

- 비만 및 운동부족
- 서구화된 식습관
- 복부비만
- 탄수화물의 과다섭취
- 짧은 수면시간이나 너무 긴 수면시간

(5) 정신보건

① 보건서비스의 정의 및 목적

a. 정의

보건서비스는 지역사회 주민의 질병 예방 및 건강수준 향상을 위하여 지역보건법 및 기타 관련 법률에 따라 지역주민에게 보건소, 보건의료원 등의 보건기관에서 실시하는 서비스를 말한다. 정신보건도 보건서비스의 한 분류이다.

MEMO

b. 정신보건의 목적

- 주민의 건강 증진 : 삶의 질, 정신적 기능, 장애, 이환율, 사망률과 같은 정신보건의 지표가 사용되어야 한다.
- 주민들의 기대에 부응함 : 인간에 대한 존중(인권, 존엄, 비밀보장, 선택의 자율권)과 내담자 중심의 접근(환자의 만족, 적절한 관심, 편의시설의 질, 사회적 지지망에 대한 접근성, 제공자의 선택) 모두와 관련이 있다.

② 정신보건서비스의 지표 및 서비스

a. 정신건강 관련 지표

- 정신건강에 대한 위험 요소의 정도 : 알코올과 약물 남용, 가정폭력에 의한 희생자 수 등
- 정신질환의 비율 : 발생률과 유병률, 병원에서 퇴원 시의 진단명과 1차 진료 또는 전문기관에 자문하였을 때의 진단
- 정신장애로 인한 결과 : 장애 정도와 사망률

b. 정신보건서비스

- 서비스의 질 : 시설과 프로그램들이 기준에 얼마나 적합한지의 여부, 처방의 형태, 순응도, 재활 프로그램 참여율
- 서비스 이용의 효율성 : 병원 입원율 및 재입원율, 평균 입원기간, 병상이용률, 외래진료 환자 수, 사례 등록된 회원 수, 주간서비스 장소
- 비용 : 서비스 비용(병원 하루 입원비, 보호시설 하루 입소비, 보건전문가와의 면담비), 시설운영비, 투자보수, 이송비, 간접비
- 인적 · 물적 자원의 수 : 정신보건 교육을 받은 1차 진료 인력, 정신보건전문가, 병상 수, 주간 병원(외래환자 전용 병원)의 위치, 사회복귀 훈련시설, 보호시설, 약물치료
- 성과 : 증상호전도, 삶의 질, 기능수준, 소비자의 만족도, 탈락률, 재발률 방지

MEMO

(6) 이 · 미용 안전사고

① 산업재해와 안전

a. 산업재해의 개념

근로자가 업무과정에서 작업환경 또는 작업행동 등 업무상의 사유로 발생하는 근로자의 신체적 · 정신적 피해를 말한다.

미용업을 산업재해로 구분하기에는 아직까지 무리일 수 있지만, 미용 관련 종사자들이 미용 업무로 인한 신체상, 건강상 상해를 입을 수 있으며, 이것이 미용 업무 활동이나 일상생활에도 영향을 주고 있다.

b. 안전의 개념

사고의 가능성과 위험을 제거할 목적으로 인간의 행동 변화와 물리적 환경에서 발생한 상황 혹은 상태를 말한다.

② 이 · 미용 안전의 유해 요인

a. 소독위생 및 감염병

미용 사업장은 접촉성 전염 질환 및 호흡기 전염 질환에 유의해야 한다.

〈주의사항〉

- 작업자의 손은 시술 전 후에 항상 알코올로 소독하여 청결을 유지한다.
- 바이러스에 대비하여 멸균을 위한 소독제를 갖추고 있어야 한다.
- 시술 시 출혈이 있을 경우 반드시 기구를 멸균 또는 소독하여 혈액에 의한 감염질병에 대비한다.
- 시술 전 전염성 질환이 관찰될 경우 즉시 시술을 중단한다.
- 호흡기 전염성 질환이 유행할 경우 마스크 착용을 권장한다.

b. 화학물질 노출

작업자에게 노출된 각종 화학물질과 피부 접촉으로 인한 질병 외에 화학약품이나 먼지를 입이나 코로 들이마셔서 각종 호흡기 질환에 걸릴 위험이 높기 때문에 화학물질 취급 및 보관에 대한 관심이 필요하다.

MEMO

〈주의사항〉

- 작업장 안의 공기를 자주 환기하여 냄새가 잘 빠질 수 있도록 한다.
- 화학물질을 공기 중에 뿌리지 말아야 한다.
- 피부에 상처가 났을 때에는 비닐장갑을 착용해 병균 침투를 예방하며 오염되었을 때는 즉시 버린다.
- 작업 시에는 가급적 콘택트렌즈를 착용하지 않도록 한다.
- 정해진 장소에서 음식물을 섭취한다.
- 모든 제품에 라벨을 붙여 잘못 사용하는 일이 없도록 한다.
- 화학제품들을 시원한 곳에 보관하고 철제 가구 속에 넣어 둔다.
- 사용하는 제품의 사용방법을 반드시 읽고 따라야 한다.

c. **근골격계 질환**

골절의 분류와 이에 따른 합병증을 유발한다.

d. **하지정맥류 질환**

하지정맥류란 하지의 정맥혈관의 벽이 늘어나고 정맥 내의 판막들이 부전하게 된 결과 정맥이 구불구불하게 튀어나온 것을 말한다. 발생 원인은 오래 서 있기 때문인 것으로 알려져 있고, 특히 오래 서 있는 직업을 가진 사람에게서 잘 발생한다.

e. **화상의 위험**

화상이란 뜨거운 물, 강산, 강알칼리, 전기 등에 의해 피부가 손상된 상태를 말하며 증상에 따라 1~4도로 구분한다.

- 1도 화상 : 홍반(Burn) 발생한다.
- 2도 화상 : 수포성 화상을 말한다.
- 3도 화상 : 피부 전 층이 화상을 입은 상태로, 반흔을 남기는 괴사성 화상을 말한다.
- 4도 화상 : 피부 전 층과 근육, 뼈, 신경과 혈관까지 손상된 상태를 말한다.

MEMO

f. 소화기 질환

일반적으로 고객들의 예약 없는 방문과 과다한 업무로 적당한 휴식과 제때에 식사를 할 여유가 없는 환경조건에서 근무하고 있으며, 이로 인한 불규칙한 생활습관과 불규칙적인 식사시간은 기능성 위장장애라는 소화불량을 초래한다.

g. 안과 질환

의복, 수건, 책 등의 개달물에 의하여 트라코마, 안질환 등을 일으킬 수 있다.

3 가족 및 노인 보건

(1) 가족의 정의

가족은 대체로 혈연, 혼인, 입양, 친분 등으로 관계되어 같이 일상의 생활을 공유하는 사람들의 집단(공동체) 또는 그 구성원을 말한다. 학자에 따라 성과 혈연의 공동체, 거주의 공동체, 운명의 공동체, 애정의 결합체, 가계의 공동체로 정의하고 있다.

(2) 가족의 기능

가족은 개인의 성장 및 발달, 사회의 유지와 발전을 위해 여러 가지 기능을 수행하고 있다. 가족의 크기나 범위를 기준으로 대가족과 소가족 혹은 미국의 인류학자 G. P. 머독이 처음 사용한 부부가 중심이 되는 핵가족과 혈연관계가 중심이 되어 이루어진 대가족으로 나눌 수 있다.

- 성적 욕구 충족의 기능
- 자녀 출산의 기능
- 자녀 양육과 사회화의 기능
- 새로운 가족원에게 사회적 신분을 부여하는 기능
- 가족원에 대한 보호와 안전을 위한 기능
- 경제적 기능

MEMO

- 사랑과 애정을 공급하는 정서적 기능
- 종교적 기능
- 오락을 통한 사회적 기능

(3) 노인보건

노인이란 노령화 과정에서 나타나는 육체적, 정신적, 심리적, 환경적 행동의 변화가 상호작용하는 복합적 형태의 과정에 있는 사람이다. 다시 말해서 노인은 육체적·정신적으로 그 기능과 능력이 감퇴하는 시기에 있는 사람으로서 생활기능을 정상적으로 발휘할 수 없는 사람을 지칭한다. 우리나라는 〈 생활보호법 제3조 〉에서 65세 이상의 노쇠자를 생활보호대상 노인으로 지정하고 있다.

노령기 건강은 유소년부터 청장년기까지의 건강관리에 좌우되는데 최근 고령화 진전으로 노인인구 급증 및 생산가능인구의 부양부담은 증가되고 있다. 이에 노령기의 건강 유지 및 증진을 도모하기 위해 노인보건이 필요하다.

- 노령화 4대 문제 : 건강, 경제, 역할상실, 고독
- 노령기 3대 중증질환 : 암, 심뇌혈관 질환, 근골격계 질환

4 환경보건

환경보건이란 지역사회의 공중보건 문제를 인식하고 관련된 환경요인에 대한 관리를 통하여 지역주민의 건강 보호 및 증진에 기여하는 것을 1차적인 목표로 하며, 환경오염과 유해화학물질 등이 사람의 건강과 생태계에 미치는 영향을 조사하고 평가하여 이를 예방 및 관리하는 것이다.

세계보건기구(WHO)는 환경위생을 인간의 신체발육, 건강 및 생존에 유해한 영향을 미치거나 미칠 가능성이 있는 인간의 물리적 환경을 통제하는 것이라고 정의하였다.

- 보건환경 분야 : 실험위생학, 생리위생학, 환경의학
- 위생(환경)공학

MEMO

(1) 환경위생의 영역

① 자연적 환경

- 물리적 환경 : 공기, 물, 토양, 광선, 소리 등
- 생물학적 환경 : 동물, 식물, 위생곤충, 미생물 등

② 사회적 환경

- 인위적 환경 : 의복, 식생활, 주거, 위생시설, 산업시설 등
- 문화적 환경 : 정치, 경제, 사회, 문화 등

(2) 환경오염의 특성

① 온열환경

기후요소 중 인간의 체온 조절에 중요한 영향을 미치는 것을 온열요소(온열인자)라고 하며 기온, 기습, 기류, 복사열(일사, 일조) 등이 이에 해당된다.

② 기온

- 쾌적온도 : 실내 18±2℃
- 사람이 의복에 의하여 체온을 조절할 수 있는 범위 : 10~26℃
  ※ 냉방 시 실내외의 적당한 온도 차이 : 5~7℃
- 일교차 : 하루의 최고기온인 오후 2시경과 최저기온인 아침 해뜨기 30분 전의 기온의 차이
- 일교차는 내륙 〉 해안 〉 산림 순으로 크다.
- 연교차 : 1년을 통해 가장 높은 월평균 기온인 달을 최난월, 가장 낮은 월평균 기온인 달을 최한월이라고 한다. 이 두 달의 월평균 기온의 차를 연교차라고 한다.

③ 습도

일반적인 쾌적 습도는 40~70%의 범위이다.

④ 실내 공기오염

- 실내 오염의 발생 이유 : 새집증후군, 환기가 어려운 실내구조

MEMO

- 군집독 : 실내에 사람이 있는 경우 호흡에 의한 탄산가스의 증가, 체열에 의한 실내온도의 상승 및 피부 등에서 배출되는 수분에 의한 실내습도의 증가 등으로 불쾌감, 오한, 구토 등의 증상을 일으키는 현상

⑤ 실내 공기의 환경기준

부유 분진, 일산화탄소, 탄산가스, 온도, 상대습도, 기류, 조명 등

(3) 공기

공기는 지구상의 모든 생명체에 필수적인 물질이다. 인간 및 동물의 호흡에 필요한 산소를 공급하고 식물의 광합성에 필요한 탄산가스의 공급원이며, 질소고정세균에 의해 질소도 공급해 준다. 또한, 외계로부터 유입되는 우주선의 흡수, 태양광선 중의 방사선과 유해한 자외선의 차단 역할을 하며 지구의 열평형 유지에 중요한 역할을 담당한다.

공기의 자정작용

- 대기 중에서 공기의 희석작용
- 강우의 세정작용
- 산소, 오존 및 과산화수소 등에 의한 산화작용
- 자외선에 의한 살균작용
- 식물의 광합성에 의한 이산화탄소 및 산소의 교환의 정화작용

① 산소(O_2)

- 생물체의 호흡, 물질의 산화나 연소에 필수적인 원소이다.
- 생물체가 호흡할 때 혈액 내의 혈색소와 결합하여 세포의 성장 및 에너지 생산에 사용된다.
- 대기 중의 산소는 일반적으로 21%이다(산업안전보건법에서는 산소가 18% 미만인 상태를 산소결핍 상태라고 정의).

② 질소(N)

- 공기의 78%를 차지하며, 생리적으로 인체에 해를 주지 않는 불활성가스이다.

MEMO

- 고압 상태나 감압 시에는 인체에 영향을 준다.
- 잠수작업 등의 고압 상태 : 자극작용, 중추신경계의 영향, 정신 기능에 이상을 주기도 한다.
- 감압병 : 고압으로부터 갑자기 감압할 때에는 체액에 녹아 있던 질소가 기포를 형성하여 모세혈관의 혈전현상을 일으키게 되는데, 이를 감압병 또는 잠함병이라고 한다.

③ 이산화탄소(CO_2)

- 공기 중 0.03% 함유되어 있다.
- 실내 공기의 오염지표로 사용된다.
- 지구온난화의 주범이다.

④ 일산화탄소(CO)

- 무색, 무미, 무취의 맹독성 가스이다.
- 혈중에 흡수되면 조직세포에 산소 부족을 일으키는 저산소증 또는 무산소증을 유발한다.
- 실내 공기의 일산화탄소의 위생적 한계는 0.01%이다.

⑤ 오존(O_3)

- 성층권에 존재하며 태양광선 중의 자외선을 차단하여 생물체를 보호한다.
- 자극성 가스로 살균, 탈취, 탈색작용을 한다.
- 오존의 대기 중 최대 허용농도는 0.1ppm 정도이다.

(4) 대기오염

대기오염물질은 예전에는 난방이나 취사를 목적으로 조금씩 사용하는 연료에서 나오는 것이 대부분이었다. 그러나 지금은 연료의 사용이 대규모화되었고, 산업시설에서도 잡다한 오염물질들이 발생하며, 자동차 배기가스에 의한 오염 배출량도 많아졌다. 뿐만 아니라 이렇게 배출된 오염물질들이 햇빛을 받고 광화학반응을 일으킨다든지, 비나 안개와 결합하여 산성비 혹은 산성안개를 만들어 2차 오염 현상을 일으키기도 한다.

MEMO

① 원인

a. 아황산가스

아황산가스(SO_2)는 석탄이나 석유 같은 화석연료에 함유되어 있는 유황 성분이 연소하면서 발생한다. 아황산가스는 호흡기 기관에 흡입되면 호흡기 세포를 파괴하거나 기능을 저해함으로써 저항력을 약화시킨다.

b. 부유 분진

부유 분진은 연료 중에 타지 않은 회분이 있어서 연소 후에 배기가스를 통하여 배출되기도 하고, 연료의 불완전 연소로 인하여 발생하기도 하며, 자동차의 배기가스나 산업공정으로부터 발생하기도 한다. 분진은 아황산가스와 더불어 상승작용을 하여 호흡기 질환에 영향을 미친다.

c. 질소 산화물

질소 산화물은 고온에서 연소할 때 공기 중의 질소가 산화하여 발생한다. 질소 산화물은 혈액 중의 헤모글로빈과 결합하여 메테모글로빈을 형성하므로 산소결핍증을 일으킬 수 있다.

d. 일산화탄소

일산화탄소(CO)는 연료의 불완전연소로 인하여 발생한다. 따라서 효율이 낮은 소규모의 연소장치, 즉 가정에서 때는 무연탄과 자동차에서 많이 발생한다. 일산화탄소는 식물에는 피해가 없다. 그러나 인체나 동물에는 일산화탄소가 혈액 중의 헤모글로빈과 결합하여 카복시헤모글로빈을 형성하기 때문에 산소결핍증을 일으킨다.

e. 탄화수소

탄화수소(HC)는 연료의 불완전연소로 인하여 발생하는 주로 탄소와 수소로 된 화합물의 총칭이다. 주로 자동차 배기가스와 무연탄에서 많이 발생한다. 탄화수소의 문제점은 햇빛을 받으면 광화학 반응을 일으켜 광화학 스모그를 만든다는 데 있다.

MEMO

f. 광화학 산화제

광분해의 결과로 생성된 물질들로 대표적으로 오존(O_3), 알데히드, PAN (peroxyacyl nitrate)과 PBN(peroxybenzoyl nitrate)을 비롯한 각종 화합물들이다. 산화제는 햇빛이 강한 낮에 형성되었다가 밤이면 차차 없어지지만 돌연변이를 일으키고 세포를 늙게 할 뿐만 아니라 다른 산과 마찬가지로 호흡기 질환을 일으키고 식물에 피해를 입히기도 한다.

g. 기타 대기오염물질

- 불소 : 기체는 대단히 자극성이 강하여, 피부, 눈, 호흡기에 손상을 입히고 이와 뼈에 반점이 생기며 우유 생산이 줄고, 체중 감소, 성장부진 등의 증상이 나타난다.
- 납 : 주로 자동차와 휘발유에 옥탄가를 높이기 위해 납 화합물을 첨가하는 데서 발생한다. 적혈구의 형성을 방해하며 체내에 과다하게 축적되어 납중독에 걸리면 복통, 빈혈, 신경염, 뇌손상 등을 일으킨다.
- 석면 : 바늘 같은 형태가 호흡기 내부의 세포를 자극해 극미량으로도 예민한 피해를 나타낼 수 있으며, 석면폐증에 걸리면 천식과 같은 호흡기 질환, 산소결핍증, 심장질환, 폐암 등이 나타난다.

② 대기오염의 변화 양상

- 우리나라 대도시의 경우 겨울에 연료 사용이 많고 기상조건에 오염물질이 잘 흩어지지도 않아 오염도가 가장 높다.
- 여름에는 오염물질이 잘 흩어져 오염도가 가장 낮다.
- 하루 중 오염도는 오전 6~10시에 가장 높고 오후 2~4시에 가장 낮다.
- 바람이 없고 햇빛이 강한 때인 봄과 여름의 낮에 가장 오염도가 높다.

③ 대기오염의 영향

- 산성비로 인한 생태계 파괴
- 오존층의 파괴
- 지구의 기후변화

MEMO

(5) 소음과 진동

소음이란 기계, 기구, 시설, 기타 물체의 사용으로 인하여 발생하는 강한 소리를 말하며, 진동이란 기계, 기구, 시설, 기타 물체의 사용으로 인하여 발생하는 강한 흔들림을 말한다. 소음과 진동공해는 피해 당사자에게는 참을 수 없는 고통을 주며, 정신적 · 심리적 스트레스의 원인이 될 뿐만 아니라 심한 경우 환청과 난청의 원인이 되기도 한다. 주로 공장, 사업장의 소음, 건설작업 소음, 자동차, 철도, 항공기 등의 교통 소음, 이동 행상의 마이크 소음과 같은 일상 사업 활동에 따른 소음 등으로 다양한 형태가 있다.

소음과 진동이 인체에 미치는 영향

- 심리적 영향 : 불쾌감, 정서불안, 스트레스, 집중력 저하, 수면장애, 대화장애 등
- 생리적 영향 : 심장 박동 수 증가, 혈압 상승, 소화장애, 청력 약화 등

(6) 수질오염

수질오염이란 물속에 부패성 물질과 유독물질, 가정에서 쓰고 버리는 각종 생활하수, 산업활동에 의한 산업폐수 등이 유입되어 각종 용수로는 사용할 수 없거나 생물의 서식에 심한 피해를 줄 정도로 수질이 나빠지는 것을 말한다. 수질오염의 주요원인은 도시생활하수, 하수공장, 폐수, 농약, 축사에서 나오는 가축의 분뇨 등이다.

- 수질 악화 및 수인성 감염병 : 이질, 장티푸스, 콜레라 등
- 수질 악화 및 중금속에 의한 감염병 : 미나마타병, 이타이이타이병 등

① 물

사람은 매일 2~3L의 물을 평생 마시고 있다. 때문에 먹는 물에 미량이나마 유해물질이 함유되어 있으면 건강에 미치는 영향이 매우 크다.

- 상온에서 색, 냄새, 맛이 없는 액체
- 인체는 체중의 약 60~70%가 물로 구성

MEMO

② 물의 종류 및 상태

- 병원체 및 납이나 수은 같은 유독물질을 함유하지 않아야 한다.
- 화학적으로는 산소와 수소의 결합물로 pH는 5.8~8.5 이내이다.
- 천연으로는 바닷물, 강물, 지하수, 우물물, 빗물, 온천수, 수증기, 눈, 얼음 등으로 존재한다.

a. 물의 오염된 정도지수

- 산소요구량(BOD : Biochemical Oxygen Demand) : 물속에 들어 있는 오염물질을 미생물이 분해하는 데 필요한 산소의 양
- 화학적 산소요구량(COD : Chemical Oxygen Demand) : 수중의 각종 오염물질을 화학적으로 산화시키기 위해 필요로 하는 산소의 양

b. 상수 오염검사의 지표

대장균 수, 일반세균 수, 염소이온, 과망간산칼륨 소비량

c. 먹는 물 판정기준상 일반세균 수

1ml 중 100 이하여야 한다.

d. 음용수 소독에 염소를 사용하는 이유

- 강한 소독력이 있기 때문에
- 강한 잔류효과가 있기 때문에
- 조작이 간편하기 때문에
- 경제적이기 때문에

Point

상수는 '침전-여과-소독'의 정수과정을 거친다.

MEMO

(7) 하수

① 하수의 배출

집(화장실, 싱크대, 욕조), 학교(급식실, 화장실), 도로(빗물, 지하수), 공장(공장폐수) 등에서 배출된다.

② 하수처리의 역할

도로와 택지에 내린 비를 하수도관으로 모아 침수를 예방하여 우리의 재산을 보호하고, 더러운 물을 정화하여 강과 바다를 깨끗하게 한다.

하수처리 : 수처리와 오니 처리

- 수처리 : 가정 → 침사지 → 최초침전조 → 포기조 → 최종침전조 → 하천방류
- 오니 처리 : 농축조 → 소화조 → 탈수기 → 배출

③ 하수처리의 목적

일상생활에서 무심코 버리게 되는 음식 쓰레기, 세제, 생활하수와 화장실의 정화조 시설 등으로 수질오염이 높아지고, 경제의 발전과 성장으로 공장에서 흘러나오는 산업폐수가 수질을 악화시켜 인간생명을 위협하며, 도시인구 집중으로 생활하수와 쓰레기 발생으로 인한 환경오염의 심각성으로 생태계 위협과 마실 물의 고갈에 따라 하수처리가 필요하게 되었다.

Point

- 물의 염소 요구량 : 수중의 유기물질을 산화하는 데 필요한 염소량
- 오니 : 수중의 오탁 물질이 침전해서 생긴 진흙 상태의 물질

MEMO

(8) 주택의 구비조건

① 기본적 구비조건–건강성, 안전성, 기능성, 쾌적성

- 주택이란 외부기후를 인위적으로 조절하여 냉・온・건・습・풍에 대처할 수 있어야 한다.
- 생리적으로 적합하고, 심리적으로 안정감을 느낄 수 있어야 한다.
- 일상생활을 편리하게 하며, 건강하고 즐거운 생활을 영위할 수 있어야 한다.
- 경제적이고 능률적인 생활을 할 수 있어야 한다.
- 질병 발생이나 사고 발생의 요인이 없어야 한다.
- 안전과 보안을 유지하며 재해를 방지할 수 있어야 한다.

② 보건학적 구비조건

a. 주택의 대지

- 환경 : 주변에 공장이 없고, 한적하며 교통이 편리할 것
- 지형 : 남향 또는 동남향 동서향 10° 이내, 넓고, 언덕의 중복에 위치할 것
- 지질 : 건조한 토양, 물의 침투성이 클 것, 쓰레기 매립지가 아닐 것
- 지하수위 : 지표로부터 1.5~3m
- 상하수 : 상수의 공급이 원활하고 하수처리 용이한 곳

b. 주택의 구조

- 기후, 생활습관에 따라 달라지나 기후에 적응하고, 편리하며, 경제적・위생적이며 환기, 조명 등이 고려되어야 한다.
- 지붕 : 방습, 방한, 방열, 방음이 잘 되어야 하고, 방열의 목적으로 천장과 지붕의 공간을 넓게 하여야 한다.
- 벽 : 방서, 방한, 방화, 방습, 방음이 잘 되어야 한다.
- 마루 : 통기를 고려하여 지면으로부터 45cm 정도의 간격을 유지한다.
- 거실의 천장 높이 : 2.1m 정도가 적당하다.
- 거실 및 방의 배치
  - 남쪽 : 거실, 침실, 어린이방
  - 북쪽 : 잘 쓰지 않는 방, 화장실, 부엌, 목욕탕

MEMO

(9) 실내 공기오염 관리

실내 환경의 오염은 한정된 공간에서 에너지 절감 시스템에 의한 건물의 밀폐화 추세에 따른 실내 오염물질의 누적현상과 다양한 건축자재, 생활 및 사무기기로 인한 실내 오염원으로 인해 발생된다. 사무실에서의 실내 환경은 일반 주거 공간과는 달리 다양한 사무기기의 사용, 많은 재실인원 및 인구유동성, 냉난방 시설로 인한 높은 실내 밀폐율 등에 의해 더욱 심각한 문제가 발생될 수 있다.

사무실에서 발생 가능한 실내 오염물질로는 호흡성 미세먼지, 휘발성 유기오염물질 및 포름알데히드, 이산화탄소, 오존 등이 대표적이다. 이는 입자상 오염물질과 가스상 오염물질, 생물학적 요인으로 구분할 수 있으며, 입자상 오염물질로는 미세먼지, 중금속 등이 대표적이다.

입자상 오염물질은 실외 대기오염물질이 실내로 유입되는 경우와 실내활동에 의해 발생된다. 가스상 오염물질로는 물질의 연소과정에서 발생되는 일산화탄소(CO), 이산화질소(NO_2), 아황산가스(SO_2)와 사람의 호흡에 의해 발생되는 이산화탄소(CO_2), 휘발성 유기화합물(VOCs), 포름알데히드(HCHO), 라돈(Rn) 등이 있다. 생물학적 요인에 의한 오염물질로는 집먼지 진드기 및 이로 인한 알레르겐, 곰팡이 포자, 꽃가루, 부유 세균(CFU)이 있다.

① 다중이용시설

지하 역사, 지하도 상가, 의료기관, 대규모 점포, 찜질방 등 17개 시설군

| 실내 공기질 유지기준 |

오염물질 항목 / 다중이용시설	PM10 (㎍/㎥)	CO_2 (ppm)	HCHO (㎍/㎥)	총 부유세균 (CFU/㎥)	CO (ppm)
지하 역사, 지하도 상가, 여객자동차터미널의 대합실, 철도역사의 대합실, 공항시설 중 여객터미널, 항만시설 중 대합실, 도서관, 박물관, 미술관, 장례식장, 찜질방, 대규모 점포	150 이하	1,000 이하	120 이하	–	10 이하
의료기관, 보육시설, 노인의료시설, 산후조리원	100 이하			800 이하	
실내주차장	200 이하			–	25 이하

MEMO

| 실내 공기질 권고기준 |

<table>
<tr><th>오염물질 항목
다중이용시설</th><th>NO_2
(ppm)</th><th>Rn
(pCi/ l)</th><th>VOC
(μg/m³)</th><th>석면
(개/cc)</th><th>오존
(ppm)</th></tr>
<tr><td>지하 역사, 지하도 상가, 여객자동차터미널의 대합실, 철도 역사의 대합실, 공항시설 중 여객터미널, 항만시설 중 대합실, 도서관, 박물관, 미술관, 장례식장, 찜질방, 대규모 점포</td><td rowspan="2">0.05 이하</td><td rowspan="3">4.0 이하</td><td>500 이하</td><td rowspan="3">0.01 이하</td><td rowspan="2">0.06 이하</td></tr>
<tr><td>의료기관, 보육시설, 노인의료시설, 산후조리원</td><td>400 이하</td></tr>
<tr><td>실내주차장</td><td>0.30 이하</td><td>1,000 이하</td><td>0.08 이하</td></tr>
</table>

② 신축공동주택

| 신축공동주택 실내 공기질 권고기준 |

구 분 측정항목	권고기준(단위 : μg/m³)	비 고
포름알데히드	210 이하	
벤젠	30 이하	
톨루엔	1,000 이하	
에틸벤젠	360 이하	
자일렌	700 이하	
스티렌	300 이하	

※ 30분 이상 환기, 5시간 밀폐 후 측정

(10) 환기

환기란 실내 공기의 오탁, 온도・습도가 높을 때 신선한 실외 공기와 교환해 주는 것을 의미하며, 실내외의 온도차, 기체의 확산력, 외기의 풍력 등으로 이루어진다.

① 자연환기 – 창문을 통한 환기

자연환기를 위한 창의 면적은 방바닥의 1/20 이상이어야 한다.

MEMO

② 인공환기

- 공기조정법 : 공기의 온습도를 조절 가능하며 배기된 오염물을 처리하는 여과설비를 갖추어야 한다.
- 배기(흡인)식 환기법 : 선풍기에 의해 흡기 배기하는 방식으로, 오염물 배기나 처리에 유효하다.
- 송기식 환기법 : 신선한 공기를 공급하여 오염물을 희석하는 방식이다.
- 평형식 환기법 : 급배기를 함께 하는 환기법이다.

(11) 채광 및 조명

주택의 채광은 태양광선이 인체에 미치는 신체적·정신적 영향과 밀접한 관계가 있으며, 조명은 건강, 작업능률, 재해 및 사고에 관계(자연조명, 인공조명)된다.

① 자연조명(주간조명)

- 자연조명의 장점 : 일광의 각종 작용과 연소산물이 없고, 조도의 평등으로 눈의 피로가 적다.
- 기타 : 광량이 많을 시 커튼 등을 이용해 광량을 조절하고, 광량에 따라 벽지를 선택해야 한다(반사율 : 흰색 70~80%, 회색 15~55%, 진녹색 10~20%).

Point

인공환기 시 주의사항

- 신속한 교환(취기, 오탁공기)
- 생리적으로 쾌적감(온도, 습도)
- 신선한 공기로 교환
- 교환된 공기는 실내에 고르게 유지
- 작업장 : 10℃ 이하일 때 근로자가 1m/sec 이상의 기류에 접촉되지 않도록 함

일광의 작용

- 신체의 세포를 자극, 피부를 튼튼하게 함
- 장기 기능을 증진시켜 식욕 촉진
- 정신적인 상쾌감
- 비타민 D의 생성을 도와 구루병의 치료 및 예방 효과
- 살균작용

MEMO

〈주택의 자연조명을 위한 조건〉

- 창의 방향 : 거실은 남향, 작업실은 동북 또는 북향(조명의 평등), 일조량 최소 4시간 이상
- 창의 면적 : 거실 면적의 1/7~1/5
- 거실의 안쪽 길이 : 바닥에서 창틀 상단 높이의 1.5배 이하
- 개각과 입사각 : 개각(∠BAD) 4~5°, 입사각(∠BAC) 28° 이상

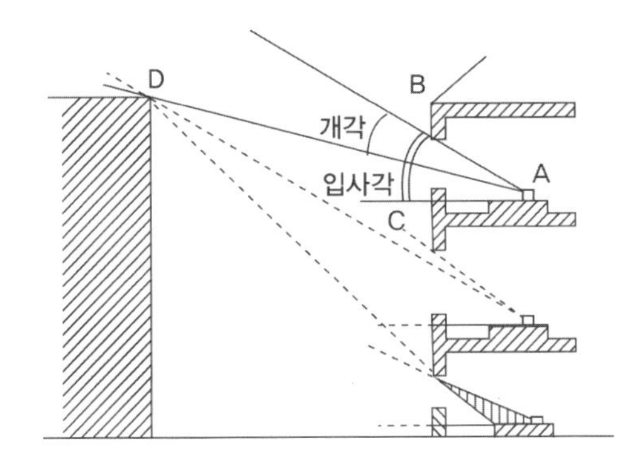

② 인공조명

- 직접조명 : 조명효율이 크고 경제적이나 눈부심이 크다. 어지럽고 강한 음영으로 불쾌감이 들 수 있다.
- 간접조명 : 산광 상태가 되어 균등한 조도를 얻을 수 있어 온화하고 어지럽지 않지만, 조명효율이 낮고 유지비가 다소 비싸다.
- 반간접조명 : 직접조명과 간접조명의 절충식으로 반투명의 역반사 갓에 의해 작업면상에 오는 광선의 1/2 이상을 간접광, 나머지를 직접광에 의존한다.

〈인공조명에서 고려되어야 할 점〉

- 조도는 작업상 충분할 것 : 낮 200~1,000Lux, 밤 20~200Lux
- 광색 : 주광색(햇빛에 가까운 색)에 가까울 것
- 유해가스의 발생 없을 것
- 열의 발생이 적고 폭발 및 발화의 위험성 없을 것
- 취급하기 쉽고, 경제적일 것

MEMO

- 조도는 균등할 것
- 광원은 작업상 간접조명이 좋으며, 좌상방에서 비치는 것이 좋음

③ 적정 조명의 조도(실내 작업면상의 조도와 작업실 전반의 조도)

- 학교 현관, 복도, 화장실, 강당 등 : 50~100Lux
- 일반 작업실 : 100~300Lux, 40~60Lux
- 정밀작업실 : 300~1,000Lux, 60~90Lux
- 초정밀작업실 : 1,000Lux 이상, 90~250Lux

④ 부적당한 조명에 의한 건강장애

- 가성근시(근시) : 조도가 낮을 때
- 안정피로 : 안부 혹은 주위에 통증, 불쾌감 야기, 작업 방해, 눈의 피로 자주 발생, 조도 부족이나 현휘가 심할 때 대상물의 식별을 위해 장기간 눈을 무리하게 사용하는 경우 발생
- 안구진탕증 : 조도가 부족한 환경에서 안구가 좌우상하로 동요하는 현상(탄광부 등)
- 전광선 안염, 백내장 : 용접공, 고열작업자
- 작업능률 저하 및 재해 발생 : 작업장의 불량조명

(12) 온도조절

의복에 의한 체온조절 범위는 10~26℃로, 쾌적한 실내온도의 조절을 위해서는 10℃ 이하에서 난방, 26℃ 이상에서 냉방을 할 필요가 있다. 단, 실내외 온도차는 5℃를 벗어나지 않도록 한다.

① 적정 실내온습도

- 적정 실내온도 : 18±2℃이다. 침실은 15±1℃이고, 노인 및 영유아, 환자는 20~22℃이며 실내온도가 일정하여야 한다. 두부와 발의 온도차가 2~3℃ 이상이 되어서는 안 된다.
- 적당한 실내습도는 40~70%이다.

MEMO

② 난방방법

a. 국소난방

열원을 실내에 직접 두는 방법으로 경제적이나 연소물 이용 시 연료 운반이 불편하다. 실내 오탁(환기 필요), 화재 위험이 있으며 전기장치 안전사고에 주의하여야 한다.

b. 중앙난방

발열장치를 일정장소에 설치하여 그 열을 각 실에 보내어 난방하는 방식으로, 실내 공기 오탁은 없지만 시설비, 관리비가 많이 든다.

- 공기조절법 : 공기 조정, 습도 조절
- 온수난방법 : 보일러, 온기 고른 공급, 조작 간편, 경제적, 소구역・유치원・병원 등 적합
- 증기난방법 : 면적이 넓은 큰 건축물에 적합, 실내습도 조절 필요
- 지역난방법 : 광범위한 지역 내에 있는 많은 건물에 온열 공급

c. 난방 시 고려할 점

- 실내 각 부분의 온도차가 없도록 할 것
- 방열은 자유로운 조절이 가능할 것
- 습도 조절이 가능할 것
- 실내 오탁물의 발생이 없을 것
- 화재, 폭발의 위험성이 없을 것
- 가능한 한 경제적일 것

③ 냉방방법과 냉방병

a. 냉방방법

- 국소냉방법 : 선풍기(국소 체온저하 및 일시적 산소부족증 등 일으킴), 에어컨(냉각공기에 의한 냉방, 비교적 작은 실내에 적합)
- 중앙냉방장치 : 공기조절법
- 냉방 시 실내외 온도차 : 5~7℃ 이내가 좋으며, 10℃ 이상은 해롭다.

MEMO

b. 냉방병과 호흡기계 질병

- 냉방병 : 냉방에 노출되는 시간이 많거나, 실내외 온도 차이가 심할 때 인체가 실내 온도 차이에 적응하지 못해서 생기는 생리적 부조화 증상이다. 감기증세의 지속, 피로, 권태, 소변 증가, 요통, 신경통, 생리불순, 위장장애 등으로 나타난다.
- 호흡기계 질병 : 실내 냉각기로 인해 수분이 부족하여 호흡기 점막을 건조하게 하여 인후두염 및 감기의 원인이 된다.
- 레지오넬라병(폰티악병) : 냉각탑의 냉각수에서 잘 번식하는 레지오넬라 세균이 비산되어 호흡기로 감염되는 세균성 질병(25~42℃에서 잘 번식)이다. 폐렴형, 비폐렴형이 있으며 잠복기는 보통 2~10일 정도이다. 폐렴형은 고열, 전신무력증, 두통, 근육통, 흉통, 기침, 중추신경계 증상(환각, 혼수)을 동반하며, 비폐렴형은 감기와 비슷한 증상을 보인다.

(13) 의복기후와 건강

의류와 각 피복이 포함하는 공기는 물론 피복과 피복 사이의 공기층을 합친 의복기후까지 포함하여 의복의 개념으로 한다.

① 의복의 목적

체온 조절, 신체의 청결, 신체의 보호, 사회생활의 목적, 미용 및 표식의 효과를 준다.

- 기후 조절력(온도, 습도, 기류 등)이 좋아야 한다.
- 피부에 피해를 주지 않고, 피부 보호력이 커야 한다.
- 체온 조절력이 커야 한다.

② 적정한 의복기후

- 의복에 의해 기온을 조절할 수 있는 외기온도는 10~26℃이다.
- 안정 시 30℃ 이하에서 냉감, 34℃ 이상에서 더위를 느낀다.
- 쾌감을 줄 수 있는 조건은 기온 32±1℃, 습도 50±10%, 기류 10cm/s 이하이다.
- 보행 시 쾌감을 줄 수 있는 조건은 기온 30±1℃, 습도 45±10%, 기류 40cm/s이다.

MEMO

③ 의복의 열전도율과 방한력

- 열전도율 : 동물 털 6.1, 견직물 19.2, 마직 29.5로, 함기성과 반비례한다.
- 함기성 : 섬유와 섬유 사이에 공기를 함유하는 성질로, 함기성이 클수록 보온력도 커진다. 모피 98%, 모직 90%, 무명 70~80%, 마직 50% 정도이다.
- 방한력 : 열 차단력으로, 단위는 CLO(1CLO : 기온 21℃, 기습 50% 이하, 기류 10cm/s에서 피부온도가 33℃(92°F)로 유지될 때의 의복의 방한력)이다. 최적 방한력은 4~4.5CLO이며, 방한화는 2.5CLO, 방한장갑은 2.0CLO, 보통 작업복은 1CLO 정도이다. 기온이 8.8℃ 떨어질 때마다 1CLO의 피복을 착용해야 한다.
- 흡습성 : 공기 중 수증기 흡수능력으로, 동물 털은 28%, 견사는 17%, 목면 및 마직은 12% 정도이다.
- 흡수성 : 물에 습윤되는 성질로, 인조섬유 〉 식물성 섬유 〉 동물성 섬유 순으로 흡수성이 크다.
- 통기성 : 함기량, 직물의 조직, 두께, 풀먹이기 등에 따라 달라진다. 통기성이 없으면 체취가 발생하며, 마직물, 견직물은 크고, 모직물은 적다.
- 흡열성 : 원료 섬유 및 그 색에 따라 달라지며, 흑색의 흡열성은 백색의 2배이다.

(14) 의복과 건강

- 혈액순환, 호흡방해 등이 없어야 하며, 신체적 활동이 자유로워야 한다. 가능한 한 가벼워야 하며, 총 중량 5kg 초과 시 활동이 부자유스러워진다.
- 의복을 지나치게 두껍게 입으면 체열방산, 신진대사, 피부저항력 등에 장애를 받는다.
- 의복에 의한 지나친 피복압은 인체의 혈액순환 장애, 각 부위의 운동 장애를 유발한다.
- 의복이 오염되지 않도록 관리한다.
- 침상의 기온은 33~34℃, 습도는 40~50%가 적당하다. 잠옷을 입을 경우 침실의 온도는 2~3℃ 낮게 조정한다.
- 모자도 방한, 방서의 역할에 적합하고 가벼운 것이 좋다.
- 양말은 여름엔 견직이나 목면이 적당하며 통기성이 있어야 하고, 방한화는 1kg 이하로 2.5CLO가 적당하다.

MEMO

5 산업보건

(1) 산업보건의 개념

국제노동기구(ILO)와 세계보건기구(WHO) 공동위원회는 "모든 직업의 근로자들이 신체적, 정신적, 사회적으로 최상의 안녕 상태를 유지, 증진하기 위하여 작업 조건으로 인한 질병을 예방하고 건강에 유해한 작업 조건으로부터 근로자들을 보호하며, 그들을 정서적으로나 생리적으로 알맞은 작업 조건에서 일하도록 배치하는 것"이라고 정의하고 있다.

① 목적

급속하게 발달된 산업으로 인해 근로자의 수가 늘어나 인적 자원인 인력자원에 관심이 커지게 되면서, 최소 근로시간에 최대 생산력을 올릴 수 있는 운영 방향으로 인하여 근로자들의 노동력 증진을 위한 작업환경의 중요성을 인식하게 되었다. 그래서 산업보건은 근로자들의 노동력을 증진하며 근로자들의 인권 문제로 대두되었다.

② 목표

- 근로자의 건강 유지 및 증진
- 근로자의 안정 유지 및 증진
- 산업재해 예방
- 작업환경의 정비 및 작업능률 향상

③ 산업보건의 기초적 과제

- 작업환경의 정비
- 근로자의 보건 관리
- 근로자의 영양 관리
- 여성과 소년 근로자의 보호
- 직업병 관리와 공업 중독 대책
- 산업피로와 산업재해 대책
- 산업 심리
- 산업의 합리화

MEMO

④ 산업피로

노동으로 인해 축적되는 피로를 말하는데 휴식을 취해도 회복되지 않는 산업피로는 건강 장애에 대한 경고 반응으로 질병의 원인이 된다.

- 산업피로의 본질 : 피로 감지, 작업량의 변화(증가, 감소), 인체의 생리적 변화
- 산업피로의 종류 : 신체에 이상이 생겨 나타나는 육체적 피로, 신경으로 문제가 생겨 나타나는 정신적 피로
- 산업피로의 증상 : 지각적 증상(현기증, 구토, 체온 변화, 호흡기 변화, 불면증 등), 타각적 증상(인간관계 마찰, 작업능률 저하 등)
- 산업피로의 대책 : 작업방법의 합리화, 작업량의 할당, 적정 배분의 휴식시간, 효율적인 에너지 소모를 위한 작업시간의 적정화, 충분한 수면과 적당한 영양소 공급

산업안전보건법

제1조(목적) : 이 법은 산업안전 · 보건에 관한 기준을 확립하고 그 책임의 소재를 명확하게 하여 산업재해를 예방하고 쾌적한 작업환경을 조성함으로써 근로자의 안전과 보건을 유지 · 증진함을 목적으로 한다. <개정 2009. 2. 6>

(2) 산업재해

노동재해라고도 하며, 노동 과정에서 작업환경 또는 작업행동 등 업무상의 사유로 발생하는 노동자의 신체적 · 정신적 피해를 의미한다.

① 발생 요인

a. 인적 요인

- 작업 지시 미숙이나 작업 자체의 미숙 또는 돌발사고 등의 관리적 원인
- 피로 및 수면부족 등의 생리적 원인
- 정신이상, 부주의, 준칙 불이행 등의 심리적 원인

MEMO

b. **환경적 요인**

작업환경 불량, 공구 노쇠 등의 불량, 시설물 불량

② 단계별 산업재해 예방대책

- 첫 번째 재해 : 설비공정 및 작업 조건에 대한 검토
- 두 번째 재해 : 인적 요인 검토
- 세 번째 재해 : 신체적·정신의학적 문제 검토

③ 상황별 산업재해 예방대책

- 상시 근로자 100명 이상인 경우 산업안전관리 책임자 고용
- 안전, 노무, 기술, 생산관리 등과 연결하여 유기적으로 수행
- 감독청, 재해 방지, 사회단체 등과 유기적으로 연결 관리
- 재해 방지를 목표로 작업을 할 수 있도록 지도하고 실천

④ 산업재해 지표

a. **건수율** : 산업체 근로자 1,000명당 재해 발생 건수

$$\text{건수율} = \frac{\text{재해 건수}}{\text{평균 실제 근로자 수}} \times 1{,}000$$

b. **도수율** : 연 근로시간을 기준으로 100만 시간당 재해 발생 건수

$$\text{도수율} = \frac{\text{재해 건수}}{\text{연 근로시간 수}} \times 1{,}000{,}000$$

c. **강도율** : 근로손실의 정도를 나타내는 지표로서 재해 발생의 경중을 나타냄. 근로시간 1,000시간당 발생한 근로 손실일 수

$$\text{강도율} = \frac{\text{근로 손실일 수}}{\text{연 근로시간 수}} \times 1{,}000$$

MEMO

⑤ 산업재해 방지의 4대 원칙

- 손실우연의 원칙 : 사고 대상의 조건이나 상황에 따라 손실이 달라진다(재해는 우연성에 의해 결정).
- 예방가능의 원칙 : 재해는 원인만 알면 예방 가능하다.
- 원인계기의 원칙 : 재해의 발생에는 여러 가지 원인에 의해 복합적으로 발생한다.
- 대책선정의 원칙 : 재해의 원인을 규명하고 대책을 세워야 한다.

하인리히의 법칙

하이인리 법칙은 1931년 허버트 윌리엄 하이인리(Herbert William Heinrich)에 의해 소개된 법칙으로 산업재해 중상자가 1명 나오면 그 전에 같은 원인으로 발생한 경상자가 29명, 같은 원인으로 부상을 당할 수도 있었던 자가 300명이라는 이론이다. 즉, 대형 사고가 발생하기 전 경미한 사고와 징후들이 존재한다는 것이다.
현성 재해 1명당 불현성 재해 29명, 잠재성 재해 300명의 비율이다.

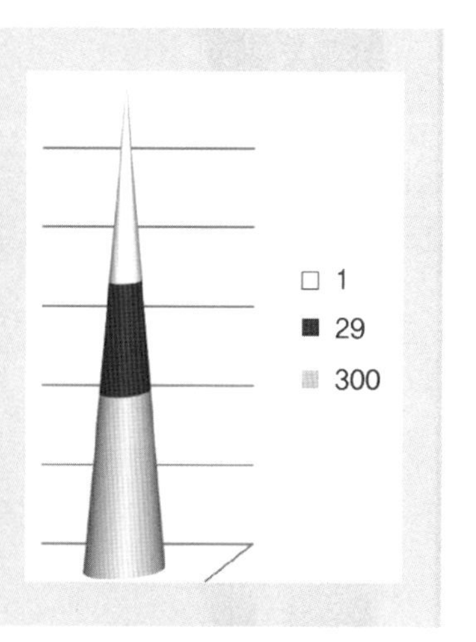

6 식품위생과 영양

식품위생이라 함은 식품, 첨가물, 기구 또는 용기, 포장을 대상으로 하는 음식에 관한 위생을 말한다. 세계보건기구(WHO)는 식품위생이란 “식품의 재배, 생산, 제조로부터 최종적으로 사람에게 섭취될 때까지의 모든 단계 내 걸친 식품의 안전성, 건전성 및 완전무결성을 확보하기 위한 모든 필요한 수단”이라 정의하고 있다.

(1) 식품위생의 목적 및 필요성

유해식품을 배제하고 양질의 식품을 선택하여 식품의 안전성을 지키는 데 있다. 산업화 이전에는 가정 중심의 자가 충족의 식사 형태로 안전사고가

MEMO

매우 적었으나, 산업화가 되면서 대량생산, 포장, 외식의 일반화, 환경오염, 다양한 가공방법 등으로 안전성이 크게 대두되었다.

- 안전성 확보방법 : 원료, 식품취급자, 식품취급시설에 대한 위생관리
- 합리적 식품위생의 장점 : 법적 요구사항 부응, 식중독 사고 방지, 저장기간 연장 및 품질 개선, 소비자 신뢰도 향상

(2) 영양소

① 영양과 영양소의 개념

영양이란 섭취하는 음식, 영양소와 다른 화학적 물질에 입각한 상호관계, 그리고 건강을 유지하고 질병을 예방하기 위한 영양관리로서 음식을 섭취, 소화, 흡수, 대사하는 전체적인 과정을 말한다. 영양소란 사람이 성장이나 건강의 유지, 증진 등 정상적인 생리기능을 원활하게 하기 위하여 음식물로부터 섭취해야 하는 것이다.

② 식품의 영양소 구성

- 3대 영양소 : 탄수화물, 지방, 단백질
- 5대 영양소 : 탄수화물, 지방, 단백질, 비타민, 무기질
- 6대 영양소 : 탄수화물, 지방, 단백질, 비타민, 무기질 + 물
- 7대 영양소 : 탄수화물, 지방, 단백질, 비타민, 무기질 + 물 + 식이섬유소

③ 비타민의 종류

비타민은 신체조직의 기능과 성장 및 유지를 위해서 식이에 아주 적은 양이 필요한 필수 유기물질이다. 비타민 자체는 체내에서 에너지를 내지는 않지만 에너지를 생성하는 화학적인 반응을 도와준다.

Point

- 지용성 비타민 : 지방이나 지방을 녹이는 유기용매에 녹는 비타민
- 수용성 비타민 : 물에 녹는 비타민

MEMO

a. 지용성 비타민

- 비타민 A : 카로틴이 많이 함유하고 있으며, 시각 기능에 관여(결핍 시 야맹증)한다.
- 비타민 D : 체내에서 생성되며 뼈 생성에 관여(결핍 시 구루병)한다.
- 비타민 E : 항산화 역할을 담당하며 피부 노화를 방지한다.
- 비타민 K : 혈액 응고 요인을 합성하는 데에 필수적인 영양소이며 골격 형성에서 칼슘과 결합한다.

b. 수용성 비타민

- 비타민 B_1(티아민) : 다량 섭취해도 소변으로 배설되기 때문에 독성은 없다. 신경자극 전달물질을 합성하며, 결핍증은 각기병이다. 티아민은 적은 양이지만 식품에 널리 분포해 있다.
- 비타민 B_2(리보플래빈) : 에너지 대사에 관여하는 비타민으로, 우유나 유제품 섭취가 적을 때 리보플래빈 결핍증을 보일 수 있다.
- 니아신 : 세포 내에서 약 200개 효소의 조효소로서 산화, 환원 반응에 관여한다. 이 영양소의 결핍증은 전신에서 나타난다.
- 비타민 B_6 : 단백질과 아미노산 대사에 절대적으로 필요한 영양소이다. 적혈구 형성에 직접적으로 관여하며 부족할 시 철분 결핍성 빈혈과 같은 증세를 보인다.
- 엽산 : DNA 합성에 필요하며 세포분열과 적혈구 성숙에도 필요하다.
- 비타민 B_{12} : 동물성 식품에서 얻는다.
- 비타민 C : 환원제 역할을 한다. 골격과 혈관을 튼튼하게 하는 결합조직의 콜라겐을 합성하여 조직을 강하게 한다.

④ 탄수화물

영양학적으로는 단당류, 이당류, 다당류로 나뉘며 대부분의 곡류와 설탕류가 여기에 속한다.

- 에너지 공급(신체활동을 위해서는 에너지가 끊임없이 요구)
- 장내 운동성(장 내에서 음식물이 잘 이동하도록 연동운동을 돕는 역할)
- 단백질 절약작용

MEMO

- 이당류인 유당은 칼슘의 흡수를 돕는 작용
- 신체 구성성분(손톱, 뼈, 연골 및 피부 등의 중요한 구성요소)
- 탄수화물이 함유된 식품 : 곡류, 설탕, 꿀, 과일, 쌀, 보리, 콩, 옥수수, 밀, 감자, 고구마, 밀가루, 밤, 팥 등

⑤ 지방

체온을 보호하며 중요한 인체의 장기를 외부로부터 보호해 준다.

- 농축된 에너지의 급원
- 맛과 향미의 제공
- 지용성 비타민의 흡수를 도움
- 지방이 함유된 식품 : 유지류
- 주요 영양소 : 지방, 지용성 비타민

⑥ 단백질

단백질은 신체 내 모든 세포에서 발견되며 신체조직의 성장과 유지에 매우 중요하다. 식사로부터 섭취한 단백질이 충분해야만 임신이나 성장기 동안 정상적인 성장이 이루어진다.

- 머리카락이나 손톱, 발톱의 성장
- 뼈와 결합조직, 그리고 혈액의 유지를 위해서 필요
- 단백질이 함유된 식품 : 고기, 생선, 알 및 콩류
- 주요 영양소 : 단백질, 철분, 비타민 B_{12}, 아연, 비타민 B_1, 니아신

⑦ 무기질

신체조직을 구성하는 중요한 영양소로 결핍이 되었을 경우 빈혈, 골다공증, 충치가 생긴다.

- 산・염기의 균형
- 산을 형성하는 무기질은 곡류, 육류, 닭고기, 계란, 생선에 비교적 풍부

MEMO

- 칼슘과 인은 뼈와 치아 같은 신경조직을 구성하는 데 중요
- 물의 균형 조절
- 촉매작용
- 무기질이 함유된 식품 : 우유, 깻잎, 배추, 김, 톳, 다시마 등

(3) 식품과 건강장애

- 영양장애 : 영양결핍 또는 부족에 의해서 일어난다.
- 식품위생장애 : 세균성 식중독, 세균성 독소에 의한 감염, 미생물 기인성, 화학물질 기인성, 독성물질 기인성, 기생충 및 오염물질에 의해 일어난다.

(4) 식품으로 인한 질병의 원인

원료의 오염, 부적절한 공정과 가공방법, 위생관리 개념의 미흡, 새로운 오염원 등이 원인이다.

(5) 식중독

식중독이란 식품의 섭취로 인하여 인체에 유해한 미생물 또는 유독 물질에 의하여 발생하였거나 발생한 것으로 판단되는 감염성 또는 독소형 질환을 말한다.

① 식중독 예방

- 손 씻기 : 비누를 사용하여 흐르는 물에 20초 이상 씻어야 한다.
- 신속의 원칙 : 식품에 부착한 세균이 증식하지 못하도록 신속하게 처리하는 것이 중요하다.
- 가열 또는 냉각의 원칙 : 세균은 종류에 따라 증식의 최적온도가 서로 다르지만 식중독균, 부패균은 일반적으로 사람의 체온(36~37℃) 범위에서 잘 자라며, 5℃에서 60℃까지 광범위한 온도 범위에서 증식이 가능하므로 식품 보관 시 이 범위를 벗어난 온도에서 보관하도록 하여야 한다.

MEMO

② 세균성 식중독

a. 세균성 식중독의 특징

- 세균이 다량 함유된 식품의 섭취로 발생한다.
- 2차 감염이 일어나지 않는다.
- 잠복기가 짧다.
- 면역이 생기지 않는다.

b. 세균성 식중독이 일어나기 위한 조건

- 식품이 식중독 세균의 증식에 적합할 것
- 세균의 발육에 알맞은 온도와 습도일 것
- 원인 세균에 의하여 특정 음식물을 오염하기 쉬운 특수 관계가 성립할 것

c. 세균성 식중독의 예방

- 세균에 의한 오염 방지
- 세균의 증식 발육 억제
- 가열 살균
- 보건교육의 실시

③ 세균성 식중독의 종류

a. 독소형 식중독

식품 내에서 균이 증식, 독소가 생성됐을 때 그 식품을 섭취함으로써 중독

종 류	특 징
보툴리누스균 식중독	• 원인 : 토양, 하천, 호수, 바다흙, 동물의 분변, 채소, 육류 및 육제품, 과일, 새고기(오리, 칠면조 등), 어육훈제 • 증상 : 메스꺼움, 구토, 복통, 설사, 신경증상, 호흡곤란 • 잠복기 : 보통 12~36시간, 빠르면 5~6시간, 늦으면 72시간 이상
포도상구균 식중독	• 원인 : 주로 사람의 화농소나 콧구멍, 목구멍 등에 존재하는 포도상구균(손, 기침, 재채기 등), 우유 및 유제품, 육제품, 난제품, 쌀밥, 떡, 도시락, 빵, 과자류 등의 전분질 식품 • 증상 : 급성 위장염 증상, 구토, 복통, 설사 등 • 잠복기 : 보통 1~6시간, 평균 3시간으로 매우 짧음

MEMO

b. 감염형 식중독

식품과 함께 섭취한 미생물이 체내에서 증식되어 중독을 일으키는 것

종 류	특 징
살모넬라 식중독	• 원인 : 바퀴벌레, 파리, 쥐, 닭 등이 감염원, 균에 오염된 식품(우유, 육류, 난류 및 가공품, 어패류 및 가공품, 도시락, 튀김류, 어육연제품 등) • 증상 : 구토, 복통, 설사, 발열(급격히 시작하여 39℃를 넘는 경우가 빈번함) • 잠복기 : 12~48시간
장염 비브리오 식중독	• 원인 : 연안의 해수, 갯벌, 플랑크톤 등에 널리 분포하는 장염 비브리오균에 오염된 해수가 감염원이 되어 어패류가 오염되며, 장염 비브리오균에 오염된 생선회, 초밥 같은 식품의 섭취로 발병함 • 증상 : 복통, 구토, 설사, 발열 등 전형적인 급성위장염 증상 • 잠복기 : 8~10시간
병원성 대장균 식중독	• 원인 : 환자, 보균자의 분변이 감염원, 균에 오염된 모든 식품(햄, 치즈, 소시지, 크로켓, 채소샐러드, 분유, 파이, 도시락, 두부 및 가공품 등) • 증상 : 설사, 발열, 두통, 복통 등 3~5일에 회복 • 잠복기 : 10~24시간
웰치균 식중독	• 원인 : 보균자인 식품업자, 조리사의 분변을 통한 식품의 감염, 조리실의 하수, 오물, 쥐, 가축의 분변을 통한 식품의 감염, 조수육 및 그 가공품, 어패류 및 가공품, 식물성 단백식품 • 증상 : 복통, 수양성 설사, 경우에 따라 점혈변 • 잠복기 : 8~24시간

c. 자연독에 의한 식중독

구 분	종 류	독성물질
식물성	독버섯류	무스카린, 무스카르딘, 콜린, 뉴린 등
	고사리, 소철	발암성 물질을 함유하는 식용식물
	독미나리	시큐톡신
	흰독말풀, 독보리	오용하기 쉬운 유독식물
	감자	솔라닌, 셉신
	청매	아미그달린
	목화씨	고시풀
	오색두, 수수, 피마자	유동 성분을 함유하는 식용식물
동물성	복어	테트로도톡신
	섭조개, 대합	삭시토신
	모시조개, 바지락, 굴	베네루핀

※ 독버섯류의 독성물질 : 부교감신경 흥분, 침 흘림, 심한 발한, 동공 수축, 호흡 급박, 소화기 증상을 일으킨다.

※ 복어의 테트로도톡신 : 5~6월 산란기에 많이 발생하며, 섭취 후 10~45분 후에 증상이 나타나고 치사율이 60%에 달한다. 가열 조리에도 성분이 파괴되지 않는 특성이 있다.

MEMO

d. 곰팡이 균에 의한 식중독

- 아플라톡신(간장독) : 동물의 간경변, 간종양 또는 간세포의 괴사를 일으키는 물질로 간암을 일으킨다.
- 시트리닌(신장독) : 신장에 급성 및 만성 장애를 일으키는 물질이다.
- 파툴린(신경독) : 뇌 및 중추신경계에 장애를 일으키는 곰팡이 독소이다.
- 곡류, 목초나 사료가 병 발생의 원인이 된다.
- 항생제나 기타 약제로 난치이거나 거의 치유되지 않는다.
- 동물 또는 사람 사이에서는 전파되지 않는다.
- 원인식물에서 관여 곰팡이독이 검출될 수 있다.
- 병 발생이 계절적 요인과 관계가 깊다.

e. 화학성 식중독

- 유해성 금속화합물에 의한 식중독
- 메탄올에 의한 식중독 – 농약 및 살충제에 의한 독성
- 유해첨가물(착색료, 표백제, 유해감미료, 유해보존료)에 의한 식중독

7 보건행정

보건행정이란 지역사회 주민의 건강을 유지, 증진시키고 정신적 안녕 및 사회적 효율을 도모할 수 있도록 하기 위한 공적인 행정활동을 말한다.

(1) 보건행정의 범위

① 보건 관련 통계의 수집, 분석, 보존
② 보건교육
③ 환경위생
④ 산업보건
⑤ 모자보건
⑥ 구강보건
⑦ 보건간호
⑧ 감염병 관리 및 역학
⑨ 성인병 관리

MEMO

(2) 보건행정의 특성

① 공공성과 사회성
② 적극적인 봉사성
③ 자발적인 참여의 조장성
④ 교육적인 목적 달성
⑤ 기술성
⑥ 과학성

(3) 보건행정과 일반 행정의 차이점

일반적으로 어느 행정이나 절대적인 4대 기본요소로 조직, 예산, 인사, 법적 규제 등을 일컫는다. 보건행정이란 보건학 및 의학 등 지식과 기술을 행정에 적용시켜야 하는 기술행정이라는 특성을 지닌 점이 일반 행정과의 차이점이다.

(4) 사회보장의 개념

〈사회보장기본법〉 제3조에는 사회보장을 "출산, 양육, 실업, 노령, 장애, 질병, 빈곤 및 사망 등의 사회적 위험으로부터 모든 국민을 보호하고 국민 삶의 질을 향상시키는 데 필요한 소득·서비스를 보장하는 사회보험, 공공부조, 사회서비스를 말한다"라고 정의하였다.

- 공공부조 : 생활보호, 국민기초생활 보장, 의료보호 및 의료급여 등
- 사회보험 : 국민연금(특수직역연금), 의료보험, 고용보험, 산재보험 등
- 사회복지서비스 : 국가, 지방자치단체 그리고 민간이 주체가 되어 제공하는 각종 비금전적 원조(노인복지서비스, 장애인복지서비스, 아동복지서비스 등)

(5) 사회복지와 사회보장의 차이

① 사회복지

인간의 기본 욕구 충족을 궁극적 목표로 하며, 전문가, 국가 또는 지역사회 등이 도움을 준다.

② 사회보장

(산업)사회에서 누구에게나 개연적으로 일어날 수 있는 위험요소들을 사회적 개입에 의하여 해결하는 것을 목표로 한다.

MEMO

③ 사회보장의 필요성

질병, 출산, 노령, 실업, 산업재해, 사망, 장애, 가족부양 등은 인간이면 누구나 겪을 수 있고 또 일단 이러한 위험(들)이 실현되면 막대한 경제적 타격을 입게 되어 정상적이고 안정된 경제생활이 어려워지게 된다. 따라서 사회연대와 위험 분산의 원칙에 기초하여 사회가 개입하여 그 문제를 해결해 줌으로써 위험에 따른 손실을 최소화하고 안정된 생활을 영위할 수 있도록 한다.

④ 개입의 주체

이웃, 친척이나 친지, 지역사회나 종교단체, 국가와 지방자치단체 또한 일부 저개발 국가의 경우처럼 국가가 충분한 능력을 가지지 못한 경우는 국제연합 아동기금(UNICEF), 세계보건기구(WHO) 등 국제연합 산하 기구들이나 국제 민간 복지단체들의 도움을 받기도 한다.

소독학

MEMO

1 소독의 정의 및 분류

(1) 소독 및 멸균의 개념

- 방부 : 균을 적극적으로 죽이지 않으나 균의 발육을 저지하는 것
- 소독 : 병원 미생물을 죽이거나 제거하여 감염력을 없애는 것
- 살균 : 원인균을 죽이는 것
- 멸균 : 모든 미생물을 열, 약품으로 죽이거나 제거시켜 살아 있는 모든 것을 완전히 없애는 것

소독 효과가 가장 큰 순서 : 멸균 〉 살균 〉 소독 〉 방부

(2) 소독법의 조건

- 물리적 인자 : 열, 수분, 자외선
- 화학적 인자 : 물, 농도, 온도, 시간

① 소독약의 이상적인 조건

- 가장 많이 사용되는 것은 석탄산의 살균력을 기준으로 한 석탄산계수를 사용한다.
- 높은 살균작용력을 가지고 있어야 하며 석탄산계수가 높아야 한다.
- 화학적으로 분해되기 어려운 유기화합물이나 금속에서도 효과적이어야 한다.

Point

소독에 관한 각각의 정의를 명확히 이해하고 암기한다.

MEMO

- 침투력이 강해야 한다.
- 용해성과 안전성이 높아야 한다.
- 부식성과 표백성이 없어야 한다.
- 짧은 기간에 소독할 수 있어야 한다.
- 사용법이 간단하고 값이 저렴해야 한다.
- 소독 대상물을 손상시키지 않아야 한다.
- 언제 어디서나 할 수 있어야 한다.
- 소독 시 인체에 해가 없어야 한다.
- 소독한 물건에 나쁜 냄새를 남기지 않아야 한다.
- 필요하면 표면만이 아니고 내부도 소독할 수 있어야 한다.

(3) 대상별 소독법

- 유리그릇, 도자기 : 자비소독, 건열멸균법, 화염멸균법, 증기, 자외선, 각종 약액 소독, 가스소독
- 금속 제품 : 석탄산수, 크레졸수, 역성비누, 자비소독
- 셀룰로이드, 플라스틱, 고무 제품 : 역성비누, 포르말린
- 종이 제품 : 포름알데히드가스 소독
- 가죽 제품 : 소독용 에탄올, 역성비누
- 손 소독 : 석탄산(1~2%), 크레졸(1~2%), 승홍(0.1%), 역성비누(역성비누의 원액을 1~5ml), 소독용 에탄올
- 수건류 : 증기소독, 자비소독, 역성비누, 일광소독
- 배설물 : 3%의 크레졸수와 석탄산수
- 화장실, 하수구, 쓰레기통 : 석탄산
- 미용실 바닥 소독 : 포르말린, 크레졸, 석탄산 순으로 적당
- 미용실 기구 소독 : 크레졸, 석탄산

(4) 소독법의 분류

① 물리적 소독법

약액을 전혀 사용하지 않는 방법이다.

MEMO

a. 건열에 의한 방법

- 화염멸균법 : 알코올 버너나 램프를 사용하여 소독 대상물에 약 20초 이상 가열하는 방법이다.
- 건열멸균법 : 건열멸균기 속에 넣고 160~170℃에서 1~2시간 가열하는 방법이다.
- 소각소독법 : 값싼 물건이나 쉽게 교환할 수 있는 물건은 소각하는 것이 좋다.

b. 습열에 의한 방법

- 자비소독법 : 100℃에서 15~20분, 물에 탄산나트륨 1~2%를 첨가하면 살균력도 강해지고 금속이 녹스는 것을 방지하는 효과가 있다.
- 고압증기멸균법 : 120℃에서 20분간 가열하면 모든 미생물을 멸균하며 아포까지 사멸한다. 주로 기구, 의류, 고무 제품, 거즈, 약액의 소독에 주로 사용된다.
- 유통증기소독법 : 아놀드나 코흐(Koch) 증기솥을 사용하여 100℃의 증기를 30~60분간 쐬게 만드는 방법이다.
- 간헐멸균법 : 100℃의 유통증기를 15~30분씩 24시간 간격으로 3회 가열하며, 사이의 쉬는 시간에는 실내온도를 20℃ 정도로 유지한다.
- 저온살균법 : 프랑스의 파스퇴르에 의해 고안된 소독법으로, 63~65℃로 30분간 가열한다. 세균의 감염을 방지하기 위해 우유 같은 식품의 소독에 사용하며 결핵균은 사멸되나 대장균은 완전 사멸되지는 않는다(초고온순간살균법 : 132℃에서 1~2초간 가열).

c. 열을 이용하지 않는 멸균법

- 자외선멸균법
- 세균여과법
- 초음파살균법

② 화학적 소독법

a. 석탄산

- 살균기전은 단백질의 응고작용, 세포 응고, 효소계 침투작용이며, 소

MEMO

독약의 표준이 된다.

- 보통 3~5% 수용액(실험기기, 의료용기, 오물 등)을 사용한다(손 소독 2%). 수지, 의류, 침구 커버, 천조각, 브러시, 고무 제품, 실내 내부, 가구, 화장실, 변기, 배설물 등에 이용된다.
- 경제적이고 안정성이 강해 오래 두어도 화학적 변화가 적다. 거의 모든 균에 효력이 있고 용도 범위가 넓다.
- 피부 점막에 자극성과 마비성이 있고 금속 제품을 부식시키기도 한다. 또한 바이러스 아포에 대해 효력이 떨어지고 낮은 온도에서는 효력이 약하다.
- 석탄산계수 : 살균력의 지표로 쓰인다.

b. **크레졸**

- 난용성이며 단백질 응고작용을 돕는다.
- 1~2%는 손가락, 피부 소독, 2~3%는 의류, 헝겊, 솔, 가죽, 고무, 화장실 등의 소독에 이용한다. 결핵, 객담, 배설물 등의 소독에 효과가 있고 석탄산보다 2배 높은 살균력을 지녔다.
- 경제적이고 소독력이 강해 거의 모든 균에 효과적이며 사용 범위가 넓다. 결핵균에 대한 소독 효력이 커서 적합하다.
- 진한 용액이 피부에 닿으면 짓무른다. 바이러스에 대해 효력이 없고 냄새가 강하고 용액이 혼탁하다.

c. **포르말린**

- 포르말린 : 물 = 1 : 34의 비율로 사용하며, 30℃ 이상에서 높은 살균력을 지닌다.
- 미용실 실내 소독, 손발, 금속, 자기, 고무, 유리 제품 등의 소독에 쓰인다.
- 아포에 대해 소독력이 강한 것이 장점이며, 온도에 민감하다.

d. **포름알데히드**

기체 상태로 실내 소독이나 밀폐된 공간, 서적, 종이 제품 소독에 적합하다.

MEMO

e. 승홍수

- 0.1% 용액을 사용한다.
- 독성이 강하기 때문에 금속이 부식되며 살균기전은 단백질 응고작용이다.
- 손발, 유리 제품, 의류, 도자기 소독에 적합하며 금속 제품, 장난감, 식기 소독에는 부적합하다.
- 플라스틱 용기를 사용하며, 맹독이므로 취급할 때 상당한 주의가 요구된다.
- 온도가 높을수록 살균력이 강해지므로 가온해서 사용한다.

f. 알코올

- 피부에서 70%의 에탄올을 처리했을 때 2분 내에 90%의 미생물이 거의 죽는다.
- 이・미용업소의 손이나 피부 및 기구(가위, 칼, 면도, 니퍼 등)의 소독에 가장 적합한 소독법이다.
- 무수알코올은 효과가 없다.
- 단점은 가격이 비싸고 휘발성이 있다.
- 고무나 플라스틱을 녹인다.

g. 역성비누액

- 냄새가 없고 자극이 없다.
- 살균력과 침투력은 좋으나 세정력은 없고 무색이다.
- 수지(원액 1~5*ml*), 식기나 기구는 0.5%의 수용액을 사용한다.

h. 생석회

- 알칼리성으로 살균작용은 균체 단백질의 변성을 이용한 것이다. 석회유로도 사용된다.
- 용도는 분뇨, 토사물, 문류통, 쓰레기통, 선저수 등의 소독에 적당하다.

i. 산화제

- 과산화수소(옥시풀) : 2.5~3.5%의 수용액을 사용하며 용도는 창상 부

MEMO

위 소독이나 인두염, 구내염, 또는 구내 세척제로 사용된다.
- 과망간산칼륨 : 0.1~0.5%의 수용액을 사용하며 요도 소독 또는 창상 부위 소독에 적당하다.

j. 창상용 소독제
- 머큐로크롬액 : 2%의 수용액을 사용하며 상처 소독 시 그대로 사용한다. 빨간약이라고 한다.
- 희옥도정기 : 70%의 에탄올에 3%의 요오드, 2%의 요오드화 칼륨을 함유하고 있다.
- 아크리놀 : 화농균에 대해 강한 효력이 있고 창상 소독에는 0.1~0.2%를 사용한다.

③ 소독약의 살균 기전
- 단백질의 응고작용 : 석탄산, 승홍, 알코올, 크레졸, 포르말린, 산, 알칼리, 중금속염
- 산화작용 : 과산화수소, 과망간산칼륨, 오존, 염소, 표백분, 차아염소산
- 가수분해작용 : 생석회, 석회유

2 미생물

(1) 미생물의 개념 및 범위
단세포 또는 균사로 된 육안으로 감식이 불가능한 정도(0.1mm 이하)로 미세한 생물을 말한다. 세균, 곰팡이, 효모, 조류, 원생동물, 기생생물이라고 할 수 있는 바이러스 등이 이에 속한다.
사람에게 감염됨으로써 질병을 유발하는 병원성 미생물, 독소형 또는 감염형으로 식중독을 일으키는 식중독 미생물, 의식주에 관계되는 각종 물질을 변질·부패시키는 유해미생물이 있다.

MEMO

(2) 미생물의 분류

① 바이러스

인플루엔자, 노로 바이러스, HIV(세균의 1/50~1/100 정도)

② 박테리아(세균)

- 구균 : 포도상구균(중이염, 폐렴, 신우염 등), 연쇄상구균(폐렴, 성홍열, 인후염), 임균(임질), 수막염균(수막염)
- 간균 : 탄저균(탄저병), 파상풍균(파상풍), 보툴리누스균(보툴리늄 식중독), 디프테리아균(디프테리아), 결핵균(결핵), 나균(한센병), 대장균(장염), 녹농균(호흡기와 상처 감염), 이질균(이질), 장티푸스균(장티푸스), 콜레라균(콜레라), 장염비브리오균(장염비브리오, 식중독), 인플루엔자균(뇌수막염, 폐렴), 백일해균(백일해)
- 나선균 : 매독균(매독), 렙토스피라(렙토스피라증)

③ 효모

- 형태는 구형이나 타원형이며, 빵, 맥주, 청주, 와인에 사용된다.
- 효모균(빵효모, 맥주효모), 한세눌라(양조식품 변패), 칸디다(아구창), 크립토코커스(외상에서 폐수막염)

④ 곰팡이

- 포자와 균사로 번식한다.
- 누룩곰팡이(이질균증, 알레르기, 각막염), 푸른곰팡이(페니실린 생산), 지오트리쿰(폐질환), 마두라진균(만성 육아종, 부종), 알트나리움(기관지 천식), 분아균(분아균증), 히스토플라스마(간비종, 발열, 백혈구 감소), 스포로트리쿰(피부에 결절 궤양)

Point

병원성 미생물은 박테리아(구균, 간균, 나선균), 진균(곰팡이, 효모), 리케차를 말한다.

MEMO

⑤ 리케차

- 주로 진핵생물체의 세포 내에 기생생활을 하며, 절지동물(벼룩, 진드기, 이)과 공생한다.
- 병원균은 절지동물을 매개로 음식물을 통해 감염된다.
- 주요 감염질환은 티푸스열, 로키산 홍반열, 큐열, 참호열 등으로 발진이나 열성질환 등을 일으킨다.

(3) 미생물의 증식

① 미생물의 증식환경에 영향을 미치는 요인

- 습도 : 세균의 발육 증식에 필요한 영양소는 보통 물에 녹기 때문에 많은 수분을 필요로 한다(세균 〉 효모 〉 곰팡이).
- 온도 : 일정한 온도가 필요하나 그 이상 혹은 그 이하에서는 발육을 하지 못 하므로 28~38℃가 적당하다.
- 수소이온농도 : 세균이 잘 자라는 수소이온농도는 pH 5.0~8.5이다.
- 영양과 신진대사 : 물, 질소, 탄소 및 유기물질이 필요하다.
- 광선 : 직사광선은 일부 세균을 몇 분 또는 몇 시간 안에 죽이며 자외선은 살균작용을 한다.

3 소독방법

(1) 실내 환경의 위생과 소독

① 살롱에서의 환기

- 냄새가 없거나 좋은 냄새가 나는 화학물질이라도 반드시 환기를 해야 한다.
- 마스크를 착용할 경우 먼지의 흡입은 막을 수 있으나 유해공기를 막을 수는 없다.
- 공기청정기나 환풍기 또는 선풍기를 사용할 수 있다.
- 화학제품의 냄새는 사용의 안전도와 무관하기 때문에 환기에 신경 써야 한다.

MEMO

② 살롱에서 감염 예방에 대한 방법

- 시술 전후에 70% 알코올이나 손 소독제를 사용하여 시술자와 고객의 손을 소독한다.
- 체액이나 피가 묻은 세탁물은 멸균처리를 한다.
- 파상풍은 매 10년마다 추가 접종해야 한다.
- 시술 도중 출혈이 일어나지 않도록 주의한다.

③ 네일 살롱의 적절한 소독방법

- 재사용이 가능한 기구/도구는 청소한 후 적절한 소독액에 완전히 담가 소독해야 한다.
- 모든 기구들은 먼지가 없도록 깨끗하게 닦아 주어야 한다.
- 소독제 제조업체의 라벨에 표시된 소요 시간(10~20분) 동안 손잡이를 비롯하여 모든 표면이 잠기도록 완전히 담가야 한다.
- 이소프로필알코올과 에틸알코올은 20분 동안 담가야 한다.
- 자외선 멸균기를 사용할 경우에는 2~3시간 정도 소독한다.
- 네일 작업대는 항상 소독용제로 닦은 후 냄새가 없어야 한다.

(2) 이 · 미용 종사자 및 고객의 위생 관리

① 살롱의 안전한 위생관리

- 제품의 소독 및 안전관리를 철저히 한다.
- 모든 용기와 제품은 이름표를 붙여 서늘한 곳에 보관한다.
- 습기가 많은 장소의 전기기구는 반드시 접지를 해야 한다.
- 모든 기구나 기자재들은 사용 후 항상 소독 처리를 하고 필요시 멸균 처리한다.
- 파일은 한 고객에게만 사용한다.
- 환기가 제대로 되고 있는지 반드시 확인한다.
- 소화기를 배치하고 소방서, 경찰서의 비상 연락처를 붙여 놓는다.
- 자주 사용하지 않는 제품들도 일정기간을 정하여 점검해 준다.
- 콘 커터의 면도날은 고객마다 새것으로 쓴다.
- 크림이나 용량이 큰 제품은 스파츌러를 이용하여 덜어서 사용한다.
- 감염병이나 피부질환이 있는 고객은 완전히 나을 때까지 시술하지 않는다.

MEMO

② 화학물질의 안전주의사항

- 햇볕이 잘 드는 곳에 보관한다.
- 화학물질이나 용제의 냄새를 맡아 확인하여 사용한다.
- 화학물질은 폭발 가능성이 있다. 특히 스프레이는 냉암소에 보관하고, 각 이름표를 붙여 두어 제품설명서 지시에 따라 적정 농도를 사용한다.

(3) 이 · 미용업의 소독제 종류

① 소독제

제품/화학용품	기본농도	사용용도
과산화수소	3%	찔리거나 작게 베인 상처
포르말린	20% 용액	작업대, 샴푸대 등 소독
알코올(이소프로필)	70%를 60%로 희석	손, 피부, 가벼운 상처 소독
요오드팅크	2%	찔리거나 베인 상처
붕산	5% 용액	눈과 눈 주위 닦아냄

② 멸균제

제품/화학용품	기본농도	사용용도
포름알데하이드 (포르말린)	10% 용액, 25% 용액	브러시 소독(20분간 담금), 기구 소독
알코올 (이소프로필)	70% 용액	기구 소독(20분간 담금)
4기 암모니아 합성물 (콰츠)	1 : 1,000 용액	기구 소독(20분감 담금) 강한 농축액의 사용은 화학적 화상을 야기할 수 있으며, 비누로 씻은 후 헹굼
차아염소산(염소)	1/2 용액	살균작용, 탈색제, 탈취제, 섬유표백, 상하수도 처리 등
크레졸	비누 섞인 100% 용액	3온스(88.72㎖)를 1갤런(3.7854ℓ)으로 희석. 작업대, 변기, 세면대 소독
페놀 (석탄산)	88% 용액	8온스(236.59㎖)를 1갤런으로 희석. 작업대, 변기, 세면대 소독

MEMO

③ 미용기구 소독

구 분	소독방법
자외선소독	1㎠당 85㎼ 이상의 자외선에 20분 이상
건열멸균소독	섭씨 100℃ 이상의 건조한 열에 20분 이상
증기소독	섭씨 100℃ 이상의 습한 열에 20분 이상
열탕소독	섭씨 100℃ 이상의 물속에 10분 이상
석탄산수소독	석탄산수(석탄산 3%, 물 97%의 수용액을 말함)에 10분 이상
크레졸소독	크레졸수(크레졸 3%, 물 97%의 수용액을 말함)에 10분 이상
에탄올소독	에탄올수용액(에탄올이 70%인 수용액을 말함)에 10분 이상 담가 두거나 에탄올수용액을 머금은 면 또는 거즈로 기구의 표면을 닦아 준다.

CHAPTER 03

공중위생관리법규

MEMO

1 공중위생관리법의 정의

공중위생관리법이란 공중이 이용하는 영업과 시설의 위생관리 등에 관한 사항을 규정함으로써 위생수준을 향상시켜 국민의 건강 증진에 기여함을 목적으로 하는 것이다.

(1) 공중위생영업

다수인을 대상으로 위생관리서비스를 제공하는 영업으로서 숙박업, 목욕장업, 이용업, 미용업, 세탁업, 위생관리용역업을 말한다.

(2) 이용업

손님의 머리카락 또는 수염을 깎거나 다듬는 등의 방법으로 손님의 용모를 단정하게 하는 영업을 말한다.

(3) 미용업

손님의 얼굴 · 머리 · 피부 등을 손질하여 손님의 외모를 아름답게 꾸미는 영업을 말한다. 미용업의 영역은 사람의 외모를 가꾸는 전문 서비스 행위로써 헤어스타일, 헤어-케어, 메이크업, 피부 관리, 네일아트 등을 미용업의 영역으로 규정할 수 있다.

- 일반(미용업) : 파마, 머리카락 자르기, 머리카락 모양내기, 머리 피부 손질, 머리카락 염색, 머리 감기, 손톱과 발톱의 손질 및 화장, 의료기기나 의약품을 사용하지 않는 눈썹 손질을 하는 영업

Point

- 용어 정의를 확실히 학습한다.
- 법령 내용은 모두 암기하도록 한다.
- 과태료와 벌금은 예상문제 위주로 학습하도록 한다.

MEMO

- 피부(미용업) : 의료기기나 의약품을 사용하지 않는 피부 상태 분석, 피부 관리, 제모, 눈썹 손질을 하는 영업
- 손톱, 발톱(미용업) : 손톱과 발톱을 손질・화장하는 영업
- 화장, 분장(미용업) : 얼굴 등 신체의 화장, 분장 및 의료기기나 의약품을 사용하지 않는 눈썹 손질을 하는 영업
- 종합(미용업) : 위의 업무를 모두 하는 영업

(4) 공중이용시설

다수인이 이용함으로써 이용자의 건강 및 공중위생에 영향을 미칠 수 있는 건축물 또는 시설로서 대통령령이 정하는 것을 말한다.

2 공중위생업의 신고 및 폐업

(1) 영업신고

공중위생업을 하고자 하는 자는 공중위생영업의 종류별로 보건복지부령이 정하는 시설 및 설비를 갖추고 시장, 군수, 구청장에게 신고하여야 한다.

영업신고 첨부서류
- 영업시설 및 설비개요서
- 면허증
- 교육필증(미리 교육을 받은 사람만 해당)

(2) 폐업신고

공중위생영업을 폐업한 경우에는 폐업한 날로부터 20일 이내에 시장, 군수, 구청장에게 신고하여야 한다. 폐업한 날부터 20일 이내에 폐업신고를 하지 않으면 300만 원 이하의 과태료가 부과된다.

(3) 공중위생영업의 승계

- 공중위생영업자는 그 공중위생영업을 양도하거나 사망한 때 또는 법인의

MEMO

합병이 있는 때에는 그 양수인, 상속인 또는 합병 후 존속하는 법인이나 합병에 의하여 설립되는 법인은 그 공중위생영업자의 지위를 승계한다.

- 민사집행법에 의한 경매, 〈채무자 회생 및 파산에 관한 법률〉에 의한 환가나 〈국세징수수법〉, 〈관세법〉 또는 〈지방세법〉에 의한 압류재산의 매각, 그 밖에 이에 준하는 절차에 따라 공중위생영업 관련 시설 및 설비의 전부를 인수한 자는 이 법에 의한 공중위생영업자의 지위를 승계한다.
- 이용업 또는 미용업의 경우에는 면허를 소지한 자에 한하여 공중위생영업자의 지위를 승계할 수 있다.
- 공중위생영업자의 지위를 승계한 자는 1개월 이내에 보건복지부령이 정하는 바에 따라 시장, 군수 또는 구청장에게 신고하여야 한다.
- 미용업을 폐업한 자는 폐업한 날부터 20일 이내에 폐업신고를 해야 한다.

3 영업자의 준수사항

공중위생영업자는 그 이용자에게 건강상 위해요인이 발생하지 아니하도록 영업 관련 시설 및 설비를 위생적이고 안전하게 관리하여야 한다.

- 의료기구와 의약품을 사용하지 않는 순수한 화장 또는 피부미용을 한다.
- 미용사 면허증을 영업소 안에 게시한다.
- 보건복지부령이 정하는 미용기구 소독기준 및 방법에 따라 미용기구는 소독을 한 기구와 소독을 하지 아니한 기구로 분리하여 보관하고, 면도기는 1회용 면도날만을 손님 1인에 한하여 사용해야 한다.
- 공중위생영업자가 준수하여야 할 위생관리기준 및 위생관리서비스 제공에 필요한 사항, 건전한 영업질서 유지를 위하여 영업자가 준수하여야 할 사항은 보건복지부령으로 정한다.

MEMO

미용업자의 위생관리기준

- 점 빼기, 귓불 뚫기, 쌍꺼풀 수술, 문신, 박피술 그 밖에 이와 유사한 의료행위를 해서는 안 된다.
- 피부미용을 위하여 〈약사법〉에 따른 의약품 또는 〈의료기기법〉에 따른 의료기기를 사용해서는 안 된다.
- 미용기구 중 소독을 한 기구와 소독을 하지 않은 기구는 각각 다른 용기에 넣어 보관해야 한다.
- 1회용 면도날은 손님 1인에 한하여 사용해야 한다.
- 영업장 안의 조명도는 75 lux(룩스) 이상이 되도록 유지해야 한다.
- 영업소 내부에 미용업 신고증 및 개설자의 면허증 원본을 게시해야 한다.
- 영업소 내부에 최종지불요금표를 게시 또는 부착해야 한다.
- 신고한 영업장 면적이 66m^2 이상인 영업소의 경우 영업소 외부에도 손님이 보기 쉬운 곳에 「옥외광고물 등 관리법」에 적합하게 최종지불요금표를 게시 또는 부착해야 한다. 이 경우 최종지불요금표에는 일부 항목(5개 이상)만을 표시할 수 있다.

4 면허

이용사 또는 미용사가 되고자 하는 자는 다음 각 호의 1에 해당하는 자로서 보건복지부령이 정하는 바에 의하여 시장, 군수, 구청장의 면허를 받아야 한다.

(1) 면허 발급 대상자

- 전문대학 또는 이와 동등 이상의 학력이 있다고 교육부장관이 인정하는 학교에서 이용 또는 미용에 관한 학과를 졸업한 자
- 고등학교 또는 이와 동등의 학력이 있다고 교육부장관이 인정하는 학교에서 이용 또는 미용에 관한 학과를 졸업한 자
- 교육부장관이 인정하는 고등기술학교에서 1년 이상 이용 또는 미용에 관한 소정의 과정을 이수한 자
- 국가기술자격법에 의한 이용사 또는 미용사의 자격을 취득한 자

MEMO

(2) 면허 제한(결격사유자)

- 금치산자
- 정신질환자 또는 간질 환자
- 공중의 위생에 영향을 미칠 수 있는 감염병 환자로서 보건복지부령이 정하는 자(비감염성 제외)
- 마약, 기타 대통령령으로 정하는 약물 중독자
- 이 법을 위반하거나 면허증을 다른 사람에게 대여하여 면허가 취소된 후 1년이 경과되지 아니한 자

(3) 면허 취소

시장, 군수, 구청장은 이용사 또는 미용사가 이 법 또는 이 법의 규정에 의한 명령에 위반한 때, 면허증을 다른 사람에게 대여한 때에는 그 면허를 취소하거나 6월 이내의 기간을 정하여 그 면허의 정지를 명할 수 있다. 다만 정신질환자, 간질 환자 또는 마약, 기타 대통령령으로 정하는 약물 중독자는 그 면허를 취소하여야 한다.

5 업무범위

이용사 또는 미용사의 면허를 받은 자가 아니면 이용업 또는 미용업을 개설하거나 그 업무에 종사할 수 없다. 다만, 이용사 또는 미용사의 감독을 받는 경우는 이용 또는 미용 업무의 보조를 행할 수 있다. 이용 및 미용의 업무는 영업소 외의 장소에서 행할 수 없다.

(1) 위생관리의무 위반

위생관리의무를 위반한 미용업자는 시・도지사(특별시장, 광역시장, 도지사) 또는 시장, 군수, 구청장(자치구의 구청장)으로부터 다음과 같은 개선명령, 영업정지 처분 또는 영업소 폐쇄명령을 받을 수 있다. 천재지변, 그 밖에 부득이한 사유가 있는 경우 개선기간의 연장(최대 6개월)을 신청할 수 있다.

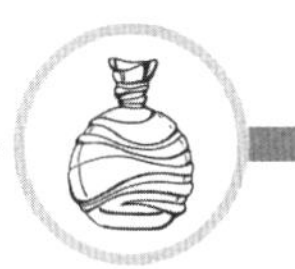

MEMO

행정처분				위반사항
1차 위반	2차 위반	3차 위반	4차 위반	
경고	영업정지 5일	영업정지 10일	영업소 폐쇄명령	소독을 한 기구와 소독을 하지 않은 기구를 각각 다른 용기에 넣어 보관하지 않거나 1회용 면도날을 2명 이상의 손님에게 사용한 경우
영업정지 2개월	영업정지 3개월	영업소 폐쇄명령		피부미용을 위하여 〈약사법〉에 따른 의약품 또는 의료용구를 사용하거나 보관하고 있는 경우 점 빼기, 귓불 뚫기, 쌍꺼풀 수술, 문신, 박피술, 그 밖에 이와 유사한 의료행위를 한 경우
경고 또는 개선명령	영업정지 5일	영업정지 10일	영업소 폐쇄명령	미용업 신고증, 면허증 원본 및 미용요금표를 게시하지 않거나 업소 내 조명도를 준수하지 않은 경우

(2) 과태료

공중위생관리법에 따른 미용업소의 위생관리 의무를 지키지 않은 미용업자는 200만 원 이하의 과태료가 부과된다.

(3) 행정처분의 불이행 시 제재

- 시・도지사 또는 시장・군수・구청장의 개선명령을 이행하지 않은 경우 1차 위반(경고) → 2차 위반(영업정지 10일) → 3차 위반(영업정지 1개월) → 4차 위반(영업소 폐쇄명령) 순으로 제재를 가할 수 있다.
- 영업정지 처분을 받고 그 영업정지 기간 중 영업을 한 경우 1차 위반(영업소 폐쇄명령)에 해당된다.
- 영업소 폐쇄명령을 받고도 계속 영업을 하면 해당 미용업소의 간판 제거, 봉인, 위법업소임을 알리는 게시물 부착 등의 조치를 받을 수 있다.
- 시・도지사 또는 시장, 군수, 구청장의 개선명령을 위반하면 300만 원 이하의 과태료가 부과된다.
- 영업정지 처분을 받고도 그 기간 중에 영업을 하거나 또는 영업소 폐쇄명령을 받고도 계속하여 영업을 한 자는 1년 이하의 징역 또는 1천만 원 이하의 벌금에 처해진다.

MEMO

6 공중위생감시원

특별시, 광역시, 도 및 시・군・구에 대통령령이 정하는 공중위생감시원의 자격, 임명, 업무범위 기타 필요한 사항에 따라 관계공무원의 업무를 행하기 위하여 공중위생감시원을 둔다. 시・도지사는 공중위생의 관리를 위한 지도, 계몽 등을 하기 위해 소비자단체, 공중위생 관련 협회 또는 단체 소속 직원 등을 명예공중위생감시원으로 위촉하여 활동하게 할 수 있다. 명예공중위생감시원의 자격 및 위촉방법, 업무범위 등에 관하여는 대통령령으로 정한다. 미용업자는 시장, 군수 또는 구청장으로부터 통보받은 위생관리등급의 표지를 가게의 명칭과 함께 영업소의 출입구에 부착할 수 있다.

〈명예공중위생감시원이 하는 일〉

- 공무원인 공중위생감시원이 하는 검사대상물의 수거를 지원
- 법령 위반행위에 대한 신고 및 자료 제공
- 그 밖에 공중위생에 관한 홍보, 계몽 등 공중위생관리업무와 관련하여 시・도지사가 따로 정하여 부여하는 업무
- 공중위생 영업자단체의 설립 : 공중위생영업자는 공중위생과 국민보건의 향상을 기하고 그 영업의 건전한 발전을 도모하기 위하여 영업의 종류별로 전국적인 조직을 가지는 영업자 단체를 설립할 수 있다.

7 위생관리등급

시장, 군수, 구청장은 시・도지사(특별시장, 광역시장, 도지사)의 위생서비스 평가계획에 따라 미용업소의 위생서비스 수준 평가를 2년마다 실시하되, 미용업소의 보건, 위생관리를 위하여 특히 필요한 경우에는 보건복지부장관이 정하여 고시하는 바에 따라 평가주기를 달리할 수 있다.
시장, 군수, 구청장은 위생서비스 평가의 결과에 따라 다음과 같은 위생관리등급을 해당 미용업자에게 통보하고 이를 공표하여야 한다.

MEMO

구 분	위생관리등급
최우수업소	녹색 등급
우수업소	황색 등급
일반관리대상 업소	백색 등급

8 위생교육

(1) 위생교육 이수

미용업자(양수인, 승계인 포함)는 위생교육 실시기관으로부터 매년 3시간의 위생교육을 받아야 한다. 위생교육은 〈공중위생관리법〉 및 관련 법규, 소양교육(친절 및 청결에 관한 사항 포함), 기술교육, 그 밖에 공중위생에 관하여 필요한 내용을 교육한다. 이 경우 위생교육 실시단체는 교육교재를 편찬하여 교육대상자에게 제공해야 한다.

(2) 영업장별 공중위생 책임자 지정

미용업자 중 영업에 직접 종사하지 않거나 2개 이상의 장소에서 영업을 하는 자는 종업원 중 영업장별로 공중위생에 관한 책임자를 지정하고 그 책임자로 하여금 위생교육을 받게 해야 한다.

(3) 도서벽지지역 미용업자의 위생교육

미용업자 중 보건복지부장관이 고시하는 도서벽지지역에서 미용업을 하는 자는 공중위생교육 교재를 배부받아 이를 익히고 활용함으로써 교육을 받은 것으로 할 수 있다.

(4) 위생교육 수료증

위생교육을 수료한 자는 위생교육 실시단체의 장으로부터 수료증을 교부받는다. 수료증을 교부한 위생교육 실시단체의 장은 교육 실시 결과를 교육 후 1개월 이내에 시장, 군수 또는 구청장(자치구의 구청장을 말함)에게 통보해야 하며, 수료증 교부대장 등 교육에 관한 기록을 2년 이상 보관, 관리해야 한다.

MEMO

(5) 위생교육 실시단체

위생교육 실시단체는 보건복지부장관이 허가, 고시한 단체 또는 〈공중위생관리법〉 제16조에 따라 공중위생업자가 설립한 단체가 할 수 있다.

(6) 위반 시 행정처분

위생교육을 받지 않은 미용업자는 시장, 군수 또는 구청장으로부터 다음과 같은 행정처분을 받을 수 있다. 단 해당 영업정지 처분이 고객들에게 심한 불편을 주거나 그 밖에 공익을 해칠 우려가 있다고 시장, 군수 또는 구청장이 판단한 경우 미용업자는 영업정지를 대신해 과징금 처분(위반행위의 종류, 정도 등 감안하여 최대 3천만 원 한도)을 받는다.

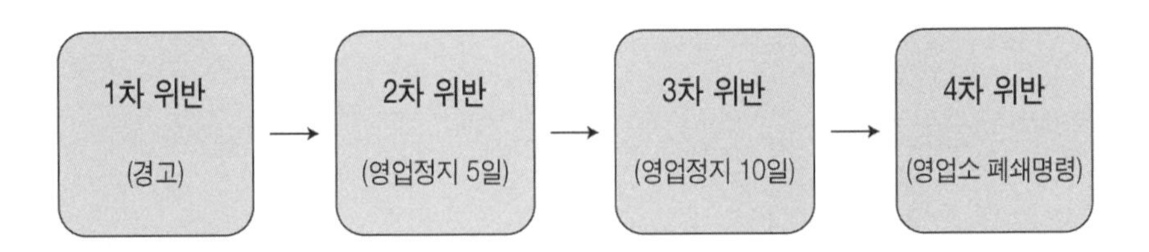

(7) 과태료

과태료	위반행위
20만 원	위생교육을 받지 아니한 자
30만 원	폐업신고를 하지 아니한 자
50만 원	미용, 이용업소의 위생관리 의무를 지키지 아니한 자
70만 원	영업소 외의 장소에서 이용 또는 미용업무를 행한 자
100만 원	• 보고를 하지 아니하거나 관계공무원의 출입·검사, 기타 조치를 거부·방해 또는 기피한 자 • 개선명령에 위반한 자

MEMO

9 시행령 및 시행규칙 관련사항

(1) 행정처분

- 행정기관이 법규에 따라서 특정사건에 관하여 권리를 설정하기도 하며 의무를 명하기도 하는 행정행위로서 공중위생영업자가 공중위생관리법 및 관계 법령을 준수하지 아니하였을 경우 그 위반행위의 종별에 따라 행정(제재)처분을 하도록 되어 있다.
- 공중위생관리법의 행정처분 유형으로는 면허취소 및 업무정지, 영업소 폐쇄명령, 영업정지, 개선명령, 경고 등이 있다.
- 행정절차법 준수 : 공중위생 영업자에게 행하는 부담적 행정행위로서 행정절차법의 제 규정에 따라 청문 및 행정처분의 사전통지 등을 선행한 후 행정처분을 실시한다.

(2) 벌칙규정

① 1년 이하의 징역 또는 1천만 원 이하의 벌금

- 무신고 영업자
- 영업정지 명령, 일부 시설의 사용 중지명령, 영업소 폐쇄명령을 받고도 계속하여 시설을 사용하거나 영업한 자

② 6월 이하의 징역 또는 5백만 원 이하의 벌금

- 변경신고를 하지 아니한 자
- 영업자 지위승계 신고를 하지 아니한 자
- 건전한 영업질서 유지를 위한 영업자 준수사항을 지키지 아니한 자

③ 3백만 원 이하의 벌금

- 위생관리기준 또는 오염허용기준을 지키지 아니한 자로서 개선명령에 따르지 아니한 자
- 면허가 취소된 후 계속하여 업무를 행한 자 또는 면허정지 기간 중에 업무를 행한 자
- 규정에 위반하여 이용 또는 미용의 업무를 행한 자

MEMO

(3) 행정처분기준

위반사항	행정처분기준			
	1차 위반	2차 위반	3차 위반	4차 위반
시설의 구조·설비가 기준에 미달한 때	개수 또는 개선명령	영업정지 15일	영업정지 1월	영업소 폐쇄명령
규정에 위반하여 변경신고를 하지 아니하고 영업소의 소재지를 변경한 때	영업소 폐쇄명령			
규정에 위반하여 영업자의 지위를 승계한 후 1월 이내에 신고하지 아니한 때	개선명령	영업정지 10일	영업소 폐쇄명령	
영업신고를 한 후 정당한 사유 없이 영업을 개시하지 아니한 때	개선명령	영업소 폐쇄명령		
폐업신고를 하지 아니하고 폐업한 때	개선명령	영업소 폐쇄명령		
휴업 및 재개업 신고를 하지 아니하고 휴업 또는 재개업한 때	개선명령	영업정지 5일	영업정지 10일	영업소 폐쇄명령
위생관리 기준에 따라 위생관리를 하지 아니한 때	경고	영업정지 10일	영업정지 20일	영업소 폐쇄명령
위생교육을 받지 아니한 때	경고	영업정지 5일	영업정지 10일	영업소 폐쇄명령
영업정지 처분을 받고 영업정지 기간 중에 영업을 한 때	영업소 폐쇄명령			

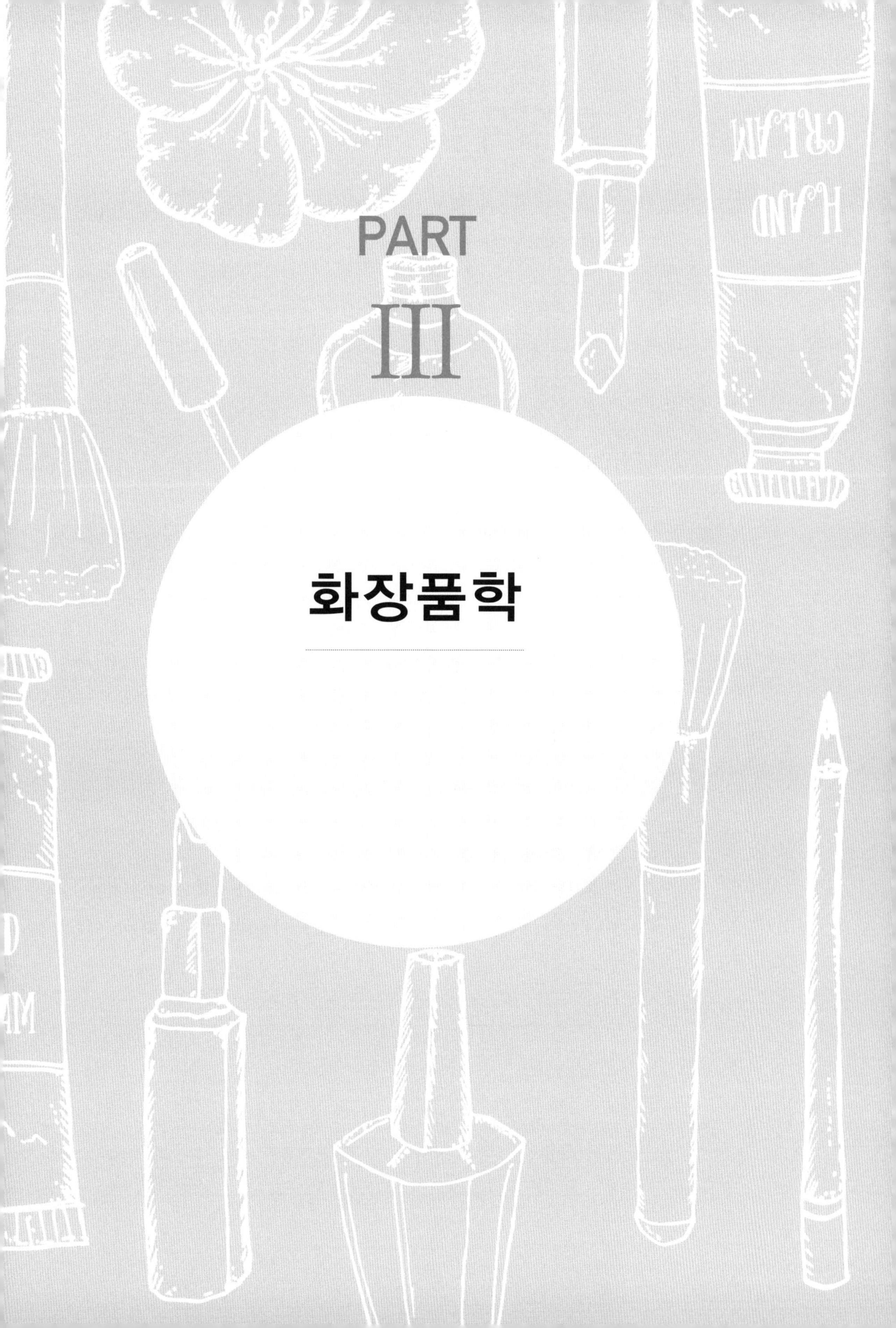

PART III

화장품학

CHAPTER 01

화장품학 개론

MEMO

1 화장품의 정의

(1) 화장품

인체를 청결·미화하여 매력을 더하고 용모를 밝게 변화시키거나 피부·모발의 건강을 유지 또는 증진하기 위하여 인체에 바르고 문지르거나 뿌리는 등 이와 유사한 방법으로 사용되는 물품으로서 인체에 대한 작용이 경미한 것을 말한다. 다만, 의약품에 해당하는 물품은 제외한다(화장품법 제2조 제1항).

(2) 기능성 화장품

화장품 중에서 다음 각 항목 중 어느 하나에 해당되는 것으로서 총리령으로 정하는 화장품을 말한다(화장품법 제2조 제2항).

- 피부의 미백에 도움을 주는 제품
- 피부의 주름 개선에 도움을 주는 제품
- 피부를 곱게 태워 주거나 자외선으로부터 피부를 보호하는 데 도움을 주는 제품

(3) 유기농 화장품

유기농 원료, 동식물 및 그 유래 원료 등으로 제조되고, 식품의약품안전처장이 정하는 기준에 맞는 화장품을 말한다(화장품법 제2조 제3항).

| 화장품, 의약부외품, 의약품 구별기준 |

구 분	화장품	의약부외품	의약품
사용 대상	정상인	정상인	환자
사용 목적	청결, 미화, 유지	위생, 미화	질병 치료, 진단
사용 기간	장기간, 지속적	장기간 혹은 단기간	일정기간
부작용	없어야 함	없어야 함	일부 부작용 있어도 무방
판매경로 제한	없음	없음	있음(의사 처방)

MEMO

2 화장품의 분류

화장품은 영·유아용 제품류, 목욕용 제품류, 인체 세정용 제품류, 눈 화장용 제품류, 방향용 제품류, 두발 염색용 제품류, 색조 화장용 제품류, 두발용 제품류, 손발톱용 제품류, 면도용 제품류, 기초화장용 제품류, 체취방지용 제품류로 나누어지며, 사용 부위에 따라 안면용, 전신용, 헤어용, 네일용으로 나누어진다.

분 류	사용 목적	제품 종류
기초 화장품	세정	클렌징 로션/크림/오일, 클렌징폼, 페이셜스크럽
	정돈	화장수, 팩, 마사지크림
	보호	유액(앰플, 세럼, 에센스), 모이스처크림
메이크업 화장품	베이스 메이크업	파운데이션, 메이크업 베이스, 파우더
	포인트 메이크업	아이섀도, 립스틱, 아이라이너, 아이브로우, 치크, 마스카라
모발 화장품	세정	샴푸
	트리트먼트	헤어 린스, 헤어 트리트먼트
	정발	헤어 글레이즈, 무스, 스프레이, 포마드
	퍼머넌트 웨이브	퍼머넌트 웨이브로션, 퍼머넌트 웨이브 1제, 2제
	염모, 탈색	헤어 컬러, 헤어 블리치, 컬러린스
두피 화장품	육모, 양모	육모제, 헤어토닉
	트리트먼트	두피 트리트먼트, 에센스
바디 화장품	세정	비누, 바디클렌저, 입욕제, 바디스크럽
	보호	바디로션, 바디크림, 선스크린, 선탠크림, 선탠오일
	제한, 방취	데오드란트, 샤워코롱
	탈색, 제모	탈색크림, 제모크림
네일 화장품	미화, 보호	베이스코트, 네일 에나멜, 탑코트, 큐티클크림, 네일 보강제, 큐티클오일
구강용 화장품	치마제, 구강청정제	치약, 가글, 필름형 구강청정제
방향 화장품	방향	향수, 오데코롱

화장품 제조

MEMO

1 화장품의 원료

화장품의 구성성분은 수성 원료, 유성 원료, 계면활성제, 보습제, 방부제, 색소, 향료, 산화방지제, 효능 원료 등이 있다.

(1) 수성 원료

① 정제수

세균과 금속이온이 제거된 물로 화장품 원료 중 가장 큰 비율(10% 이상)을 차지하며 화장수, 로션, 크림 등의 기초 성분이다.

② 에탄올

에틸알코올이라고 하며 휘발성이 있고 살균・소독작용을 하며, 피부에 청량감을 주고 가벼운 수렴 효과가 있다.

(2) 유성 원료

① 오일

피부 표면에 친유성 막을 형성하여 수분 증발을 막고 피부 보호 및 유해물질 침투를 방지한다.

- 식물성 오일 : 올리브유, 아보카도유, 아몬드유, 피마자유, 살구씨유, 맥아유 등
- 동물성 오일 : 라놀린, 밍크오일, 난황오일, 스쿠알란 등

② 왁스

실온에서 고체의 유성 성분으로 고급 지방산과 고급 알코올이 결합된 에스테르를 말한다.

- 식물성 왁스 : 카르나우바 왁스, 호호바오일, 칸데릴라 왁스
- 동물성 왁스 : 밀랍, 라놀린

MEMO

③ 합성 유성 원료

- 광물성 오일 : 유동파라핀(미네랄오일), 실리콘오일, 바셀린
- 고급 지방산 : 스테아르산, 팔미틴산, 라우릭산, 미리스트산, 올레인산
- 고급 알코올 : 세틸알코올(세탄올), 스테아릴알코올
- 에스테르 : 부틸스테아레이트, 이소프로필미리스테이트, 이소프로필팔미테이트

(3) 계면활성제

① 정의와 사용범위

한 분자 내에 물을 좋아하는 친수성기와 기름을 좋아하는 친유성기를 함께 갖는 물질로 수성 성분과 유성 성분의 경계면에 흡착하여 표면의 장력을 줄여 균일하게 혼합해 주는 물질로 가용화제, 유화제, 분산제, 기포형성제, 습윤제, 세정제 등으로 사용된다.

② 계면활성제 이온성 분류

분 류	특 징	종 류
양이온성 계면활성제	살균・소독작용, 정전기 발생 억제	헤어 린스, 헤어 트리트먼트
음이온성 계면활성제	세정작용, 기포 형성 작용이 우수	비누, 샴푸, 클렌징폼
양쪽성 계면활성제	세정작용, 정전기 발생 억제, 피부 안정성 좋음	저자극 샴푸, 베이비 샴푸
비이온성 계면활성제	피부 자극이 적어 기초 화장품에 사용	화장수의 가용화제, 크림의 유화제, 클렌징크림의 세정제, 분산제

③ 계면활성제의 피부자극 정도

양이온성 〉 음이온성 〉 양쪽성 〉 비이온성

(4) 보습제

피부의 건조함을 막아 피부를 촉촉하게 하는 물질로 수분 흡수 능력과 수분 보유성이 강하며 피부와의 친화성과 안전성이 있어야 한다.

MEMO

① 보습제 종류

- 폴리올 : 글리세린, 폴리에틸렌글리콜(PEG), 프로필렌글리콜(PPG), 부틸렌글리콜(BG), 솔비톨
- 천연보습인자(NMF) : 아미노산(40%), 젖산(12%), 요소(7%), 지방산, 피롤리돈카르복시산(Sodium PCA)
- 고분자 보습제 : 히알루론산염, 가수분해 콜라겐

(5) 방부제

미생물에 의한 변질 방지, 세균 성장을 억제하여 화장품의 보존 안정성과 사용 안전성을 유지하기 위해 첨가하는 물질이다.

① 방부제 종류

- 파라벤류(파라옥시향산에스테르－화장품에 가장 많이 쓰임) : 메틸파라벤, 에틸파라벤, 프로필파라벤, 부틸파라벤
- 이미다졸리디닐우레아 : 파라벤류 다음으로 독성이 적어 유아용 샴푸와 기초 화장품 등에 널리 사용
- 페녹시에탄올 : 메이크업 제품에 많이 사용
- 이소치아졸리논 : 샴푸와 같이 씻어 내는 제품에 사용

(6) 색소

화장품의 색을 조정, 피부색을 보정하고 아름답게 보이기 위해 사용한다.

① 염료

물 또는 오일에 녹는 색소로 화장품 자체에 시각적인 색상을 부여한다.

② 안료

물, 오일 모두에 녹지 않는 색소로 메이크업 제품에 사용된다.

－ 무기안료, 유기안료, 레이크, 펄안료

MEMO

③ 천연색소

헤나, 카르타민, 클로로필 등 동식물에서 얻어 안전성이 높으나 대량생산이 불가능하고 착색력, 광택, 지속성이 약해 많이 사용되지 않는다.

(7) **향료**

화장품 원료의 특이한 향취를 중화하거나 좋은 향을 부여해 사용감과 화장품의 이미지를 높이기 위해 사용된다.

① 천연향료

- 동물성 향료 : 사향, 영묘향, 용연향
- 식물성 향료 : 에센셜오일

② 합성향료

- 단리향료(화학적 합성)
- 순합성 향료

③ 조합향료

천연향료, 합성향료를 조합한 향료

(8) **산화방지제**

화장품의 제조, 보관, 유통, 판매, 사용 단계에서 유성 성분이 공기 중의 산소를 흡수하여 자동산화하는 것을 방지하기 위해 첨가하는 물질로, 항산화제라고도 한다.

① 산화방지제 종류

- 디부틸히드록시톨루엔(BHT)
- 부틸하이드록시아니솔(BHA)
- 비타민 C(아스코빌팔미테이트)
- 비타민 E(토코페롤)

MEMO

(9) 미백제

멜라닌 생성을 억제하거나 색소 침착을 방지하는 원료이다.

① 미백제 종류와 역할

- 티로시나제 작용 억제 : 알부틴, 코직산, 감초, 닥나무 추출물
- 도파의 산화를 억제 : 비타민 C
- 멜라닌 세포를 사멸 : 하이드로퀴논
- 각질 세포를 벗겨내 멜라닌 색소를 제거 : 알파하이드록시산 (α-Hydroxy Acid : AHA)

② AHA 종류

- 글리콜릭산(사탕수수)
- 젖산(발효유)
- 주석산(포도)
- 구연산(감귤류)
- 사과산

(10) pH 조절제

화장품에 사용가능한 pH는 3~9이다. 시트러스 계열은 화장품의 pH를 산성화시키며 암모늄카보네이트는 알칼리화시켜 준다.

(11) 자외선 차단제(SPF)

① 자외선 산란제

물리적으로 산란작용을 이용한 제품으로, 피부에서 자외선을 반사하며 피부에 자극을 주지 않고 비교적 안전하나 백탁현상이 있다.

– 이산화티탄, 산화아연, 탈크

② 자외선 흡수제

화학적인 흡수작용을 이용한 제품으로 자외선의 화학에너지를 미세한 열에너지로 바꾼다. 사용감이 우수하나 피부에 자극을 줄 수 있다.

– 벤조페논, 옥시벤존, 옥틸디메칠파바

MEMO

③ SPF(Sun Protection Fator) : UV-B 방어지수

$$SPF = \frac{\text{자외선 차단제를 도포한 피부의 최소 홍반량(MED)}}{\text{자외선 차단제를 도포하지 않은 대조 부위의 최소 홍반량(MED)}}$$

④ PA(Protection UVA) : UV-A 방어지수

PA+(UV-A 2~4시간 차단) / PA++(UV-A 2~8시간 차단) / PA+++(UV-A 8시간 차단)

(12) 착색제(인공선탠제)

피부 각질층의 아미노산을 갈색으로 착색 : 다이하이드록시아세톤

(13) 노화, 주름 개선제

항노화, 재생작용을 하는 원료를 말한다.

① 노화, 주름 개선제 종류

- 세포생성 촉진 : 레티놀, 레티닐팔미테이트
- 피부탄력, 주름 개선 : 아데노신
- 항산화제 : 비타민 E, 슈퍼옥시드 디스무타아제(SOD)
- 피부유연, 재생 : 베타카로틴(비타민 A)

(14) 항염, 살균·소독작용 원료

주로 여드름 피부용 화장품에 사용된다.

- 항염증, 피부진정 : 아줄렌, 위치하젤, 비타민 P, 비타민 K, 판테놀, 리보플래빈
- 피지조절, 살균기능 : 살리실산, 유황, 캄퍼

MEMO

2 화장품의 기술

화장품은 분산, 유화, 가용화, 혼합, 분쇄, 성형 및 포장 공정 등의 제조공정에 의해 생산된다.

(1) 가용화

물과 물에 녹지 않는 소량의 오일이 계면활성제에 의해 용해되어 있는 상태로 투명한 색을 보인다. 화장수, 에센스, 향수, 립스틱, 네일 에나멜, 포마드, 헤어토닉 등이 이에 해당된다.

(2) 유화

물과 오일 성분처럼 섞이지 않는 원료를 계면활성제와 유화장치를 이용하여 혼합시키는 기술로 물과 기름이 우윳빛으로 불투명하게 섞인 것을 유화라고 한다.

① W/O(유중수형 에멀전) : 크림

오일 베이스에 물이 분산되어 있는 상태(크림류)로 사용감이 무겁고 유분감이 많아 피부 흡수가 느리다.

② O/W(수중유형 에멀전) : 로션

물 베이스에 오일이 분산되어 있는 상태(로션류)로 피부 흡수가 빠르고 사용감이 산뜻하고 가벼우나 지속성이 낮다.

(3) 분산

물 또는 오일 성분에 미세한 고체입자를 계면활성제와 수용성 고분자 등을 이용하여 균등하게 분산시킨다. 립스틱, 아이섀도, 마스카라, 아이라이너, 파운데이션 등이 이에 해당된다.

(4) 포장

반제품을 완제품으로 생산하는 작업과정이다.

MEMO

3 화장품의 특성

(1) 화장품의 4대 요건

요 건	내 용
안전성	피부에 대한 자극, 경구독성, 이물혼입, 파손 등이 없을 것
안정성	제품의 보관에 따라 냄새가 변하거나 변색, 변질, 미생물의 오염 등이 없을 것
사용성	피부에 대한 피부 친화성, 흡수감, 발림성, 형상, 크기, 중량, 기능성, 휴대성이 좋고 향, 색, 디자인 등이 우수할 것
유효성	피부에 적절한 보습효과, 노화 방지, 자외선 차단, 미백, 탈모 방지, 세정작용, 채색효과 등을 부여할 것

(2) 화장품 사용 시 주의사항

- 화장품을 사용하여 다음과 같은 이상이 있는 경우에는 사용을 중지한다.
  - 사용 중 붉은 반점, 부어오름, 가려움증, 자극 등의 이상이 있는 경우
  - 적용 부위가 직사광선에 의하여 위와 같은 이상이 있는 경우
- 상처가 있는 부위, 습진 및 피부염 등의 이상이 있는 부위에는 사용을 하지 않는다.
- 보관 및 취급 시에는 다음의 주의사항에 따른다.
  - 사용 후에는 반드시 마개를 닫아 둘 것
  - 유아・소아의 손이 닿지 않는 곳에 보관할 것
  - 고온 또는 저온의 장소 및 직사광선이 닿는 곳에는 보관하지 말 것

(3) 화장품 제품 표기사항

- 화장품의 명칭
- 제조업자, 제조판매업자의 상호 및 주소
- 화장품 제조에 사용된 성분
- 내용물의 용량 또는 중량
- 제조번호
- 사용기한 또는 개봉 후 사용기간

화장품의 종류와 기능

MEMO

1 기초 화장품

피부의 청결을 돕고 유해한 환경으로부터 피부를 보호하며 수분 균형 유지와 신진대사를 촉진시켜 피부를 건강하고 아름답게 유지하기 위한 목적으로 사용되는 제품이다.

(1) **세안용 화장품**

제 품	특 징
비누	• 계면활성제의 일종으로 피부의 노폐물 제거 • 피부에서 유・수분을 과도하게 제거해 피부 건조 유발
클렌징크림	• 광물성 오일(유동 파라핀)이 40~50% 함유 • 피부 세정효과 높음 • 피지 분비량이 많고 짙은 메이크업 시 효과적
클렌징로션	• 식물성 오일 함유로 이중세안이 불필요함 • 수분을 많이 함유하고 있어 사용감이 좋고 자극이 적음 • 세정력이 클렌징크림보다 떨어지므로 가벼운 메이크업 시 사용
클렌징오일	• 물에 유화되는 수용성 오일로 건성, 노화, 민감한 피부에 적합 • 짙은 메이크업 시 효과적
클렌징폼	• 세정력이 우수하며 보습제를 함유하고 있어 사용 후 피부 건조 방지 • 피부에 자극이 적어 민감하고 약한 피부에 좋음
클렌징젤	유성 타입: 짙은 메이크업에 효과적 수성 타입: • 유성 타입에 비해 세정력이 약해 가벼운 메이크업을 지울 때 적합 • 사용 후 피부가 촉촉하고 매끄러워 사용감이 좋음
클렌징워터	• 가벼운 메이크업 시 적합 • 피부를 청결히 닦아 낼 목적으로도 사용

(2) **조절용 화장품**

피부의 수분공급과 pH 조절, 피부 정돈을 목적으로 사용되는 제품이다.

MEMO

① 유연화장수

보습제와 유연제 함유로 피부를 부드럽게 하며, 스킨로션, 스킨소프너, 스킨토너가 있다. pH에 따라 약알칼리성(보습), 중성(탄력), 약산성(세균침투 예방)으로 나뉘며 기능에 차이가 난다.

② 수렴화장수

알코올 성분 함유로 모공 수축작용과 피지분비 억제, 피부 소독 등의 효과가 있으며, 아스트리젠트, 토닝로션 등이 있다.

(3) 보호용 화장품

① 로션, 에멀전

- O/W형의 묽은 유액으로 피부 흡수가 빠르며 사용감이 가볍고 피부에 부담이 적어 지성 피부, 여름철 정상 피부에 사용한다.
- 피부에 수분(60~80% 함량)과 유분(30% 이하 함량)을 공급해 준다.

② 크림

- 유화제에 따라 O/W형, W/O형으로 나누어지며 유분감이 많아 피부 흡수가 더디고 사용감이 무겁다.
- 피부에 보습, 보호 작용을 하며 유효성분들이 피부 문제점을 개선해 준다.

종 류	기 능
데이크림	피부에 수분을 공급하고 낮 동안의 외부 자극으로부터 피부를 보호
나이트크림	피부에 영양, 보습, 재생 효과를 주며 유분 함량이 높음
콜드크림	• 피부 도포 시 차가운 느낌이라 붙여진 이름 • 마사지용 크림으로 혈액순환과 신진대사를 촉진
모이스처크림, 에몰리언트크림	피부 보습, 피부 유연 효과
화이트닝크림	피부 미백 효과
아이크림, 안티링클크림	눈가의 잔주름 완화 및 예방, 피부 탄력 향상
선크림	자외선 차단 효과
바디크림	유·수분 공급과 피부 건조 방지
핸드크림	피부 보호, 건조 예방

MEMO

③ 에센스

고농축 보습성분을 함유하고 있어 피부를 보호하고 영양을 공급하며, 흡수가 빠르고 사용감이 가볍다.

④ 마스크, 팩

- 마스크 : 외부 공기 유입과 수분 증발을 차단, 피부를 유연하게 하고 영양성분의 침투를 용이하게 한다.
- 팩 : 얇은 피막을 형성하지만 딱딱하게 굳지 않고 흡착작용, 각질 제거, 청정작용, 보습작용을 한다.

구 분	특 징
필오프 타입	팩이 건조된 후에 형성된 투명한 피막을 떼어 내는 형태
워시오프 타입	팩 도포 후 일정 시간이 지난 후 미온수로 닦아 내는 형태
티슈오프 타입	티슈로 닦아 내는 형태
시트 타입	시트를 얼굴에 올려놓았다 제거하는 형태

2 메이크업 화장품

자외선으로부터 피부 보호, 피부색을 균일하게 정돈, 색채감 부여 등 장점을 강조하고 결점을 보완하여 미적 효과를 내기 위한 제품이다.

(1) 베이스 메이크업

① 메이크업 베이스

피지막을 형성하여 피부를 보호, 파운데이션의 밀착성・지속성을 높이고 색소침착을 막아 준다.

② 파운데이션

피부톤 정리, 얼굴 윤곽 수정, 피부 결점 보완, 자외선 및 외부 자극으로부터 피부를 보호해 준다.

MEMO

③ 파우더

- 파운데이션의 유분기를 제거하고 화장의 지속력을 높여 준다.
- 페이스파우더 : 가루분, 루스파우더라 하며 사용감이 가벼우나 휴대와 사용이 불편하다.
- 콤팩트파우더 : 고형분, 프레스파우더라 하며 페이스파우더를 압축시킨 파우더로 휴대와 사용이 간편하나 페이스파우더에 비해 무게감이 느껴진다.

(2) 포인트 메이크업

제 품	효 과
아이브로우	눈썹 모양, 색을 조정
아이섀도	눈 주위에 명암과 색채감을 부여하여 눈매를 아름답고 입체감 있게 표현
아이라이너	눈의 윤곽을 또렷하게 해주어 눈이 크고 생동감 있게 표현
마스카라	속눈썹을 짙고 풍성하게 해주어 눈매를 선명하게 표현
치크	얼굴 윤곽에 입체감을 부여하며 얼굴색을 건강하고 아름답게 표현
립스틱	• 입술에 색감을 주어 입술 모양 보완 • 입체감, 광택을 부여 • 건조와 자외선으로부터 입술을 보호

3 모발 화장품

(1) 세발용

① 샴푸

- 모발과 두피를 세정하여 비듬과 가려움을 덜어 주며 건강하게 유지시킨다.
- 거품이 잘 나야 하며 거품의 지속성을 가져야 한다.
- 두피를 자극하여 혈액순환을 좋게 하고 모근을 강화시킨다.
- 모발에 광택과 윤기를 부여한다.
- 세정력은 우수하되 과도한 피지 제거로 두피와 모발에 손상, 건조가 없어야 한다.

MEMO

② 린스

- 샴푸 후 감소된 모발의 유분을 공급하며 윤기를 더해 준다.
- 모발의 정전기 발생 방지, pH 조절, 표면을 보호한다.
- 샴푸 후 불용성 알칼리 성분을 중화시켜 준다.

(2) **정발용**

세정 후 모발에 유분을 공급하고 보습효과를 주며 모발을 원하는 형태로 스타일링하거나 고정시켜 주는 세팅의 목적으로 사용되는 제품이다.

종 류	기 능
헤어오일	유분 및 광택을 주며 모발을 정돈, 보호
포마드	반고체 형태로 식물성과 광물성으로 구분, 주로 남성용 정발제로 쓰임
헤어크림	• 모발을 정돈, 보습 • 광택을 주며 유분이 많아 건조한 모발에 적합
헤어로션	모발에 보습을 주며 끈적임이 적음
헤어스프레이	모발에 분사하는 타입으로 세팅된 헤어스타일을 일정하게 유지・고정
헤어젤	투명하고 촉촉한 타입으로 모발을 원하는 스타일로 자유롭게 연출 가능
헤어무스	거품을 내어 모발에 도포하는 타입으로 모발을 원하는 스타일로 연출 가능

(3) **트리트먼트**

모발의 손상을 방지하고 손상된 모발을 복구해 주는 제품이다.

종 류	기 능
헤어 트리트먼트 크림	손상된 모발에 영양을 공급하고 모발의 건강 회복
헤어 팩	집중 트리트먼트 효과
헤어 코트	고분자 실리콘을 사용하여 갈라진 모발의 회복을 돕고 모발의 갈라짐을 방지하며 코팅 효과
헤어 블로우	• 모발의 유・수분을 공급하고 드라이어 사용 시 모발을 보호 • 컨디셔닝 효과, 헤어스타일링 효과

(4) **양모용**

- 살균력이 있어서 두피나 모발에 쾌적함을 주고 청결히 해준다.
- 두피의 혈액순환을 촉진하고 비듬과 가려움을 제거한다.

MEMO

(5) **염모용**

모발의 염색, 탈색을 목적으로 사용하는 제품으로 모발을 원하는 색으로 변화시켜 준다.

(6) **탈색용**

헤어 블리치라고도 하며 모발의 색을 빼서 원하는 색조로 밝고 엷게 해준다.

(7) **퍼머넌트용**

모발에 물리적인 방법과 화학적인 방법으로 영구적인 웨이브를 만든다.

4 바디 관리 화장품

얼굴을 제외한 전신의 넓은 부위에 사용하는 제품으로 피부를 청결하게 해주며 피부의 유·수분 균형을 조절해 건강한 피부를 유지해 주는 제품이다.

(1) **세정제**

피부의 노폐물을 제거하여 청결하게 해주며, 바디샴푸, 비누가 대표적이다.

(2) **각질제거제**

노화된 각질을 부드럽게 제거해 주며, 바디스크럽, 바디솔트, 바디슈가 등이 대표적이다.

(3) **트리트먼트제**

바디 세정 후 피부의 건조함을 방지하며 피부 표면을 보호·보습해 준다. 바디로션, 바디오일, 바디크림이 대표적이다.

(4) **체취방지제**

신체의 불쾌한 냄새를 예방하거나 냄새의 원인이 되는 땀 분비를 억제해 주며, 데오드란트 스프레이, 데오드란트 스틱, 데오드란트 로션이 대표적이다.

MEMO

5 네일 화장품

손톱에 광택과 색채를 부여하여 미적 효과를 주며, 수분과 영양을 공급하고 건강한 손톱으로 보호, 유지시켜 주는 제품이다.

종 류	기 능	주원료
네일 폴리시	폴리시, 락카, 컬러라고도 하며 손톱 표면에 딱딱하고 광택이 있는 피막을 형성하는 유색화장품	피막형성제 : 니트로셀룰로오스
베이스코트	폴리시를 도포하기 전에 도포하여 손톱 표면에 착색과 변색을 방지하고 폴리시의 밀착성을 높임	
탑코트	폴리시 위에 도포하여 에나멜의 광택과 내구성을 높임	니트로셀룰로오스
폴리시 리무버	폴리시를 용해시켜 제거	
큐티클오일	큐티클과 네일에 유・수분 공급하며 네일 주변의 피부조직을 유연하게 함	호호바오일, 아몬드오일, 아보카도오일
큐티클 리무버	네일 주변의 죽은 각질 세포를 부드럽게 해주어 정리, 제거할 때 사용	트리에탄올아민, 글리세린, 정제수
큐티클크림	네일과 네일 주변의 피부에 트리트먼트 효과	
네일 보강제	찢어지거나 갈라지는 손톱에 영양을 공급하여 단단하게 보강	프로틴 하드너
네일 표백제	누렇게 변색된 손톱 표면을 탈색할 때 사용	과산화수소수, 레몬산
띠너	끈끈해지고 굳어져 가는 에나멜을 다시 묽게 녹임	

6 향수

향수는 후각적인 아름다움을 부여하여 개인의 매력을 높여 주고 개성을 표현하는 제품이다.

(1) 좋은 향수의 조건

격조 높은 세련된 향으로 향에 특징이 있고 확산성, 지속성이 좋아야 하며 향기의 조화가 적절해야 한다.

MEMO

(2) 발향 단계에 따른 분류

단 계	특 징
탑노트 (향의 첫 느낌)	향수를 처음 뿌리고 5~10분 후 나타나는 향으로 가볍고 휘발성이 강함(시트러스 계열)
미들노트 (향의 중간 느낌)	30분~1시간 경과 후 나타나는 향(플로럴, 오리엔탈, 스파이시 계열)
베이스노트 (향의 마지막 느낌)	2~3시간 지난 후에 느껴지는 향으로 마지막까지 은은하게 유지됨(우디, 엠버, 오리엔탈 계열)

(3) 농도에 따른 분류

유 형	부향률 (농도)	지속 시간	특 징
퍼퓸 (Perfume)	15~30%	6~7시간	향기가 가장 풍부해 액체의 보석이라고도 불릴 정도로 완성도가 높은 향으로, 향기를 강조하거나 오래 지속시킬 때 사용
오드퍼퓸 – EDP (Eau de perfume)	9~15%	5~6시간	퍼퓸 다음으로 농도가 짙고 지속력과 풍부한 향을 가짐
오드트왈렛 – EDT (Eau de toilette)	5~10%	3~5시간	몸을 정돈하기 위한 물이라는 의미로 상쾌하고 가벼운 느낌으로 전신에 사용함
오드코롱 – EDC (Eau de Cologne)	3~5%	1~2시간	가볍고 신선해서 향수를 처음 접하는 사람에게 적당함
샤워코롱 – SC (Shower Cologne)	1~3%	1시간	목욕이나 샤워 후 사용, 은은하게 전신을 산뜻하고 상쾌하게 해줌

7 에센셜(아로마)오일 및 캐리어오일

(1) 에센셜(아로마)오일

식물의 꽃, 잎, 열매, 줄기, 뿌리 등에서 증류법, 용매추출법, 이산화탄소 추출법, 압착법을 이용하여 추출한 방향성 천연오일이다.

MEMO

① 향의 추출방법

- 수증기 증류법 : 식물을 물에 담가 가온하여 증발되는 향기 물질을 냉각하여 추출한다.
- 용매 추출법 : 휘발성 추출은 에테르, 핵산 등의 휘발성 유기용매를 이용해서 낮은 온도에서 추출하는 방법이다. 비휘발성 추출은 동식물의 지방유를 이용한 추출방법이다.
- 압착법 : 주로 감귤류 겉껍질에 있는 분비낭 세포를 압착하여 추출하는 방법이다.
- 이산화탄소 추출법 : 이산화탄소는 초임계 상태(액체도 기체도 아닌 상태로 순식간에 발산되는 상태)가 될 수 있는 기체로 열에 의한 영향을 받지 않고 짧은 시간 안에 원하는 향을 추출해 낸다.

② 향에 따른 분류

- 플로럴 계열 : 꽃에서 추출하며 로즈, 재스민, 라벤더, 캐모마일 등이 있다.
- 시트러스 계열 : 상큼하고 가벼운 느낌이 나는 향으로 휘발성이 강해 확산성이 좋으나 지속성이 짧다. 레몬, 오렌지, 라임, 그레이프프루트 등이 있다.
- 허브 계열 : 복합적인 식물의 향으로 로즈마리, 바질, 세이지, 페퍼민트 등이 있다.
- 수목 계열 : 중후하고 부드러우며 따뜻한 느낌이 나는 향으로 나무를 연상시키는 향이다. 샌들우드, 삼나무, 유칼립투스 등이 있다.
- 스파이시 계열 : 자극적이고 샤프한 느낌이 나는 향으로 시나몬, 진저 등이 있다.

③ 사용법

- 흡입법 : 공기 중의 향을 들이마시는 방법으로 수건이나 티슈에 떨어뜨린 후 흡입하는 건식흡입법과 따뜻한 증기와 함께 코로 들이마시는 증기흡입법이 있다.
- 발향법 : 아로마 램프, 디퓨저 등을 이용하여 공기 중에 발산시켜 사용한다.
- 목욕법 : 전신 또는 신체 일부를 정유를 넣은 더운물에 15~30분 정도 담그는 방법으로 몸과 마음의 긴장 해소, 피로 회복, 스트레스 해소를 도와준다.

MEMO

- 마사지법 : 마사지 시 마사지 효과를 상승시키고 유효한 성분을 피부에 침투시키기 위해 마사지오일에 블랜딩하여 사용한다.

④ 사용 시 유의사항

- 희석하지 않은 원액의 정유를 피부에 바로 사용하지 않으며 아로마오일의 성분을 파악하고 용량을 지킨다.
- 빛과 열에 약하므로 갈색 유리병에 담아 서늘하고 어두운 곳에 보관한다.
- 패치 테스트를 하여 이상 유무를 확인하고 사용한다.
- 임산부, 고혈압 환자에게 사용 시 반드시 성분 확인 후 금지된 정유는 사용하지 않는다.
- 색소침착의 우려가 있는 감귤류 계열은 감광성에 주의한다.

(2) **캐리어오일**

베이스오일이라고도 하며 에센셜오일과 달리 휘발성이 없다. 불포화 지방산과 비타민, 미네랄 등의 영양성분을 가지고 있어 피부에 연화, 진정 및 영양을 주며, 에센셜오일을 피부에 효과적으로 흡수되도록 도와주는 역할을 한다.

종 류	기 능
호호바오일	• 항감염 피부에 효과가 뛰어나며 피부친화성과 침투력이 우수하다. • 아토피, 여드름, 건성, 지성 등 모든 피부에 사용 가능하다.
스위트아몬드오일	• 비타민과 무기질이 풍부하며 피부에 영양공급과 연화작용을 한다. • 민감성 피부, 어린이 피부, 노화 피부에 적합하다.
아보카도오일	• 비타민 A, B, D와 레시틴 성분이 풍부하다. • 흡수력이 우수하고 세포 재생기능이 있다. • 건성 피부, 노화 피부에 적합하다.
포도씨오일	• 피부 흡수력이 뛰어나며 피부 연화작용을 한다. • 피지 조절에 효과적이며 점성이 없어 사용감이 부드럽다. • 모든 피부에 사용 가능하다.
달맞이꽃 종자유	• 감마리놀렌산(GLA) 함유로 항혈전 · 항염증 작용을 하며 호르몬 조절 기능이 있어 월경전 증후군에 효과적이다. • 마른 버짐, 습진, 피부염, 비듬, 아토피 피부에 사용한다.

MEMO

종 류	기 능
헤이즐넛오일	• 올레인산이 풍부하고 피부에 잘 스며들어 보습효과가 뛰어나다. • 셀룰라이트를 예방하고 탄력과 혈액순환을 촉진하여 튼살에 효과적이다. • 건성 피부에 적합하다.
로즈힙오일	• 리놀렌산, 비타민 C, 팔미톨레산을 함유하고 있다. • 피지에 활력을 주어 노화 피부, 주름에 매우 좋다. • 여드름이나 지성 피부는 사용을 자제해야 하며 노화 피부, 건성, 주름 피부에 적합하다.

8 기능성 화장품

피부의 문제를 개선해 주는 제품으로 미백, 주름 개선, 피부를 곱게 그을리거나 자외선 차단기능을 하는 화장품이다.

(1) 기능성 화장품의 분류 및 특성

① 미백 화장품

피부의 색소침착을 개선해 주는 제품으로, 미백 에센스, 미백 크림, 비타민 C 세럼 등이 있다.

② 주름 개선 화장품

피부의 밀도를 높여 노화를 막고 탄력 증가, 주름 완화에 도움을 주는 제품으로, 주름 개선 에센스, 주름 개선 크림 등이 있다.

③ 선탠 화장품

피부를 균일하게 그을려 건강한 피부 연출을 돕는 제품으로, 피부의 손상을 막기 위해 UV-B 차단 성분이 함유되어 있다. 선탠오일, 선탠젤, 선탠로션 등이 있다.

④ 자외선 차단 화장품

피부 노화와 색소침착의 주범인 자외선을 차단하고 피부를 보호해 주는 제품으로, 선크림, 선스프레이, 선로션 등이 있다.

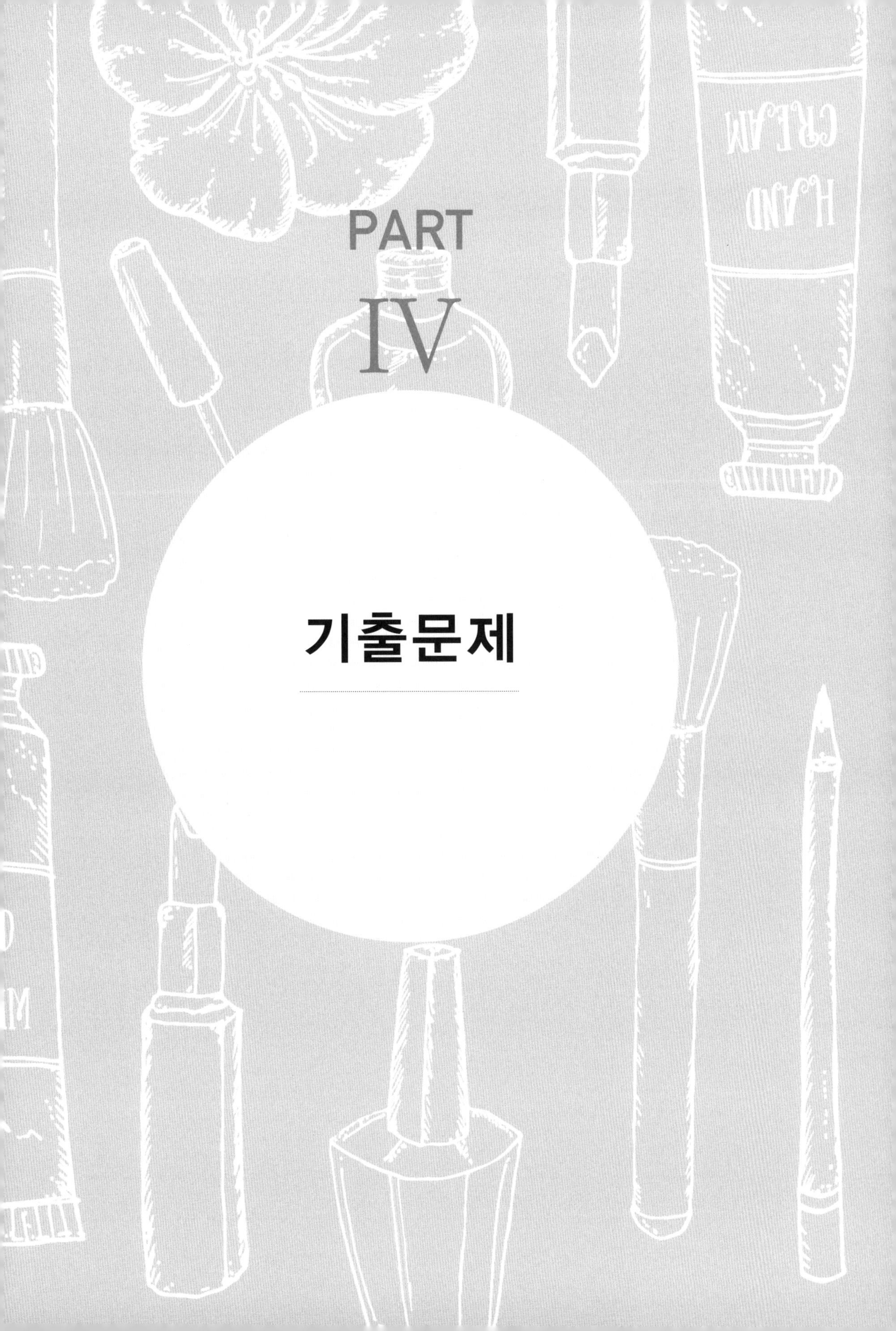

PART IV

기출문제

1 메이크업의 이해

01 현대의 메이크업 목적으로 가장 거리가 먼 것은?

① 개성창출 ② 추위예방
③ 자기만족 ④ 결점보완

02 미용의 특수성에 해당하지 않는 것은?

① 자유롭게 소재를 선택한다.
② 시간적 제한을 받는다.
③ 손님의 의사를 존중한다.
④ 여러 가지 조건에 제한을 받는다.

03 머리 모양 또는 메이크업에서 개성미를 발휘하기 위한 첫 단계는?

① 구상 ② 소재의 확인
③ 보정 ④ 제작

04 미용의 과정이 잘 배열된 것은?

① 소재－구상－제작－보정
② 구상－소재－제작－보정
③ 구상－제작－보정－소재
④ 소재－보정－구상－제작

05 메이크업의 조건에 해당되지 않는 것은?

① 통일 ② 특수성
③ 조화 ④ 대칭

06 메이크업의 조건 중 일관된 이미지를 주어야 한다는 것은?

① 변화 ② 통일
③ 조화 ④ 대칭

07 사전적 의미의 메이크업으로 옳은 것은?

① 있는 그대로를 완성한다.
② 모방한다.
③ 피부를 보호한다.
④ 보완하고 완성시켜 돋보이게 하다.

08 메이크업이란 용어를 대중화시킨 사람은?

① 겔랑 ② 샤넬
③ 맥스 팩터 ④ 크리스찬 디올

정답
01.② 02.① 03.② 04.① 05.② 06.② 07.④ 08.③

09 메이크업이란 용어를 처음 사용한 사람은?

① 뉴튼 ② 리처드 크래쇼
③ 셰익스피어 ④ 맥스 팩터

10 이탈리아에서 전래된 짙은 메이크업으로 셰익스피어의 희곡에 처음 등장한 것은?

① 페인팅 ② 토일렛
③ 마끼아쥬 ④ 드레싱

11 페인팅이라는 용어의 어원에 대한 설명으로 맞는 것은?

① 연백을 원료로 만든 분을 페인트라 불렀다.
② 15세기 이탈리아에서 전래된 짙은 화장을 가리킨다.
③ 탈크에 색상과 향료를 섞어 만든 다채로운 안료로 얼굴에 색칠하는 것을 페인팅이라 불렀다.
④ 리처드 크래쇼가 처음 사용하면서 알려졌다.

12 메이크업의 용어를 잘못 설명한 것은?

① 페인팅은 백납분에 색상과 향료를 섞어 만든 안료를 색칠하는 것을 말한다.
② 토일렛은 메이크업을 포함하는 치장 전반을 말한다.
③ 그리즈는 뷰티 메이크업을 일컫는 용어이다.
④ 마끼아쥬는 분장을 의미하는 프랑스 연극용어이다.

13 현대적 의미의 화장품을 제조한 사람이 아닌 사람은?

① 해리엇 험버드 ② 베샤
③ 겔랑 ④ 퐁파두르

14 메이크업의 현대적 의미로 잘못된 것은?

① 현대에 와서 메이크업 아티스트의 지위 향상
② 자신의 정체성을 표현하는 수단
③ 외형적인 결점을 보완, 장점을 강조해 주는 자기표현의 목적
④ 아름다움을 표현해 주는 미의 창조 작업

15 메이크업에서 인물의 성격, 사고방식, 가치 추구 방향을 그대로 표현하는 기능은?

① 순환적 기능 ② 사회적 기능
③ 심리적 기능 ④ 물질적 기능

정 답
09.② 10.① 11.① 12.③ 13.④ 14.① 15.③

16 메이크업의 조건에 대한 설명으로 맞지 않는 것은?

① 일관성 있는 이미지
② 컬러의 독창성
③ 얼굴의 좌우 대칭
④ 전체적인 이미지의 조화

17 메이크업의 의미에 대해서 바르게 설명하지 않은 것은?

① 메이크업은 분장하다라는 의미이다.
② 신체에 색상을 부여하여 아름다울 수 있도록 하는 것이다.
③ 얼굴의 단점이나 결점을 수정, 보완하는 것이다.
④ 의학, 미술, 화학 등의 여러 분야의 기술을 결합하여 작품을 만드는 행위와는 무관하다.

18 메이크업의 정의와 가장 거리가 먼 것은?

① 화장품과 도구를 사용한 아름다움의 표현 방법이다.
② '분장'의 의미를 가지고 있다.
③ 색상으로 외형적인 아름다움을 나타낸다.
④ 의료기기나 의약품을 사용한 눈썹 손질을 포함한다.

19 다음 중 메이크업 용어에 대한 설명으로 틀린 것은?

① 메이크업은 사전적 의미로는 제작하다, 보완하다라는 뜻이다.
② 화장품이나 도구를 사용해 신체의 아름다운 부분을 돋보이도록 하는 것이다.
③ 장점은 보완하고 단점은 완화하여 개성 혹은 캐릭터를 최대한 돋보이게 하는 작업이다.
④ 메이크업은 뷰티디자인의 한 분야라고 할 수 있다.

20 메이크업의 조건 중 조화에 대한 설명으로 바른 것은?

① T.P.O를 고려한다.
② 전체적인 조화보다는, 모델의 개성이 돋보일 수 있도록 한다.
③ 의상은 고려하지 않아도 된다.
④ 얼굴의 좌우 균형을 잘 맞추어 메이크업 한다.

21 메이크업이 발생한 기원설에 해당하지 않는 것은?

① 본능설 ② 보호설
③ 충족설 ④ 종교설

정답
16.② 17.④ 18.④ 19.③ 20.① 21.③

22 기원설 중 보호설에 해당하는 것은?

① 신령의 힘이나 정령의 힘을 자신의 신체에 싣고자 하는 욕망
② 자연스럽게 표식이나 장식을 하려는 욕망
③ 사회적 지위, 부족의 우월성을 알리기 위한 표시
④ 가스등이나 촛불의 그을음으로 피부의 노화 방지

23 기원설 중 종교설에 해당하지 않는 것은?

① 병이나 악마로부터 부족을 보호하려는 수단이었다.
② 진흙을 이용하여 채색을 하기도 하였다.
③ 문신 등으로 부적의 의미로 사용하기도 하였다.
④ 보호를 위한 우월한 욕구를 표현하는 수단이었다.

24 다음 중 기원설 중 보호설에 관한 설명이 아닌 것은?

① 열악한 기후나 벌레 등으로부터의 보호 수단으로 발전한 것이다.
② 고대 이집트 여인들의 강한 눈 화장도 여기에 해당된다.
③ 계급, 성별, 결혼 여부 등의 구분으로 역할에 따른 위험으로부터 보호하기 위한 수단이었다.
④ 향료를 사용하여 벌레로부터 보호하기도 하였다.

25 메이크업을 표현하는 용어로 피부를 희고 깨끗하게 가다듬는 기초화장을 의미하는 메이크업 용어는?

① 염장 ② 농장
③ 응장 ④ 담장

26 메이크업에 해당하는 순수한 한국어가 아닌 것은?

① 담장 ② 야용
③ 장렴 ④ 장식

27 신부화장, 혼례 때의 의례 차림을 내포한 단어는?

① 염장 ② 담장
③ 응장 ④ 농장

28 고대의 읍루 사람들이 피부노출 부위에 발라 동상을 예방하기 위해 사용한 것은?

① 오줌 ② 돈고(돼지기름)
③ 마늘 ④ 쑥

정 답
22.④ 23.④ 24.③ 25.④ 26.③ 27.③ 28.②

29 일본인들이 백제로부터 화장품의 제조기술과 화장기술을 익혀 비로소 화장을 했다는 기록이 되어 있는 문헌은?

① 삼국사기 ② 규합총서
③ 화한삼재도회 ④ 고려도경

30 1916년 우리나라 화장품 산업 최초의 관허 화장품은?

① 서가분 ② 박가분
③ 최가분 ④ 장가분

31 한국의 메이크업 역사에 대한 설명으로 옳지 않은 것은?

① 신라시대의 미의 기준은 모계사회의 유습에 따른 것이다.
② 고려시대에는 몽골 왕실의 여인들이 연지 곤지를 들여왔다.
③ 백제의 세련된 화장법은 중국에 영향을 주었다.
④ 조선시대에는 유교의 영향을 많이 받았다.

32 한국의 메이크업 역사에 대한 설명으로 옳은 것은?

① 고조선시대의 단군신화에 나오는 쑥과 마늘은 흰 피부색을 선호하는 시대상의 반영이다.
② 고구려는 연지 화장으로 여인들의 직업을 짐작할 수 있었다.
③ 백제는 남성의 화장도 일반적이었다.
④ 신라는 뭉툭한 눈썹과 둥근 얼굴을 선호하였다.

33 고구려시대의 화장법에 대한 설명으로 틀린 것은?

① 연지를 동그랗게 그렸다.
② 눈썹 화장은 짧고 뭉툭하게 그렸다.
③ 백분에 붉은색을 염색한 색분을 썼다.
④ 연지 화장이 직업을 구별 짓는 수단이었다.

34 신라시대의 화랑들이 화장을 한 것에 영향을 미친 사상은?

① 남아선호사상 ② 영육일치사상
③ 도교사상 ④ 윤회사상

35 신분에 따라 분대화장과 비분대화장으로 이원화된 화장 경향을 보여준 시대는?

① 고려시대 ② 신라시대
③ 조선시대 ④ 백제시대

정 답
29.③ 30.② 31.③ 32.① 33.③ 34.② 35.①

36 영육일치사상과 거리가 먼 것은?

① 아름다운 육체에 아름다운 정신이 깃든다.
② 신라
③ 미에 대한 높은 관심
④ 고려

37 신라시대 입술과 연지 화장의 재료로 사용된 것은?

① 쌀겨　② 난초
③ 사향　④ 홍화

38 신라시대의 미의식에 대한 설명으로 틀린 것은?

① 영육일치사상에 의거했다.
② 화장과 화장품이 발달하였다.
③ 햇볕에 그을린 검은 피부를 선호했다.
④ 화랑도 화장과 장식을 더하여 미모를 가꾸었다.

39 통일신라시대의 화장에 대한 설명으로 맞는 것은?

① 중국의 영향을 받아 다소 화려해졌다.
② 고구려의 영향을 받아 화려해졌다.
③ 엷은 화장을 하였다.
④ 남자들만 화장을 하였다.

40 조선시대 국가 행사용 향과 궁중용 향수, 향료를 제조하던 것을 무엇이라 하는가?

① 분장　② 향장
③ 경장　④ 소장

41 조선시대 여러 가지 두발 형태와 입술, 눈썹 그리는 방법, 화장품 제조방법 등이 수록되어 있는 책은?

① 삼국사기　② 고려도경
③ 규합총서　④ 여용국전

42 조선시대에 살결을 곱고 윤기가 흐르는 피부로 가꾸기 위해 사용한 화장품은?

① 미안법　② 미안수
③ 화장유　④ 연향유

43 화장품을 생산하고 관리하는 관청인 보염서가 설치된 시대는?

① 삼국시대　② 고려시대
③ 조선시대　④ 근대 이후

정답

36.④ 37.④ 38.③ 39.① 40.② 41.③ 42.② 43.③

44 조선시대 화장 문화에 관해 틀린 것은?

① 유교의 영향으로 여성은 외적인 미보다 는 내적인 미가 강요되었다.
② 기생들과 궁녀들은 분대화장을 하였다.
③ 화장품이나 향 제조방법이 수록되어 있는 규합총서가 만들어진 시기이다.
④ 신라의 미의식이 전승되어 고려부터 계속해서 치장하는 문화가 성행했다.

45 신식 화장품이 생산·제조되어 상품화가 이루어지고 박가분 등의 대중적인 화장이 발전하였으며 신식 화장법이 도입된 시기는?

① 현대 ② 개화기
③ 근대 ④ 조선시대

46 조선시대 중엽 상류사회의 여성들이 얼굴의 밑화장으로 사용한 기름은?

① 참기름 ② 동백기름
③ 피마자기름 ④ 콩기름

47 한국 최초의 화장품인 박가분에 대한 설명으로 옳지 않은 것은?

① 제조는 공장에서 대량생산 방식이었다.
② 1916년 제조 허가를 받은 화장품이다.
③ 공업화장품의 효시라 할 수 있다.
④ 가내수공업으로 제조 허가를 받았다.

48 조선시대 화장 문화에 대한 설명으로 틀린 것은?

① 이중적인 성 윤리관이 화장 문화에 영향을 주었다.
② 여염집 여성의 화장과 기생 신분 여성의 화장이 구분되었다.
③ 영육일치사상의 영향으로 남녀 모두 미(美)에 대한 관심이 높았다.
④ 미인박명(美人薄命) 사상이 문화적 관념으로 자리 잡음으로써 미(美)에 대한 부정적인 인식이 형성되었다.

49 우리나라에서 일반인의 신부화장의 하나로서 양쪽 뺨에는 연지를 찍고 이마에는 곤지를 찍어서 혼례식을 하던 시대는?

① 조선 말기부터 ② 조선 중엽부터
③ 고려 말기부터 ④ 고려 중엽부터

50 우리나라 미용사에서 얼굴에 분을 바르기 시작한 시대는?

① 통일신라 시대 ② 몽골병란 이후
③ 조선 중엽 ④ 조선 말

정답
44.④ 45.② 46.① 47.① 48.③ 49.② 50.③

51 우리나라에서 미용사 자격시험이 제정되고 기초 미용, 마사지법이 국내에 보급된 시기는 언제인가?

① 1930년대 이후 ② 1940년대 이후
③ 1950년대 이후 ④ 1960년대 이후

52 국내 영화산업의 번성으로 인해 배우의 화장법이나 패션 등이 유행하던 시대는?

① 1950년대 ② 1960년대
③ 1970년대 ④ 1980년대

53 여성을 아름답게 꾸미는 것에 대한 메이크업의 종류는?

① 캐릭터 메이크업
② 영상 메이크업
③ 특수분장
④ 뷰티 메이크업

54 시술받는 사람의 장단점을 고려하여 사실적이면서도 평범하게 표현해야 하는 것으로, 주로 아나운서나 앵커가 하는 메이크업은?

① 캐릭터 메이크업
② 영상 메이크업
③ 스트레이트 메이크업
④ 뷰티 메이크업

55 다음 중 무대효과를 위한 화장법으로 가장 적합한 것은?

① 선번 메이크업
② 데이 타임 메이크업
③ 컬러 포토 메이크업
④ 그리스 페인트 메이크업

56 근현대 한국 메이크업에 대한 설명으로 바르지 않은 것은?

① 자체 개발한 구리무로 희고 깨끗한 얼굴을 선호하였다.
② 아랫입술만 빨갛게 하기도 하였다.
③ 1950년대에는 다양한 수입 화장품이 보급되었다.
④ 1960년대에는 영화산업의 발달이 메이크업과 패션의 유행에 영향을 주었다.

57 채집보다는 기르고 재배하는 목축의 시대로, 석경, 뼈, 바늘 등의 출토로 보아 의복이나 그물을 만들어 사용했던 시대는?

① 신석기시대 ② 구석기시대
③ 청동기시대 ④ 삼국시대

58 고대 미용의 발상지는?

① 이집트 ② 그리스
③ 로마 ④ 바벨론

정 답

51.② 52.② 53.④ 54.③ 55.④ 56.③ 57.① 58.①

59 고대 희랍의 연극에서 주로 사용했던 분장술은?

① 분장 ② 가면
③ 특수분장 ④ 바디페인팅

60 눈을 안티몬이나 사프란으로 검게 화장하고 볼은 아르간이나 연단으로 붉게 칠했으며 머리카락은 금발로 염색했던 시대는?

① 17세기 ② 그리스 시대
③ 로마 시대 ④ 이집트 시대

61 코올(Kohl)은 어느 시대에 아이라인으로 사용하였는가?

① 로마 ② 그리스
③ 이집트 ④ 로코코

62 이집트 시대의 특징으로 맞지 않는 것은?

① 종교적인 목적으로 메이크업을 하였다.
② 자연환경으로부터 보호하기 위해 아이 메이크업을 하였다.
③ 최초로 메이크업에 대한 기록이 남아 있는 시대이기도 하다.
④ 인공적인 모습보다는 자연스러운 모습을 선호하였다.

63 이집트 시대에 사용되었던 코올(Kohl)에 대한 설명 중 틀린 것은?

① 곤충의 접근을 막기 위해 사용되었다.
② 자연환경으로부터 눈을 보호하기 위해 사용되었다.
③ 눈매를 강조하기 위해 눈썹과 아이라인 부위에 사용하였다.
④ 코올은 붉은색 안료이다.

64 인조 눈썹을 만들어 아교를 붙였으며, 이가 빠져 뺨이 들어간 부분에는 플럼퍼라는 패드를 넣어 통통하게 만들었던 시대는?

① 15세기 ② 16세기
③ 17세기 ④ 18세기

65 인간을 존중하는 문화가 번성하며 패션과 메이크업 등이 활성화되고 흰 피부와 붉은색 작은 입술, 가는 눈썹이 유행했던 시대는 언제인가?

① 그리스, 로마 ② 중세
③ 르네상스 ④ 로코코

66 그리스 시대의 메이크업에 대한 설명으로 틀린 것은?

① 갈렌이 만든 콜드크림을 사용하였다.
② 창부들은 짙은 화장을 하였다.

정답
59.② 60.③ 61.③ 62.④ 63.④ 64.④ 65.③ 66.④

③ 그리스인들의 화장 문화는 이집트의 영향을 많이 받았다.
④ 여성들의 지위와 권위가 보장되고 화장을 보편적으로 행하였다.

67 화장보다는 건강한 아름다움을 중시하여 의학적인 측면이 더욱 부각된 시대는?

① 중세 시대 ② 그리스 시대
③ 르네상스 시대 ④ 신고전주의 시대

68 중세시대에 메이크업, 화장이 금기시된 주된 이유는?

① 사치와 타락의 의미로 해석되었기 때문이다.
② 사교 활동을 금기시하였기 때문이다.
③ 기독교의 금욕주의의 영향 때문이다.
④ 자연미를 선호하여 외모 꾸미기에 대한 욕구가 없었기 때문이다.

69 로마 시대의 메이크업에 대한 설명으로 옳지 않은 것은?

① 오일이나 향수 등의 화장품이 생활에 널리 사용되었다.
② 헤나로 머리 염색을 하기도 하였다.
③ 흰 피부에 붉은 색조의 화장이 주를 이루었다.
④ 위생과 청결이 우선시되어 비누 사용이 보편화되었다.

70 인간 존중의 시대정신으로 향장학이 의학 부분에서 독립하여 하나의 독립된 분야가 된 시대는?

① 르네상스 ② 바로크
③ 근대 ④ 로코코

71 다음 중 바로크 시대에 대한 설명이 옳지 않은 것은?

① 일그러진 진주라는 의미를 갖는다.
② 강렬한 명암 대비와 색채로 새로운 예술 경향을 나타냈다.
③ 종교개혁, 부르주아의 출현 등은 예술과 미용 문화에 영향을 주었다.
④ 오리엔탈적인 신비스러운 메이크업 기법이 시작되었다.

72 로코코 시대 미용 문화의 특징으로 잘못된 것은?

① 얼굴은 하얗게 눈썹은 검게 혈관은 아름다운 청색으로 치장하였다.
② 여성들은 화장품 상자를 가지고 다니며 화장 고치는 것을 잊지 않았다.
③ 바로크 시대부터 시작된 패치는, 로코코에 와서 얼굴의 조화와 균형을 무시하는 여러 형태의 패치로 등장하였다.
④ 위생관념의 성숙으로 잦은 머리 손질과 빗질이 필수였다.

정답
67.② 68.③ 69.④ 70.① 71.④ 72.④

73 로마 시대의 영광으로 되돌아가려는 경향으로 복식과 미용 문화, 정치 구조가 바뀌었던 시기는?

① 중세시대 ② 그리스 시대
③ 르네상스 시대 ④ 신고전주의 시대

74 자외선 차단제가 개발된 시대는?

① 19세기 ② 18세기
③ 20세기 초반 ④ 20세기 후반

75 다음 중 19세기 미용 문화에 관한 설명으로 맞는 것은?

① 위생과 청결이 우선시되었다.
② 희고 투명한 피부보다는 건강미 넘치는 구릿빛 피부를 선호하였다.
③ 자연스러운 화장보다는 인위적인 진한 화장을 선호하였다.
④ 두꺼운 화장을 위해 백납분으로 얼굴을 희게 하였다.

76 1900~1910년대의 시대적 배경에 대한 설명으로 옳지 않은 것은?

① 디자이너 폴 푸아레의 영향으로 오리엔탈적인 패션과 메이크업이 유행하게 되었다.
② 좋은 시대라는 의미를 지니고 있었다.
③ 아르누보의 예술적 양식으로 구불구불한 자연적인 곡선의 문양이 유행하였다.
④ 눈썹 형태는 굵은 눈썹이 유행하였다.

77 1920년대의 메이크업 기법이 아닌 것은?

① 아이홀 메이크업을 선호하였다.
② 눈썹은 가늘게 다듬곤 하였다.
③ 윗입술은 작게, 아랫입술은 도톰하게 그렸다.
④ 강인한 여성상을 위해 햇빛에 그을린 태닝 피부를 선호하였다.

78 1920년대 클라라 보우의 유행 화장법에 대한 설명으로 맞는 것은?

① 창백한 얼굴과 짙은 눈 화장
② 가는 활 모양의 눈썹
③ 각진 눈썹과 풍성한 속눈썹
④ 눈꼬리를 올린 아이라이너

79 1920년대 사회문화적 배경으로 옳은 것은?

① 아르데코의 예술 경향이 유행하기 시작하였다.
② 무성영화로 인해 스타의 스타일이 대중들에게 전파된 시기이다.
③ 아르누보의 유행으로 여성들이 더욱 화려하게 꾸미기 시작하였다.
④ 코코 샤넬의 영향으로 여성들의 스타일이 더욱 고급스러우면서도 대중적으로 변화되었다.

정답
73.④ 74.① 75.① 76.④ 77.④ 78.① 79.①

80 1930년대 그레타 가르보의 유행 화장법에 대한 설명으로 맞는 것은?

① 창백한 얼굴과 짙은 눈 화장
② 가는 활 모양의 눈썹
③ 각진 눈썹과 풍성한 속눈썹
④ 눈꼬리를 올린 아이라이너

81 1940년대의 사회문화적 배경이 아닌 것은?

① 제2차 세계대전이 끝나감에 따라 여성들은 더욱 검소하게 생활하여 패션과 미용에는 관심을 두지 않았다.
② 크리스찬 디올은 뉴룩을 선보였다.
③ 브래지어와 코르셋이 등장하여 여성들의 바디라인이 달라졌다.
④ 휴대용 사이즈의 향수가 일반화된 시기이기도 하다.

82 히피 문화의 유행으로 음악과 패션 등이 영향을 입게 된 시기는?

① 1950년대 ② 1960년대
③ 1970년대 ④ 1980년대

83 엘리자베스 아덴에서 환타지 아이 메이크업을 선보인 시기는?

① 1950년대 ② 1960년대
③ 1970년대 ④ 1980년대

84 1960년대 사회문화적 배경으로 옳은 것은?

① 팝아트, 옵아트의 현대적인 스타일이 나타났다.
② 여성들에게는 여자로서의 조신한 이미지를 강요하는 시대였다.
③ 불황으로 인한 우울한 이미지를 성숙한 분위기로 연출하기 위해 노력하였다.
④ 오리엔탈적인 신비스러운 강한 색조가 유행하였다.

85 국내 영화산업의 영향으로 여배우들의 화장법이나 패션이 유행을 하던 시대는?

① 1950년대 ② 1960년대
③ 1970년대 ④ 1980년대

86 다음 중 시대별 메이크업 특징이 잘못 설명된 것은?

① 중세시대는 기독교의 영향으로 화장이 금기시되었다.
② 그리스 시대는 금발의 헤어 색이 선호되었다.
③ 백납으로 만든 인형처럼 보이게 하는 진한화장이 유행한 시기는 바로크 시대이다.
④ 크고 넓은 이마를 돋보이게 하기 위해 머리를 뒤로 올리거나 머리털을 깎은 시대는 바로크 시대이다.

정답
80.② 81.① 82.② 83.② 84.① 85.② 86.④

87 컬러 TV의 등장으로 색조 화장의 중요성이 대두된 시기는?

① 1950년대 ② 1960년대
③ 1970년대 ④ 1980년대

88 1990년대 메이크업의 특징으로 잘못 설명된 것은?

① 자신의 건강함과 개성을 나타내기 위해 펄 화장을 선호하였다.
② 두껍고 뚜렷한 곡선형의 눈썹과 도톰한 입술을 선호하였다.
③ 정교하고 가는 아치형 눈썹을 선호하였다.
④ 환경 문제의 대두로 천연연료 추출 및 다양한 기능성 제품이 출시되었다.

89 에콜로지의 영향으로 내추럴 메이크업의 유행이 시작된 시대는?

① 1970년대 ② 1980년대
③ 1990년대 ④ 2000년대

90 웰빙의 대두로 피부 건강에 중점을 둔 내추럴 메이크업이 인기가 된 시대는?

① 1970년대 ② 1980년대
③ 1990년대 ④ 2000년대

91 파스텔 톤의 홀을 강조한 아이 메이크업과 풍성하고 과장된 속눈썹을 연출하는 화장법이 유행했던 시기와 대표 인물이 바르게 짝지어진 것은?

① 1920년대 – 클라라 보우
② 1930년대 – 그레타 가르보
③ 1940년대 – 오드리 헵번
④ 1960년대 – 트위기

92 메이크업 종사자가 가져야 할 기본자세로 옳지 않은 것은?

① 고객과의 시간과 약속을 철저히 지키도록 한다.
② 최대한 빠른 속도로 메이크업을 하여 고객 개인의 여유 시간을 확보해 준다.
③ 예의를 지키며 청결을 유지한다.
④ 고객과 마찰이 생기지 않도록 원만한 대화기술을 익히며 상황에 대처하는 능력을 키운다.

93 메이크업 종사자가 가져야 할 고객에 대한 기본자세 중 맞지 않는 것은?

① 고객의 직업, 연령, 성격 등을 파악할 수 있도록 한다.
② 고객의 평소 메이크업 스타일은 전혀 고려하지 않아도 된다.
③ 화장품에 대한 알레르기 등을 사전에 파악한다.
④ 선호하는 색상과 스타일 등을 알아 둔다.

정답
87.④ 88.④ 89.③ 90.④ 91.④ 92.② 93.②

94 메이크업 미용사의 작업과 관련한 내용으로 가장 거리가 먼 것은?

① 모든 도구와 제품은 청결히 준비한다.
② 마스카라나 아이라인 작업 시 입으로 불어 신속히 마르게 도와준다.
③ 고객의 신체에 힘을 주거나 누르지 않도록 주의한다.
④ 고객의 옷에 화장품이 묻지 않도록 가운을 입혀 준다.

95 메이크업 미용사의 자세로서 가장 거리가 먼 것은?

① 고객의 연령, 직업, 얼굴 모양 등을 살펴 표현해 주는 것이 중요하다.
② 시대의 트렌드를 대변하고 전문인으로서의 자세를 취해야 한다.
③ 공중위생을 철저히 지켜야 한다.
④ 고객에게 메이크업 미용사의 개성을 적극 권유한다.

96 메이크업 미용사의 기본적인 용모 및 자세로 가장 거리가 먼 것은?

① 업무 시작 전후 메이크업 도구와 제품 상태를 점검한다.
② 메이크업 시 위생을 위해 마스크를 항상 착용하고 고객과 직접 대화하지 않는다.
③ 고객을 맞이할 때는 바로 자리에서 일어나 공손히 인사한다.
④ 영업장으로 걸려온 전화를 받을 때는 필기도구를 준비하여 메모를 한다.

97 다음 중 메이크업 색과 조명에 관한 설명으로 틀린 것은?

① 메이크업의 완성도를 높이는 데는 자연광선이 가장 이상적이다.
② 조명에 의해 색이 달라지는 현상은 저채도 색보다는 고채도 색에서 잘 일어난다.
③ 백열등은 장파장 계열로 사물의 붉은색을 증가시키는 효과가 있다.
④ 형광등은 보라색과 녹색의 파장 부분이 강해 사물을 시원해 보이게 하는 효과가 있다.

정 답

94.② 95.④ 96.② 97.②

2 • 메이크업의 기초이론

01 얼굴형의 이해 중에 이상적인 입술의 비율로 알맞은 것은?

① 윗입술 : 아랫입술 = 1 : 1.5
② 윗입술 : 아랫입술 = 1 : 1
③ 윗입술 : 아랫입술 = 1 : 1.2
④ 윗입술 : 아랫입술 = 1 : 2

02 얼굴형의 이해 중에 가장 이상적인 눈썹 길이의 비율은?

① 눈썹 앞머리 : 눈꼬리 = 1 : 2
② 눈썹 앞머리 : 눈꼬리 = 2 : 1
③ 눈썹 앞머리 : 눈꼬리 = 2 : 1.5
④ 눈썹 앞머리 : 눈꼬리 = 2 : 2

03 컨투어링 메이크업을 위한 얼굴형의 수정 방법으로 틀린 것은?

① 둥근형 얼굴 – 양 볼 뒤쪽에 어두운 섀딩을 주고 턱, 콧등에 길게 하이라이트를 한다.
② 긴 형 얼굴 – 헤어라인과 턱에 섀딩을 주고 볼 쪽에 하이라이트를 한다.
③ 사각형 얼굴 – T존의 하이라이트를 강조하고 U존에 명도가 높은 치크를 한다.
④ 역삼각형 얼굴 – 헤어라인에서 양쪽 이마 끝에 섀딩을 준다.

04 얼굴의 골격 중 얼굴형을 결정짓는 가장 중요한 요소가 되는 것은?

① 위턱뼈(상악골)
② 아래턱뼈(하악골)
③ 코뼈(비골)
④ 관자뼈(측두골)

05 얼굴의 윤곽 수정과 관련한 설명으로 틀린 것은?

① 색의 명암 차이를 이용해 얼굴에 입체감을 부여하는 메이크업 방법이다.
② 하이라이트 표현은 1~2톤 밝은 파운데이션을 사용한다.
③ 섀딩 표현은 1~2톤 어두운 갈색 파운데이션을 사용한다.
④ 하이라이트 부분은 돌출되어 보이도록 베이스 컬러와의 경계선을 잘 만들어 준다.

정답
01.① 02.② 03.③ 04.② 05.④

06 둥근 얼굴형에 일반적으로 어울리는 눈썹 형태는?

① 각이 있는 상승형
② 가로형
③ 부드러운 상승형
④ 아치형

07 둥근 얼굴형에 맞는 수정 메이크업 기법으로 옳지 않은 것은?

① 하이라이트를 길게 넣어 준다.
② 사선 방향으로 치크를 해준다.
③ 가로 방향으로 치크를 해준다.
④ 노즈 섀도로 입체감을 준다.

08 역삼각형 얼굴의 수정 메이크업 방법으로 틀린 것은?

① 이마의 각진 부위와 튀어나온 턱뼈 부위에 어두운 파운데이션을 발라서 통통하게 보이게 한다.
② 눈썹은 각진 얼굴형과 어울리도록 시원하게 아치형으로 그려 준다.
③ 일자형 눈썹과 길게 뺀 아이라인으로 포인트 메이크업 하는 것이 효과적이다.
④ 입술 모양은 곡선의 형태로 부드럽게 표현한다.

09 활동적이며 안정감이 있는 의지가 강해 보이는 남성적 이미지의 얼굴형은?

① 둥근 얼굴형 ② 각진 얼굴형
③ 긴 얼굴형 ④ 마름모형 얼굴형

10 성숙해 보이며 우아한 여성적인 이미지의 얼굴형은?

① 둥근 얼굴형 ② 역삼각형 얼굴형
③ 긴 얼굴형 ④ 마름모형 얼굴형

11 얼굴형과 그에 따른 이미지의 연결이 가장 적절한 것은?

① 둥근형 – 성숙한 이미지
② 긴 형 – 귀여운 이미지
③ 사각형 – 여성스러운 이미지
④ 역삼각형 – 날카로운 이미지

12 파운데이션 사용 시, 양 볼은 어두운색으로 이마 상단과 턱의 하부는 밝은색으로 표현하면 좋은 얼굴형은?

① 긴 형 ② 둥근형
③ 사각형 ④ 삼각형

정답
06.① 07.③ 08.③ 09.② 10.③ 11.④ 12.②

13 직선 형태의 눈썹이 가장 잘 어울리는 얼굴형은?

① 긴 얼굴형 ② 네모난 얼굴형
③ 역삼각형 얼굴형 ④ 마름모 얼굴형

14 이마의 양쪽 끝과 턱의 끝부분을 진하게, 뺨 부분을 엷게 화장하면 가장 잘 어울리는 얼굴형은?

① 삼각형 얼굴 ② 원형 얼굴
③ 역삼각형 얼굴 ④ 사각형 얼굴

15 얼굴이 갸름해 보이도록 하이라이트를 이마, 코끝, 턱선 끝까지 넣어 주며, 이마와 턱선에 섀딩을 주어 부드러운 이미지로 수정해야 하는 얼굴형은?

① 각진 얼굴형 ② 역삼각형 얼굴형
③ 긴 얼굴형 ④ 마름모형 얼굴형

16 긴 얼굴형에 맞는 수정 메이크업 기법으로 옳은 것은?

① 양 볼에 하이라이트를 주어 약간 통통해 보이게 한다.
② 가로 방향 치크를 한다.
③ 부드러운 상승형 눈썹을 연출한다.
④ 광대에서 코끝을 향해 치크를 한다.

17 긴 얼굴형에 적합한 눈썹 메이크업으로 가장 적합한 것은?

① 가는 곡선형으로 그린다.
② 눈썹산이 높은 아치형으로 그린다.
③ 각진 아치형이나 상승형, 사선 형태로 그린다.
④ 다소 두께감이 느껴지는 직선형으로 그린다.

18 긴 얼굴형의 화장법으로 옳은 것은?

① 턱에 하이라이트를 처리한다.
② T존에 하이라이트로 길게 넣어 준다.
③ 이마 양옆에 섀딩을 넣어 얼굴 폭을 감소시킨다.
④ 치크는 눈 밑 방향으로 가로로 길게 처리한다.

19 다음 중 긴 얼굴형의 윤곽 수정 표현방법으로 틀린 것은?

① 콧등 전체에 하이라이트를 주어 입체감 있게 표현한다.
② 눈 밑은 폭넓게 수평형의 하이라이트를 준다.
③ 노즈 섀도는 짧게 표현해 준다.
④ 이마와 아래턱은 섀딩 처리하여 얼굴의 길이가 짧아 보이게 한다.

정답
13.① 14.③ 15.① 16.② 17.④ 18.④ 19.①

20 다음 중 통통한 얼굴형을 위한 화장법이 아닌 것은?

① 이마 가운데, 콧등, 턱은 밝은색 파운데이션을 사용한다.
② 코와 얼굴의 옆면은 진한 파운데이션을 사용한다.
③ 눈썹은 각진 형태로 그려 지적이며 현대적인 느낌을 준다.
④ 볼 치크는 넓게 펴서 턱 쪽을 향해 바른다.

21 얼굴형에 따른 메이크업에 대한 설명으로 옳지 않은 것은?

① 긴 얼굴형은 이마의 끝과 턱에 섀도 컬러를 사용하고, 눈썹은 직선 형태로 그린다.
② 통통한 얼굴형은 이마 가운데, 콧등, 턱은 밝은색 파운데이션을 사용하고 코와 얼굴의 옆면은 진한 파운데이션을 사용하며 눈썹은 각진 형태로 그린다.
③ 역삼각형 얼굴형은 이마 양옆과 턱 끝의 각진 부분, 얼굴의 옆면은 섀도 컬러로 표현하고, 이마의 가운데와 콧등은 하이라이트를 넣어 주며 눈썹은 아치형이나 화살형으로 그린다.
④ 마름모 얼굴형은 이마 옆, 턱선은 하이라이트 컬러를 주고, 돌출된 볼 뼈와 뾰족한 부분은 섀도 컬러를 사용하며, 눈썹은 아치형이나 화살형으로 그린다.

22 다음 중 메이크업 베이스의 사용 목적으로 틀린 것은?

① 파운데이션의 밀착력을 높여 준다.
② 얼굴의 피부톤을 조절한다.
③ 얼굴에 입체감을 부여한다.
④ 파운데이션의 색소 침착을 방지한다.

23 베이스 메이크업에 대한 설명 중 옳지 않은 것은?

① 일반적으로 바탕 화장을 뜻한다.
② 전체 메이크업의 60~70%를 차지한다.
③ 스킨, 로션, 에센스 등의 제품이 이에 속한다.
④ 베이스 컨트롤은 피부색을 조절하는 기능이 있다.

24 메이크업 베이스 중 리퀴드 타입에 대한 설명으로 맞는 것은?

① 수분이 적어 중성이나 지성 피부에 적합하다.
② 수분이 많아 중성이나 지성 피부에 적합하다.
③ 커버력이 강해 잡티가 많은 피부에 적합하다.
④ 특별한 결점을 커버하고자 할 때 사용하는 것이 좋다.

정답
20.④ 21.③ 22.③ 23.③ 24.②

25 파운데이션을 바르는 방법으로 가장 거리가 먼 것은?

① O존은 피지분비량이 적어 소량의 파운데이션으로 가볍게 바른다.
② V존은 잡티가 많으므로 슬라이딩 기법으로 여러 번 겹쳐 발라 결점을 가려 준다.
③ S존은 슬라이딩 기법과 가볍게 두드리는 패팅 기법을 병행하여 메이크업의 지속성을 높여 준다.
④ 헤어라인은 귀 앞머리 부분까지 라텍스 스펀지에 남아 있는 파운데이션을 사용해 슬라이딩 기법으로 발라 준다.

26 동양인의 노란 기가 많은 피부에 적합한 메이크업 베이스의 색상은?

① 보라색 ② 녹색
③ 분홍색 ④ 흰색

27 다음 중 메이크업 베이스의 기능에 속하지 않는 것은?

① 색조 화장품으로부터 피부를 보호하기 위함이다.
② 피부톤과 결을 보정하는 역할을 한다.
③ 파운데이션의 밀착력을 높이기 위함이다.
④ 외부 환경과 자외선으로부터 피부를 보호하기 위함이다.

28 메이크업 베이스의 색상 선택 시 옳지 않은 것은?

① 녹색은 피부색이 붉은 타입에 일반적으로 사용한다.
② 분홍색은 피부색이 창백한 경우에 혈색 보완용으로 사용한다.
③ 보라색은 피부의 노란 기를 제거하기 위해 사용한다.
④ 노란색은 푸른 기가 있는 피부색의 중화용으로 사용한다.

29 메이크업 베이스의 색상 중 붉은 피부톤의 조절을 위해 사용되는 색은?

① 보라색 ② 흰색
③ 녹색 ④ 분홍색

30 메이크업 베이스의 색상 중 혈색이 없고 창백한 얼굴에 화사함을 부여하기 위해 사용되는 색은?

① 보라색 ② 흰색
③ 녹색 ④ 분홍색

31 메이크업 베이스의 색상 중 노랗고 칙칙한 피부톤의 자연스러운 화사함을 위해 사용하는 색은?

① 보라색 ② 흰색
③ 녹색 ④ 분홍색

정답
25.② 26.① 27.④28.④ 29.③ 30.④ 31.①

32 피부의 모공과 잔주름으로 인한 균일하지 않은 피부에 얇은 막을 형성하여 도움을 주는 메이크업 제품은?

① 메이크업 베이스
② 프라이머
③ 컨실러
④ 파운데이션

33 메이크업을 할 때 하이라이트를 해야 할 부분이 아닌 곳은?

① 광대뼈 ② 눈밑
③ 콧날 ④ 눈썹뼈

34 컨실러에 대한 설명 중 옳지 않은 것은?

① 커버력이 좋아 뾰루지 커버에 적합한 것은 스틱 타입이다.
② 잡티를 완벽히 커버할 때 사용한다.
③ 얼굴 전체에 골고루 펴 발라 커버력을 높인다.
④ 브러시나 손가락으로 얇게 펴 바른다.

35 기미, 주근깨 등의 피부 결점이나 눈 밑 그늘에 발라 커버하는 데 사용하는 제품은?

① 스틱 파운데이션 ② 투웨이 케이크
③ 스킨 커버 ④ 컨실러

36 파운데이션 사용 목적으로 틀린 것은?

① 피부색을 일정하게 만들어 결점을 커버한다.
② 외부의 자극으로부터 피부를 보호한다.
③ 피부에 막을 형성하여 수분 증발을 방지한다.
④ 얼굴의 윤곽을 수정하고 입체감을 부여한다.

37 파운데이션의 종류 중 자외선 차단이나 커버력이 우수하고 빠른 시간에 메이크업을 할 수 있는 것은?

① 투웨이 케이크
② 스틱 파운데이션
③ 리퀴드 타입
④ 스킨커버

38 파운데이션의 종류 중 수분이 많아 촉촉하고 윤기가 있지만, 커버력과 지속력이 낮은 것은?

① 투웨이 케이크
② 스틱 파운데이션
③ 크림 타입
④ 팬케이크

정 답

32.② 33.③ 34.③ 35.④ 36.③ 37.① 38.③

39 **파운데이션의 종류 중 팬케이크 타입에 관한 설명으로 옳지 않은 것은?**

① 방수 효과가 뛰어나다.
② 지속력이 매우 우수하다.
③ 피부가 촉촉한 상태가 오래 유지된다.
④ 지성 피부 타입에 적합하다.

40 **다음 중 지성 피부에 가장 적합하지 않은 파운데이션의 종류는?**

① 투웨이 케이크
② 스틱 파운데이션
③ 리퀴드 타입
④ 스킨커버

41 **크림 파운데이션에 대한 설명 중 가장 적합한 것은?**

① 얼굴의 형태를 바꾸어 준다.
② 피부의 잡티나 결점을 커버해 주는 목적으로 사용된다.
③ O/W형은 W/O형에 비해 비교적 사용감이 무겁고 퍼짐성이 낮다.
④ 화장 시 산뜻하고 청량감이 있으나 커버력이 약하다.

42 **파운데이션의 종류와 그 기능에 대한 설명으로 가장 거리가 먼 것은?**

① 크림 파운데이션은 보습력과 커버력이 우수하여 짙은 메이크업을 할 때나 건조한 피부에 적합하다.
② 리퀴드 타입은 부드럽고 쉽게 퍼지며 자연스러운 화장을 원할 때 적합하다.
③ 투웨이 케이크 타입은 커버력이 우수하고 땀과 물에 강하여 지속력을 요하는 메이크업에 적합하다.
④ 고형 스틱 타입의 파운데이션은 커버력은 약하지만 사용이 간편해서 스피드한 메이크업에 적합하다.

43 **파운데이션의 색상 중 혈색 보완, 화사함 연출에 뛰어난 효과가 있는 색은?**

① 아이보리 계열
② 갈색 계열
③ 오커 계열
④ 분홍 계열

44 **파운데이션을 바를 때 주의사항으로 맞지 않는 것은?**

① 피부색에 맞는 제품을 고른다.
② T.P.O를 고려하여 맞는 제품을 고른다.
③ 피부의 결점을 완벽히 가리기 위해서는 바르는 양을 아끼지 않는다.
④ 헤어와 페이스라인에 경계선이 생기지 않도록 한다.

정 답
39.③ 40.③ 41.② 42.④ 43.④ 44.③

45 파우더를 바르는 목적 중 가장 큰 것은?

① 유분기 제거이다.
② 커버력을 높이기 위함이다.
③ 피부색 표현을 아름답게 하기 위함이다.
④ 피부 보호를 하기 위함이다.

46 파우더에 대한 설명 중 옳지 않은 것은?

① 외부의 자극으로부터 피부를 보호한다.
② 파운데이션의 유분과 수분을 제거하여 메이크업을 지속시킨다.
③ 피지나 땀을 흡수해 준다.
④ 콤팩트 타입은 커버력이 전혀 없다.

47 검은 피부 또는 어두운 피부를 중화해 주는 역할을 하는 파우더의 색상은?

① 투명　② 녹색
③ 보라색　④ 노란색

48 자연스러운 피부 표현이 가능한 파우더의 색상은?

① 투명　② 녹색
③ 보라색　④ 노란색

49 파우더의 특성에 해당되지 않는 것은?

① 피복성　② 흡수성
③ 착색성　④ 투과성

50 파우더를 바를 때의 주의사항으로 맞지 않는 것은?

① 파우더의 양을 조절하기 위해 2개의 분첩을 사용하기도 한다.
② 피지 분비가 많은 턱이나 이마를 먼저 해준다.
③ 바깥에서 안쪽으로 발라 준다.
④ 피지 분비가 왕성한 T존 부위는 되도록 많은 양을 발라 준다.

51 다음 중 컬러 파우더의 색상 선택과 활용법의 연결이 가장 거리가 먼 것은?

① 보라색 – 노란 피부를 중화시켜 화사한 피부 표현에 적합하다.
② 분홍색 – 볼에 붉은 기가 있는 경우 더욱 잘 어울린다.
③ 녹색 – 붉은 기를 줄여 준다.
④ 갈색 – 자연스러운 섀딩 효과가 있다.

정답
45.① 46.④ 47.④ 48.① 49.④ 50.④ 51.②

52 눈썹의 종류에 따른 메이크업의 이미지를 연결한 것으로 틀린 것은?

① 짙은 색상 눈썹 – 고전적인 레트로 메이크업
② 긴 눈썹 – 성숙한 가을 이미지 메이크업
③ 각진 눈썹 – 사랑스러운 로맨틱 메이크업
④ 엷은 색상 눈썹 – 여성스러운 엘레강스 메이크업

53 아이브로우 화장 시 우아하고 성숙한 느낌과 세련미를 표현하고자 할 때 가장 잘 어울릴 수 있는 것은?

① 회색 아이브로우 펜슬
② 검은색 아이섀도
③ 갈색 아이브로우 섀도
④ 에보니 펜슬

54 아이브로우 메이크업의 효과와 가장 거리가 먼 것은?

① 인상을 자유롭게 표현할 수 있다.
② 얼굴의 표정을 변화시킨다.
③ 얼굴형을 보완할 수 있다.
④ 얼굴에 입체감을 부여해 준다.

55 여성적이고 우아한 느낌을 주며, 한복 메이크업과 각진 얼굴에 잘 어울리는 눈썹 형은?

① 화살형 눈썹　② 직선형 눈썹
③ 아치형 눈썹　④ 처진 눈썹

56 아이라이너로 눈매를 표현 시 눈꼬리 쪽을 길고 굵게 그리고, 눈머리 쪽을 보다 약하게 그려야 하는 눈은?

① 눈과 눈 사이가 먼 눈
② 눈과 눈 사이가 가까운 눈
③ 처진 눈
④ 가는 눈

57 눈썹 시술에 대한 설명 중 옳지 않은 것은?

① 눈썹의 간격이 좁아 보일수록 얼굴 전체가 짧아 보이는 효과를 낸다.
② 눈썹의 간격이 좁아 보일수록 얼굴 전체가 길어 보이는 효과를 낸다.
③ 눈썹의 간격이 벌어질수록 이마가 넓어 보인다.
④ 눈썹산은 눈썹 전체 길이의 2/3쯤이 적당하다.

58 눈썹의 색상 선택 중 옳은 것은?

① 검은색은 피부가 흰 사람에게 적당하다.
② 갈색은 젊고 강하고 확실해 보인다.
③ 검은색은 지적으로 보인다.
④ 회색은 차분하고 자연스러운 이미지이다.

정답
52.③ 53.③ 54.④ 55.③ 56.② 57.① 58.④

59 눈썹의 종류 중 젊고 활동적인 이미지가 나타나는 것은?

① 표준형 ② 아치형
③ 각진형 ④ 직선형

60 눈썹의 종류 중 둥근형이나 각진 얼굴형에 어울리며 개성이 강하고 시크한 이미지가 나타나는 것은?

① 표준형 ② 아치형
③ 각진형 ④ 상승형

61 각 눈썹 형태에 따른 이미지와 그에 알맞은 얼굴형의 연결이 가장 적합한 것은?

① 상승형 눈썹 – 동적이고 시원한 느낌 – 둥근형
② 아치형 눈썹 – 우아하고 여성적인 느낌 – 삼각형
③ 각진형 눈썹 – 지적이며 단정하고 세련된 느낌 – 긴 형, 장방형
④ 수평형 눈썹 – 젊고 활동적인 느낌 – 둥근형, 얼굴 길이가 짧은 형

62 눈썹의 종류 중 아치형 눈썹에 대한 설명으로 틀린 것은?

① 우아하고 여성적이다.
② 각진 얼굴형에 잘 어울린다.
③ 이마가 넓은 얼굴형에 어울린다.
④ 이마가 좁은 얼굴형에 어울린다.

63 파운데이션의 종류 중 수분이 많아 촉촉하고 윤기가 있지만, 커버력과 지속력이 낮은 것은?

① 크림 타입 ② 펜슬 타입
③ 케이크 타입 ④ 파우더 타입

64 아이섀도의 종류와 그 특징을 연결한 것으로 가장 거리가 먼 것은?

① 펜슬 타입 – 발색이 우수하고 사용하기 편리하다.
② 파우더 타입 – 펄이 섞인 제품이 많으며 하이라이트 표현이 용이하다.
③ 크림 타입 – 유분기가 많고 촉촉하며 발색도가 선명하다.
④ 케이크 타입 – 그라데이션이 어렵고 색상이 뭉칠 우려가 있다.

65 눈과 눈 사이가 가까운 눈을 수정하기 위하여 아이섀도 포인트가 들어가야 할 부분으로 옳은 것은?

① 눈 앞머리 ② 눈 중앙
③ 눈 언더라인 ④ 눈꼬리

정답
59.④ 60.④ 61.① 62.④ 63.① 64.④ 65.④

66 눈꼬리가 올라간 경우의 눈 화장은?

① 아래 눈꺼풀에서 눈꼬리 쪽으로 아이섀도를 펴 바른다.
② 아이섀도는 윗 눈꺼풀 중간에서 눈꼬리에 걸쳐서 펴 바른다.
③ 눈꺼풀 전체에 진한 색을 바른다.
④ 윗 눈꺼풀에서 눈꼬리 쪽으로 아이섀도를 펴 바른다.

67 넓은 부분을 좁아 보이게 하거나 튀어나온 부분을 들어가 보이도록 하는 데 사용하는 컬러는?

① 베이스 컬러
② 그린 컬러
③ 하이라이트 컬러
④ 섀도 컬러

68 아이섀도를 하는 목적이 아닌 것은?

① 눈에 음영을 넣어 입체감을 주기 위함이다.
② 눈매를 수정하는 역할을 한다.
③ 다양한 분위기의 연출로 표정 있는 눈매를 만들어 준다.
④ 눈을 또렷하게 강조하기 위함이다.

69 작은 눈을 크게 보이도록 아이섀도를 이용한 눈 부분 수정 화장법의 기본은?

① 윗 눈꺼풀의 안쪽 끝부분에 아이섀도를 강하게 칠한다.
② 윗 눈꺼풀의 눈꼬리 부분은 강하게 표현한다.
③ 윗 눈꺼풀 전체에 고루 바른다.
④ 아래 눈꺼풀의 눈꼬리 부분에만 바른다.

70 눈의 형태에 따른 아이섀도 기법으로 옳지 않은 것은?

① 부은 눈 : 펄 감이 없는 브라운이나 그레이 컬러로 아이홀을 중심으로 넓지 않게 펴 바른다.
② 처진 눈 : 포인트 컬러를 눈꼬리 부분에서 사선 방향으로 올려 주고, 언더 컬러는 사용하지 않는다.
③ 올라간 눈 : 눈 앞머리 부분에 짙은 컬러를 바르고 눈 중앙에서 꼬리까지 옅은 색을 발라 주며, 언더 부분은 넓게 펴 바른다.
④ 작은 눈 : 눈두덩이 중앙에 밝은 컬러로 하이라이트를 하며 눈 앞머리에 포인트를 주고, 아이라인은 그리지 않는다.

정 답

66.① 67.④ 68.④ 69.③ 70.④

71 아이섀도의 컬러 명칭에서 눈두덩이 전체에 도포하는 컬러는?

① 베이스 컬러 ② 메인 컬러
③ 포인트 컬러 ④ 하이라이트 컬러

72 아이섀도의 색상 효과와 피부 타입에 대한 설명 중 옳지 않은 것은?

① 노란 피부는 주황색 계열이 어울린다.
② 흰 피부는 분홍색, 청색, 보라색, 회색 등의 계열이 어울린다.
③ 다갈색 피부는 분홍색 계열이 어울린다.
④ 다갈색 피부는 녹색 계열이 어울린다.

73 눈의 형태별 기법 중에 눈머리에서 중간까지 밝은색을 사용하고 꼬리 부분은 어두운색으로 바깥 방향으로 그라데이션해 주어야 하는 형태는?

① 간격이 넓은 눈
② 눈꼬리가 처진 눈
③ 튀어나온 눈
④ 간격이 좁은 눈

74 눈의 형태별 기법 중 튀어나온 눈을 시술할 때의 주의점으로 맞지 않는 것은?

① 갈색이나 회색 계열을 사용한다.
② 아랫부분에 하이라이트를 준다.
③ 눈꼬리부터 중간까지 어두운색으로 그라데이션 한다.
④ 펄을 사용한다.

75 아이라이너의 종류 중에 리퀴드 타입에 대한 설명으로 옳지 않은 것은?

① 색상이 진하고 광택이 없으며 자연스럽게 그리기 좋아 초보자들이 사용하기에 비교적 편리하다.
② 내수성, 방수성이 강하다.
③ 그리고 난 후에는 수정이 어렵다.
④ 테크닉을 연마하고 난 후에 사용하는 것이 좋다.

76 아이라인을 그릴 때 쌍꺼풀이 없는 눈에 대한 표현방법으로 맞는 것은?

① 눈머리와 눈꼬리는 굵게, 중앙 부분은 얇게 그려 준다.
② 아이라인을 올려서 그려 강한 인상을 주어야 한다.
③ 눈이 가는 것을 커버하기 위해 아이라인과 섀도를 강하게 하면 자연스럽지 못한 연출이 된다.
④ 눈의 언더 부분에 펜슬로 라인을 그려 준다.

정답
71.① 72.③ 73.④ 74.④ 75.① 76.③

77 마스카라의 종류 중에 자연스러운 컬링으로 내추럴 메이크업과 남성 메이크업 시에도 사용되는 것은?

① 리퀴드 마스카라
② 롱 래시 마스카라
③ 컬러 마스카라
④ 투명 마스카라

78 마스카라 시술 시 눈 밑에 묻었을 때 할 수 있는 대처 요령 중 맞지 않는 것은?

① 마스카라가 건조된 후 면봉에 파우더를 약간 묻혀 닦아 낸다.
② 눈 화장 시 페이스 파우더를 눈 아래에 바르고 나서 마스카라를 한다.
③ 건조되기 전에 닦아 내지 않는다.
④ 클렌징 티슈로 바로 닦아 낸다.

79 치크 메이크업을 하는 목적에 해당되지 않는 것은?

① 건강하게 보인다.
② 여성스럽게 보인다.
③ 얼굴형을 수정하지는 못한다.
④ 혈색 있어 보이게 해준다.

80 치크 컬러에 따른 이미지로 맞는 것은?

① 분홍색 계열은 신선한 느낌이다.
② 주황색 계열은 우아한 느낌이다.
③ 갈색 계열은 건강한 느낌이다.
④ 갈색 계열은 세련된 느낌이다.

81 다음 치크 컬러 중 생동감 넘치는 느낌이 나는 색은?

① 주황색 계열　② 분홍색 계열
③ 갈색 계열　④ 버건디 계열

82 치크 메이크업의 방법 중에 사선 방향으로 그라데이션 해야 할 얼굴형은?

① 긴 형　② 사각형
③ 역삼각형　④ 둥근형

83 코의 화장법으로 좋지 않은 방법은?

① 큰 코는 전체가 드러나지 않도록 코 전체를 다른 부분보다 연한 색으로 펴 바른다.
② 낮은 코는 코의 양 측면에 세로로 진한 크림파우더 또는 다갈색의 아이섀도를 바르고 콧등에 엷은 색을 바른다.
③ 코끝이 둥근 경우 코끝의 양 측면에 진한 색을 펴 바르고 코끝에는 엷은 색을 펴 바른다.
④ 너무 높은 코는 코 전체에 진한 색을 펴 바른 후 양 측면에 엷은 색을 바른다.

정답
77.④　78.④　79.③　80.④　81.①　82.④　83.①

84 낮은 코에 가장 알맞은 화장 방법에 해당되는 것은?

① 코 전체를 다른 부분보다 색을 진하게 한다.
② 코의 양 측면은 색을 연하게 하며 콧등은 진하게 한다.
③ 코의 양 측면은 색을 진하게 하며 코끝은 엷은 색을 바른다.
④ 코의 양 측면은 세로로 색을 진하게 하며 콧등은 더 진한 색으로 한다.

85 실제보다 더 넓고 크게 보이게 하거나 돌출되어 보이게 하는 데 사용하는 컬러는?

① 베이스 컬러
② 그린 컬러
③ 하이라이트 컬러
④ 섀도 컬러

86 얼굴에 혈색을 부여하여 생기를 주며 얼굴 윤곽에 음영을 주어 입체감 있는 얼굴이 되도록 하기 위해 하는 화장은?

① 입술 화장　② 볼 화장
③ 눈썹 화장　④ 베이스 화장

87 얼굴형에 따른 볼 화장이 옳지 않은 것은?

① 둥근 얼굴형 : 광대뼈 아래부터 입꼬리를 향해 사선으로 바른다.
② 긴 얼굴형 : 광대뼈를 중심으로 세로로 바른다.
③ 네모난 얼굴형 : 넓게 펴서 턱 쪽을 향해 바른다.
④ 역삼각형 얼굴형 : 귀 부분에서 코끝을 향해 바른다.

88 신부화장에서 신부의 인중이 짧을 때는 어디를 수정해야 되는가?

① 윗입술은 얇게 아랫입술은 두껍게 그린다.
② 윗입술은 크게 아랫입술은 작게 그린다.
③ 코벽을 세운다.
④ 인중을 크게 그린다.

89 립 메이크업에 대한 설명 중 옳은 것은?

① 스트레이트 형은 활동적이면서 지적인 느낌을 준다.
② 인커브 형은 여성적인 느낌을 준다.
③ 아웃커브 형은 경쾌한 이미지를 준다.
④ 입술을 보호하는 기능을 하지는 못한다.

정 답

84.③ 85.③ 86.② 87.② 88.① 89.①

90 **다음 중 립스틱의 색상에 관한 설명으로 옳지 않은 것은?**

① 빨간색은 대표적 색상으로서 가장 어른스러운 인상을 줄 수 있다.
② 보라색은 로맨틱한 분위기 연출에 사용된다.
③ 분홍색은 발랄하고 활동적이다.
④ 갈색은 차분한 느낌이다.

91 **뷰티 메이크업과 관련한 내용으로 가장 거리가 먼 것은?**

① 눈썹, 아이섀도, 입술 메이크업 시 고객의 부족한 면을 보완하여 균형 잡힌 얼굴로 표현한다.
② 메이크업은 색상, 명도, 채도 등을 고려하여 고객의 상황에 맞는 컬러를 선택하도록 한다.
③ 사람은 대부분 얼굴의 좌우가 다르므로 자연스러운 메이크업을 위해 최대한 생김새를 그대로 표현하여 생동감을 준다.
④ 의상, 헤어, 분위기 등의 전체적인 이미지 조화를 고려하여 메이크업 한다.

92 **계절별 화장법으로 가장 거리가 먼 것은?**

① 봄 메이크업 : 투명한 피부 표현을 위해 리퀴드 파운데이션을 사용하며, 눈썹과 아이섀도를 자연스럽게 표현한다.
② 여름 메이크업 : 대비가 강한 색상으로 선을 강조하고 베이지색의 파우더로 피부를 매트하게 표현한다.
③ 가을 메이크업 : 아이 메이크업 시 저채도의 베이지, 갈색 컬러를 사용하여 그윽하고 깊은 눈매를 연출한다.
④ 겨울 메이크업 : 전체적으로 깨끗하고 심플한 이미지를 표현하고, 립은 빨강이나 와인 계열 등의 색상을 바른다.

93 **한복 메이크업 시 주의사항이 아닌 것은?**

① 색조화장은 저고리 깃이나 고름 색상에 맞추는 것이 좋다.
② 너무 강하거나 화려한 색상은 피하는 것이 좋다.
③ 단아한 이미지를 표현하는 것이 좋다.
④ 얼굴의 입체적인 윤곽을 최대한 살리는 것이 좋다.

94 **한복 메이크업 시 유의하여야 할 내용으로 옳은 것은?**

① 눈썹을 아치형으로 그려 우아해 보이도록 표현한다.
② 피부는 한 톤 어둡게 표현하여 자연스러운 피부톤을 연출하도록 한다.
③ 한복의 화려한 색상과 어울리는 강한 색조를 사용하여 조화롭게 보이도록 한다.
④ 입술의 구각을 정확히 맞추어 그리는 것보다는 아웃커브로 그려 여유롭게 표현하는 것이 좋다.

정 답
90.③ 91.③ 92.② 93.④ 94.①

95 여름 메이크업에 대한 설명으로 가장 거리가 먼 것은?

① 시원하고 상쾌한 느낌으로 표현한다.
② 난색 계열을 사용해 따뜻한 느낌을 표현한다.
③ 구릿빛 피부 표현을 위해 주황색 메이크업 베이스를 사용한다.
④ 방수 효과를 지닌 제품을 사용하는 것이 좋다.

96 여름 메이크업으로 가장 거리가 먼 것은?

① 선탠 메이크업을 베이스 메이크업으로 응용해 건강한 피부 표현을 한다.
② 약간 각진 눈썹 형으로 표현하여 시원한 느낌을 살려 준다.
③ 눈매를 푸른색으로 강조하는 원 포인트 메이크업을 한다.
④ 크림 파운데이션을 사용하여 피부를 두껍게 커버하고 윤기 있게 마무리한다.

97 다음에서 설명하는 메이크업이 가장 잘 어울리는 계절은?

> 강렬하고 이지적인 이미지가 느껴지도록 심플하고 단아한 스타일이나 대비가 강한 색상과 밝은 색상을 사용하는 것이 좋다.

① 봄 ② 여름
③ 가을 ④ 겨울

98 다음 중 봄 메이크업의 컬러 조합으로 가장 적합한 것은?

① 흰색, 청색, 분홍색 계열
② 겨자색, 벽돌색, 갈색 계열
③ 노란색, 주황색, 녹색 계열
④ 자주색, 분홍색, 진보라 계열

99 다음 중 기초 화장품을 사용하는 목적이 아닌 것은?

① 세안 ② 피부 정돈
③ 피부 보호 ④ 피부결점 보완

100 다음 중 사극 수염 분장에 필요한 재료가 아닌 것은?

① 스피리트 검(Spirit gum)
② 쇠 브러시
③ 생사
④ 더마 왁스

정 답
95.② 96.④ 97.④ 98.③ 99.④ 100.④

3. 색채와 메이크업

01 색의 분광효과로 발견된 7가지 색을 칠음계에 연계시켜 색채와 소리의 조화론을 처음으로 시사한 사람은?

① 뉴턴 ② 요하네스 이텐
③ 카스텔 ④ 먼셀

02 먼셀의 색상환표에서 가장 먼 거리를 두고 서로 마주 보는 관계의 색채를 의미하는 것은?

① 한색 ② 난색
③ 보색 ④ 잔여색

03 다음 중 색채의 사회적 역할에 관한 설명으로 옳은 것은?

① 특정한 사회에서 통용되는 색에 대한 고정관념이란 없다.
② 사회가 고정되고 개인의 독립성이 뒤쳐진 사회에서는 색채가 다양하고 화려해지는 경향이 있다.
③ 사회의 관습이나 권력에서 해방되면 부수적으로 관련된 색채 연상이나 색채 금기로부터 자유로워질 수 있다.
④ 사회 안에서 선택되는 색채의 선호도는 남성과 여성과 같은 성에 의한 차이가 없이 유사하다.

04 색채가 가지고 있는 상징적 특징을 묘사한 내용 중 잘못된 것은?

① 색채는 국제적으로 이해될 수 있는 언어로서 커뮤니케이션의 좋은 도구가 된다.
② 색채는 다양한 문화권에서 상징적인 의미를 전달하는 역할을 해왔다.
③ 색채의 상징성은 시대나 문화에 따라 영향을 받지 않으며, 한번 정한 색의 의미는 시간이 지나도 본래의 의미를 잃지 않는 특성이 있다.
④ 국제적인 언어로 인지되는 색채가 사용된 좋은 예로서 안전을 위한 표준색을 들 수 있다.

05 다음 중 같은 크기의 형태라도 실제보다 더 크게 보이는 색은?

① 저채도색 ② 한색
③ 난색 ④ 중성색

정답
01.① 02.③ 03.③ 04.③ 05.③

06 색과 관련한 설명으로 틀린 것은?

① 물체의 색은 빛이 거의 모두 반사되어 보이는 색이 백색, 빛이 모두 흡수되어 보이는 색이 흑색이다.
② 불투명한 물체의 색은 표면의 반사율에 의해 결정된다.
③ 유리잔에 담긴 레드 와인(red wine)은 장파장의 빛은 흡수하고, 그 외의 파장은 투과하여 붉게 보이는 것이다.
④ 장파장은 단파장보다 산란이 잘 되지 않는 특성이 있어 신호등의 빨간색은 흐린 날 멀리서도 식별 가능하다.

07 색채가 상징하는 의미를 결정하는 요인과 비교적 거리가 먼 것은?

① 개인의 경험과 기억
② 종교, 관습
③ 방위, 지역
④ 계급의 등급

08 색채를 조절할 때 기능을 최고도로 발휘할 수 있도록 색을 선택 부여하는 효과와 비교적 관계가 먼 것은?

① 명시성 ② 기억성
③ 전달성 ④ 심미성

09 다음 중 인접색의 조화에 해당하는 것은?

① 노랑－다홍－빨강
② 노랑－남색－자주
③ 다홍－연두－남색
④ 녹색－주황－보라

10 다음 중 가벼운 느낌을 주는 색은?

① 자주 ② 노랑
③ 녹색 ④ 파랑

11 다음 주관색에 대한 설명 중 올바른 것은?

① 지역과 풍토에 의한 색의 경험
② 빛의 물리적 특성에 의한 색의 경험
③ 면적의 크기에 따라서 색이 달리 보이는 경우
④ 흑백의 반짝임을 느끼게 하면 무채색의 자극밖에 없는 데서 유채색이 보이는 경우

12 같은 물체라도 조명이 다르면 색이 다르게 보이나 시간이 갈수록 원래 물체의 색으로 인지하게 되는 현상은?

① 색의 불변성 ② 색의 항상성
③ 색지각 ④ 색검사

정답
06.③ 07.① 08.④ 09.① 10.② 11.④ 12.②

13 같은 색상에서 큰 면적의 색은 작은 면적의 색보다 화려하고 박력이 있어 보이는데 이러한 현상은?

① 정의 잔상 ② 명도 효과
③ 부의 잔상 ④ 매스 효과

14 다음 중 간상체와 추상체의 특성과 관계없는 현상은?

① 암순응 ② 기억색
③ 스펙트럼 민감도 ④ 푸르킨예 현상

15 푸르킨예 현상을 설명한 것 중 틀린 것은?

① 어두워지면서 파장이 긴 색이 먼저 사라지고 파장이 짧은 색이 나중에 사라진다.
② 새벽이나 초저녁의 물체들이 푸르스름한 색으로 보이는 현상을 말한다.
③ 어두운 곳의 명시도를 높이기 위해서는 초록이나 파랑 계열의 색이 유리하다.
④ 조명이 점차 어두워지면 파란색 계통의 색이 먼저 영향을 받는다.

16 톤 온 톤 배색 효과에 대한 설명 중 틀린 것은?

① 같은 톤의 색상으로 유연하게 배색 효과를 낸 것이다.
② 동일 색상으로 2가지 톤의 명도차를 비교적 크게 잡은 배색이다.
③ 3가지 이상의 다색을 사용하는 같은 계열 색상의 농담 배색도 톤 온 톤 배색이다.
④ 톤 온 톤 배색이란 톤을 겹치게 한다는 의미이다.

17 '톤을 겹친다'라는 의미로 동일한 색상에서 톤의 명도차를 비교적 크게 둔 배색 방법은 어느 것인가?

① 동일색 배색 ② 톤 온 톤 배색
③ 톤 인 톤 배색 ④ 세퍼레이션 배색

18 다음 중 독일의 정신물리학자 이름을 딴 '페흐너 색채'와 관련이 있는 것은?

① 색채의 문화적 선호도
② 색채의 주관성
③ 색채의 항상성
④ 색채의 공감각적 반응

19 공감각에 의해 색과 특정한 모양의 관계성을 추출한 대표적인 색채학자는?

① 먼셀 ② 프라운 호퍼
③ 헬름홀츠 ④ 요하네스 이텐

정답
13.④ 14.② 15.④ 16.① 17.② 18.② 19.④

20 색의 배색과 그에 따른 이미지를 연결한 것으로 옳은 것은?

① 악센트 배색 – 부드럽고 차분한 느낌
② 동일색 배색 – 무난하면서 온화한 느낌
③ 유사색 배색 – 강하고 생동감 있는 느낌
④ 그라데이션 배색 – 개성 있고 아방가르드한 느낌

21 색채의 연상에 관한 내용 중 틀린 것은?

① 색의 연상에는 구체적 연상과 추상적 연상이 있다.
② 색채의 연상은 경험적이기 때문에 기억색과 밀접한 관련을 갖는다.
③ 색채의 연상은 구체적 연상과 추상적 연상이 있는데, 경험과 연령에 따라서 변화하지 않는다.
④ 색채의 연상은 생활양식이나 문화적인 배경 그리고 지역과 풍토 등에 따라서 개인차가 있다.

22 이집트 벽화에서 나타나는 빨강, 파랑은 특별한 의미를 전달한다. 이러한 색채 사용은 어느 것인가?

① 기억색 ② 지역색
③ 고유색 ④ 상징색

23 오방색에 대한 설명 중 틀린 것은?

① 오방색이란 우리나라의 전통색채에서 사용되어 오던 색이다.
② 오방색의 오정색은 적색, 녹색, 백색, 황색, 청색으로 각 방위에 따라 색이 정해져 있다.
③ 오방색이란 음양오행사상에 근거한 색채문화로 오정색과 오간색이 있다.
④ 오방색은 동서남북 및 중앙의 오방으로 이루어져 있다.

24 후퇴, 수축되어 보이는 계통의 색은?

① 고명도의 색
② 한색계의 색
③ 고채도의 색
④ 난색계의 색

25 빛에 의한 설명으로 틀린 것은?

① 빛은 눈을 자극하여 시각을 일으키는 물리적 원인이다.
② 분광된 빛을 단색광이라고 한다.
③ 태양의 빛을 백색광이라고 한다.
④ 동일 파장으로 구성되어 있다.

정답
20.② 21.③ 22.④ 23.② 24.② 25.④

26 다음 중 색채의 중량감에 대한 설명으로 옳은 것은?

① 주로 채도에 의하여 좌우된다.
② 중명도의 회색보다 노란색이 무겁게 느껴진다.
③ 난색 계통보다 한색 계통이 가볍게 느껴진다.
④ 주로 고명도의 색은 가볍게 느껴진다.

27 한국산업표준(KS) 물체색의 색이름에 대한 설명으로 틀린 것은?

① 먼셀의 10색상환에 근거하여 기본색이름을 정하였다.
② 색이름을 크게 계통색이름과 관용색이름으로 구별한다.
③ 기본색이름 앞에 붙는 색이름 수식형은 빨간, 흰 등과 같은 형용사만 사용된다.
④ 관용색명은 일상적으로 자주 사용되고 많은 사람이 색을 연상할 수 있는 색명이다.

28 먼셀 표색계와 같이 색표 같은 것은 미리 정해 놓고 물체의 색채와 비교하여 물체의 색을 표시하는 표색계는?

① 혼색계　② 관용색명
③ 고유색명　④ 현색계

29 먼셀(Munsell) 표색계의 기본색은?

① Red, Yellow, Green, Blue, Purple
② Yellow, Ultramarine Blue, Red, Sea Green
③ Orange, Turquoise, Purple, Leaf Green
④ Red, Green, Blue

30 미국의 색채학자 저드(D. B. Judd)가 주장하는 색채조화의 4가지 원칙이 아닌 것은?

① 방향성의 원리
② 질서의 원리
③ 친근성의 원리
④ 명료성의 원리

31 날이 저물어 서서히 어두워지기 시작하면 추상체와 같이 작용하게 되어 사물의 윤곽이 흐릿하여 보기가 어렵게 된다. 이러한 상태는?

① 명소시　② 암소시
③ 박명시　④ 형태시

32 명소시와 암소시의 중간 밝기에서 추상체의 간상체 양쪽이 작용하고 있는 시각의 상태는?

① 황혼시　② 박명시
③ 저명시　④ 약명시

정 답
26.④ 27.③ 28.④ 29.① 30.① 31.③ 32.②

33 색채조화론에서 미적인 원리들을 이해하고 이들을 배색에 적용시킬 수 있는 법칙으로 발전시키는 일은 매우 중요하다. 그렇다면 미국의 색채학자 저드가 정립시킨 색채조화의 4가지 원칙에 해당하지 않는 것은?

① 질서의 원칙 ② 친근성의 원칙
③ 개체성의 원칙 ④ 명료성의 원칙

34 다음 배색에 관한 내용 중 맞는 것은?

① 주조색은 기준색과 같은 상징적 대표색이다.
② 보조색은 기준색이 될 수 없다.
③ 다색 배색에서 도미넌트 컬러란 보조색이다.
④ 넓은 회색 면에 청색의 강조색을 칠해 놓으면 기준색은 청색이 된다.

35 흰 바탕에 빨간색 십자가를 보게 되면 적십자라는 단체를 떠올리게 되는 것은 빨간색 십자가와 관련한 어떤 심리작용인가?

① 연상 ② 기억
③ 착시 ④ 잔상

36 피부에 노란 기가 있고 창백해 보이는 얼굴색의 경우, 개성을 부각시킬 수 있는 가장 적절한 머리 염색 색채는?

① 파랑 띤 검정
② 차가운 느낌의 금발
③ 담갈색
④ 황금색 띤 갈색

37 색에 대한 설명으로 틀린 것은?

① 흰색, 회색, 검은색 등 색감이 없는 계열의 색을 통틀어 무채색이라고 한다.
② 색의 순도는 색의 탁하고 선명한 강약의 정도를 나타내는 명도를 의미한다.
③ 인간이 분류할 수 있는 색의 수는 개인적인 차이는 존재하지만 대략 750만 가지 정도이다.
④ 색의 강약을 채도라고 하며 눈에 들어오는 빛이 단일 파장으로 이루어진 색일 수록 채도가 높다.

38 동양의 전통적 색채는 음양의 역학적 원리에 근거를 두고 있다. 다음 중 음의 색은?

① 빨강 ② 노랑
③ 파랑 ④ 주황

39 용기와 열정, 생동의 표현, 활력의 원천으로 상징되어 온 색은?

① 빨강 ② 파랑
③ 초록 ④ 보라

정답
33.③ 34.④ 35.① 36.① 37.② 38.③ 39.①

40 가법혼색의 특징이 아닌 것은?

① 색광의 겹침으로 인한 혼색 현상이다.
② 컬러 TV, 스포트라이트 등의 조명이 해당된다.
③ 혼합된 색은 명도가 낮아진다.
④ 3원색은 빨강(R), 녹색(G), 파랑(B)이다.

41 먼셀의 표색계에서 색의 표시 방법인 HV/C에 대한 설명으로 맞는 것은?

① 색상의 머리글자는 V이다.
② 명도의 머리글자는 H이다.
③ 채도의 머리글자는 C이다.
④ 표기 순서가 HV/C일 때 HV는 색상이다.

42 색의 3속성 중 색의 밝고 어두운 정도를 뜻하는 것은?

① 색상 ② 명도
③ 채도 ④ 색각

43 색의 주목성에 대한 설명 중 틀린 것은?

① 고명도, 고채도의 색은 주목성이 높다.
② 일반적으로 명시도가 높으면 주목성도 높다.
③ 녹색은 빨강보다 주목성이 높다.
④ 포스터, 광고 등에서는 주목성이 높은 배색을 한다.

44 어두운 곳에서 빨간 불꽃을 돌리면 길고 선명한 빨간 원을 볼 수 있다. 어떤 현상 때문인가?

① 색의 연상 ② 부의 잔상
③ 정의 잔상 ④ 동화 현상

45 2개 이상의 색을 볼 때, 때로는 색들끼리 서로 영향을 주어서 인접색에 가까운 색을 느끼는 경우가 있다. 이러한 현상을 뜻하는 내용과 관련이 없는 것은?

① 동화 효과 ② 전파 효과
③ 혼색 효과 ④ 감정 효과

46 색의 3속성 중 색의 강약이나 맑기를 의미하는 것은?

① 명도 ② 채도
③ 색상 ④ 색입체

47 다음 중 '파랑 느낌의 녹색'과 같이 기본 색명에 색상, 명도, 채도를 나타내는 수식어를 붙인 색명은?

① 관용색명 ② 고유색명
③ 일반색명 ④ 기본색명

정 답

40.③ 41.③ 42.② 43.③ 44.③ 45.④ 46.② 47.③

48 색채의 표면색(surface color)을 바르게 설명한 것은?

① 물체의 표면에서 빛이 반사하여 나타나는 색이다.
② 색유리와 같이 빛이 투과하여 나타나는 색을 말한다.
③ 색채는 물체의 간접색과 인접색으로 나눌 수 있다.
④ 분광 광도계와 같은 접안렌즈를 통하여 보는 색이다.

49 배색에 관한 설명 중 틀린 것은?

① 강조색은 작은 면적으로 효과를 극대화할 때 사용하고 배색의 지루함을 없애준다.
② 배색에서 전체적으로 가장 많은 면적과 기능을 차지하는 것을 주조색이라 한다.
③ 여러 가지 색을 서로 어울리게 배열하는 것으로 기능, 목적, 효용에 따라 다양한 방법이 있다.
④ 톤 온 톤(tone on tone) 배색은 무채색에 의한 분리 효과를 표현한 배색이다.

50 다음 중 색채의 무게감과 가장 관계가 있는 것은?

① 색상 ② 명도
③ 채도 ④ 순도

51 먼셀 20색상환에서 청록의 보색은?

① 빨강 ② 노랑
③ 보라 ④ 주황

52 다음 중 오스트발트 색체계에 대한 설명으로 옳은 것은?

① Yellow의 보색은 Turquoise이다.
② 색상번호, 흑색량, 백색량의 순서로 색을 표기한다.
③ 어떤 색의 보색은 색 차이가 '10'이다.
④ 색상환은 헤링의 4원색설을 기본으로 한다.

53 색의 항상성(恒常性)에 관한 설명 중 옳은 것은?

① 가시도 내에서 조명에 따라 같은 색이 달라져 보인다.
② 조명의 자극이 변해도 어떤 물체의 색이 변해 보이지 않는다.
③ 조명이 변하는 즉시 물체의 색도 달라 보인다.
④ 색을 인식할 때는 자극과 감각, 시각과는 관계가 없다.

정답
48.① 49.④ 50.② 51.① 52.④ 53.②

54 강하고 짧은 자극 후에도 계속 보이는 것으로, 어두운 곳에서 빨간 불꽃을 빙빙 돌리면 길고 선명한 빨간 원을 볼 수 있는데 이것은 어떤 현상이 계속해서 일어나기 때문인가?

① 부의 잔상　② 정의 잔상
③ 보색 효과　④ 도지반전 효과

55 색의 3속성에 관한 설명으로 틀린 것은?

① 채도는 색의 강약, 맑기, 선명도이다.
② 색상이란 빨강, 파랑, 노랑이라 표현하는 이름으로 어떤 색을 다른 색과 쉽게 구별하는 특성으로서 나타낸 성질이다.
③ 명도는 색의 밝고 어두운 정도를 의미한다.
④ 명도는 물체 표면에서 선택적으로 반사되는 주파장에 의해 결정된다.

56 하나의 색이 그보다 탁한 색 옆에 위치할 때 실제보다 더 선명하게 보이는 대비현상은?

① 색상대비　② 채도대비
③ 보색대비　④ 계시대비

57 먼셀 색체계에 대한 설명 중 틀린 것은?

① 빨강, 노랑, 초록, 파랑의 4가지 기본 색상에 중간색을 넣고 각각 10등분하였다.
② 색상, 명도, 채도의 3속성에 의해 색을 분류하는 방법이다.
③ 채도단계는 무채색의 축 0을 기준으로 한 후 수평 방향으로 커지게 하였다.
④ 무채색의 표기방법으로 명도 단위 앞에 N을 붙여 사용한다.

58 진출색과 후퇴색에 대한 일반적인 설명 중 틀린 것은?

① 따뜻한 색이 차가운 색보다 진출해 보인다.
② 밝은색이 어두운색보다 진출해 보인다.
③ 채도가 높은 색이 채도가 낮은 색보다 진출해 보인다.
④ 무채색이 유채색보다 진출해 보인다.

59 반대색의 배색에서 느낄 수 있는 심리는?

① 협조적, 온화함, 상냥함
② 차분함, 일관됨, 시원함
③ 강함, 동적임, 화려함
④ 정적임, 간결함, 건전함

60 시세포의 기능 부족 등으로 색을 제대로 느끼지 못하는 현상은?

① 색각이상　② 색청이상
③ 배색이상　④ 수용이상

정 답
54.② 55.④ 56.② 57.① 58.④ 59.③ 60.①

61 점을 찍어가며 그림을 그린 인상파 화가들의 그림과 관련된 혼합은?

① 가산혼합 ② 감산혼합
③ 병치혼합 ④ 회전혼합

62 다음 중 단색광(monochromatic light)을 바르게 설명한 것은?

① 가장 짧은 파장의 광선
② 두 단색광을 합하여 백색광이 되는 광선
③ 눈에 보이지 않는 광선
④ 더 이상 분광될 수 없는 광선

63 다음 중 배색의 효과에 대한 설명으로 거리가 먼 것은?

① 고명도의 색을 좁게 하고 저명도의 색을 넓게 하면 명시도가 높아 보인다.
② 같은 명도의 색이라도 면적이 커지면 고명도로 보이고 밝아 보인다.
③ 같은 채도의 색이라도 면적이 작아지면 저채도로 보이고 탁하게 보인다.
④ 같은 명도의 색이라도 면적이 작아지면 고명도로 보인다.

64 유사 색조의 배색에서 받는 느낌은?

① 강함, 똑똑함, 생생함, 활기참
② 평화적임, 안정됨, 차분함
③ 동적임, 화려함, 적극적임
④ 예리함, 자극적임, 온화함

65 어두운 상태에서 우리 눈의 간상체가 지각할 수 있는 색은?

① 황색 ② 회색
③ 청색 ④ 적색

66 파장이 가장 긴 색과 짧은 색이 맞게 짝지어진 것은?

① 빨강과 주황 ② 빨강과 남색
③ 빨강과 보라 ④ 노랑과 초록

67 채도를 낮추지 않고 어떤 중간색을 만들어 보자는 의도로 화면에 작은 색점을 많이 늘어놓아 사물을 표시하려고 한 것에 속하는 것은?

① 가산혼합 ② 감산혼합
③ 병치혼합 ④ 회전혼합

68 자연광에 의한 음영 작도에서 화면에 평행하게 비칠 때의 광선은?

① 측광 ② 배광
③ 역광 ④ 음광

정답
61.③ 62.④ 63.④ 64.② 65.② 66.③ 67.③ 68.①

69 색의 3속성에 따라 분류하여 표현하는 색 이름은?

① 관용색명 ② 고유색명
③ 순수색명 ④ 계통색명

70 다음 색상 중 후퇴, 수축색은?

① 노랑 ② 파랑
③ 주황 ④ 빨강

71 색의 분류 중 무채색에 속하는 것은?

① 황토색 ② 어두운 회색
③ 연보라색 ④ 어두운 회녹색

72 안내표지의 바탕이 흰색일 때 멀리서도 인지하기 쉬운 문자의 색으로 다음 중 어느 것이 가장 적합한가?

① 초록 ② 빨강
③ 파랑 ④ 주황

73 어두워지면 가장 먼저 사라져서 보이지 않는 색은?

① 노랑 ② 빨강
③ 녹색 ④ 보라

74 색채조화에 대한 연구를 통하여 이론을 제시한 사람이다. 관련이 없는 사람은?

① 레오나드로 다 빈치
② 뉴턴
③ 슈브럴
④ 맥스웰

75 색료를 혼합해서 만들 수 없는 색은?

① 주황 ② 노랑
③ 녹색 ④ 남색

76 유사색조의 배색은 어떤 느낌을 주는가?

① 화려함 ② 자극적임
③ 안정감 ④ 생생함

77 박명시 시기에 일시적으로 '잘 보이지 않는 색'과 반대로 '밝게 보이기 시작하는 색'의 순으로 바르게 짝지어진 것은?

① 노랑－빨강
② 빨강－파랑
③ 흰색－검정
④ 파랑－노랑

정답

69.④ 70.② 71.② 72.① 73.② 74.④ 75.② 76.③ 77.②

78 색의 대비현상에 대한 일반적인 설명으로 잘못된 것은?

① 보색대비 : 보색이 대비되면 본래의 색보다 채도가 높아지고 선명해진다.
② 색상대비 : 색상이 다른 두 색을 인접시키면 서로의 영향으로 색상차가 나지 않게 된다.
③ 면적대비 : 옷감을 고를 때 작은 견본에 비하여 옷이 완성되면 색상이 뚜렷해진다.
④ 채도대비 : 무채색 바탕 위의 유채색은 본래의 색보다 선명하게 보인다.

79 유사색 조화에 해당되는 것은?

① 연두－초록－청록
② 주황－파랑－자주
③ 주황－초록－보라
④ 노랑－연두－남색

80 다음 중 가산혼합에 해당하는 것은?

① 무대조명의 혼합 ② 물감의 혼합
③ 페인트의 혼합 ④ 잉크의 혼합

81 혼합하기 이전의 색의 명도보다 혼합할수록 색의 명도가 높아지는 혼합은?

① 가산혼합 ② 감산혼합
③ 중간혼합 ④ 병치혼합

82 동시대비의 지각조건이 아닌 것은?

① 색차가 클수록 대비현상이 강해진다.
② 시각차에 의해서 발생한다.
③ 자극과 자극 사이의 거리가 멀어질수록 대비현상은 약해진다.
④ 자극을 부여하는 크기가 작을수록 대비의 효과가 커진다.

83 색에 관한 설명 중 틀린 것은?

① 물리보색과 심리보색은 반드시 일치한다.
② 색상이나 채도보다 명도에 대한 반응이 더 민감하게 느껴진다.
③ 무채색끼리는 채도대비가 일어나지 않는다.
④ 보색을 대비시키면 채도가 높아지고, 색상을 강조하게 된다.

84 중간혼합으로 병치혼합에 대한 설명 중 틀린 것은?

① 다른 색광이 망막을 동시에 자극하여 혼합하는 현상이다.
② 주로 인쇄의 망점, 직물, 컬러 TV 등에서 볼 수 있다.
③ 색점이 주로 인접해 있으므로 명도와 채도가 저하되지 않는다.
④ 색을 혼합하기 때문에 명도와 채도가 낮아진다.

정답
78.② 79.① 80.① 81.① 82.② 83.① 84.④

85 배색의 조건과 거리가 가장 먼 것은?

① 사물의 성질, 기능, 용도에 부합되도록 해야 한다.
② 전달성을 염두에 두어야 한다.
③ 단색의 이미지만을 고려한다.
④ 재질과의 관계를 고려해야 한다.

86 다음 중 색채의 대비에 대한 설명으로 옳은 것은?

① 흰색 바탕 위의 회색은 검은색 바탕 위의 회색보다 어둡게 보인다.
② 빨간색 바탕 위의 보라색은 파란색 바탕 위의 보라색보다 붉게 느껴진다.
③ 회색 바탕 위의 빨간색은 분홍색 바탕 위의 빨간색보다 탁하게 보인다.
④ 빨간색은 청록색과 인접하여 있을 때, 명도 차이가 두드러지게 강조된다.

87 색감각을 일으키는 빛의 특성을 나타내는 색채계는?

① 혼색계　　② 색지각
③ 현색계　　④ 등색상

88 색의 3속성이 아닌 것은?

① 명도　　② 채도
③ 대비　　④ 색상

89 채도에 관한 설명 중 틀린 것은?

① 무채색에 가까울수록 채도가 낮아진다.
② 색의 맑기와 선명도이다.
③ 채도가 높은 색을 청(淸)색, 낮은 색을 탁(濁)색이라 한다.
④ 먼셀 색체계에서는 밸류(value)로 표시된다.

90 병원 수술실 벽면을 밝은 청록색으로 칠하는 가장 큰 이유는?

① 수술 시 잔상을 막기 위해
② 수술 시 피로를 덜기 위해
③ 색상 대비로 인하여 잘 보이기 위해
④ 환자의 정서적인 안정을 위해

91 난색 계통의 채도가 높은 색에서 느낄 수 있는 감정은?

① 흥분　　② 진정
③ 둔함　　④ 우울

92 인간이 사물을 보고 대뇌에서 느낄 수 있으려면, 빛 에너지가 전기화학적인 에너지로 바뀌어야 한다. 이를 담당하는 수용기관은?

① 수정체　　② 망막
③ 시신경　　④ 각막

정답
85.③ 86.① 87.① 88.③ 89.④ 90.① 91.① 92.②

93 채도란 무엇인가?

① 색의 심리 ② 색의 맑기
③ 색의 명칭 ④ 색의 밝기

94 일반적으로 색채조화가 잘 되도록 배색을 하기 위해서 종합적으로 고려해야 할 사항이 아닌 것은?

① 색상 수는 너무 많지 않도록 한다.
② 모든 색을 동일한 면적으로 배색한다.
③ 주제와 배경과의 대비를 생각한다.
④ 환경의 밝고 어두움을 고려한다.

95 빛이 물체에 닿아 대부분의 파장을 반사하면 그 물체는 어떤 색으로 보이는가?

① 흰색 ② 검은색
③ 회색 ④ 노란색

96 저드의 조화론 중 '질서의 원리'에 대한 설명으로 옳은 것은?

① 사용자의 환경에 익숙한 색이 잘 조화된다.
② 색채의 요소가 규칙적으로 선택된 색들끼리 잘 조화된다.
③ 색의 속성이 비슷할 때 잘 조화된다.
④ 색의 속성 차이가 분명할 때 잘 조화된다.

97 다음 중 색의 팽창과 수축에 대한 설명으로 틀린 것은?

① 팽창색은 진출색의 조건과 비슷하며 실제 크기보다 크게 보인다.
② 수축색은 후퇴색의 조건과 비슷하며 실제 크기보다 작게 보인다.
③ 따뜻한 색 쪽이 차가운 색보다 크게 보인다.
④ 밝은색 쪽이 어두운색보다 작게 보인다.

98 먼셀 표색계의 기본 5색상이 아닌 것은?

① 연두 ② 보라
③ 파랑 ④ 노랑

99 다음 중 색체계의 종류가 나머지와 다른 하나는?

① 먼셀 색체계
② NCS 색체계
③ 오스트발트 색체계
④ DIN 색체계

100 낮에는 빨간 물체가 밤이 되면 검게, 낮에는 파란 물체가 밤이 되면 밝은 회색으로 보이는 현상은?

① 푸르킨예 현상 ② 색각조절 현상
③ 베졸트 현상 ④ 변색 현상

정답
93.② 94.② 95.① 96.② 97.④ 98.① 99.③ 100.①

101 문-스펜서의 색채조화론에서 조화의 관계가 아닌 것은?

① 유사 조화 ② 대비 조화
③ 입체 조화 ④ 동일 조화

102 다음 색의 혼합방법 중 그 방법이 나머지와 다른 것은?

① 무대조명
② 점묘화법
③ 직물의 씨실과 날실
④ 컬러 TV

103 색채조화의 원리 중 틀린 것은?

① 두 가지 이상의 색채가 서로 어우러져 미적 효과를 나타낸 것이다.
② 서로 다른 색들이 대립하면서도 통일적 인상을 주는 것이다.
③ 두 가지 이상의 색채에 질서를 부여하는 것이다.
④ 전문가의 주관적인 미적 기준에 기초한다.

104 다음 중 망막에서 무수히 많은 색 차이를 지각하는 작용을 하는 시세포는?

① 상피체 ② 추상체
③ 모양체 ④ 간상체

105 주위의 색과 명도, 색상, 채도의 차를 크게 주어 배색하였을 때 나타나는 가장 큰 효과는?

① 색의 친화성 ② 색의 안정성
③ 색의 대비성 ④ 색의 동화성

106 같은 밝기의 회색을 흰색 바탕과 검은색 바탕에 각각 놓았을 때 흰색 바탕의 회색은 어둡게, 검은색 바탕의 회색은 밝게 보이는 대비는?

① 명도대비 ② 색상대비
③ 채도대비 ④ 보색대비

107 색의 3속성에 대한 설명으로 틀린 것은?

① 색의 3속성은 빛의 물리적 3요소인 주파장, 분광률, 포화도에 의해 결정된다.
② 명도는 빛의 분광률에 의해 다르게 나타나고, 완전한 흰색과 검은색은 존재한다.
③ 인간이 물체에 대한 색을 느낄 때는 명도가 먼저 지각되고 다음으로 색상, 채도의 순이다.
④ 채도는 색의 선명도를 나타내는 것으로 순색일수록 채도가 높다.

정답

101.③ 102.① 103.④ 104.② 105.③ 106.① 107.②

108 채도가 높은 색들의 배색에서 얻을 수 있는 느낌은?

① 어둡고 무겁다.
② 서늘하고 정적이다.
③ 온화하고 부드럽다.
④ 화려하고 자극적이다.

109 유치원 어린이들의 유니폼 색으로 노랑을 가장 많이 선택하는 이유는?

① 중량감 ② 온도감
③ 명시도 ④ 잔상

110 상점 쇼윈도의 동일한 크기의 색광 3개를 사용하여 가장 밝은 조명을 비추었다. 이 현상을 옳게 설명한 것은?

① 감법혼색의 원리를 사용한 것이다.
② 컬러인쇄와 동일한 원리를 이용한 것이다.
③ 빨강, 초록, 파랑의 색광을 사용한 것이다.
④ 사이안, 마젠타, 노랑의 색광을 사용한 것이다.

111 먼셀의 색체계를 기초로 오메가 공간이라는 색입체를 설정하여 성립된 색채조화이론은?

① 문-스펜서 색채조화론
② 오스트발트 색채조화론
③ 저드의 색채조화론
④ 비렌의 색채조화론

112 명시성에 대한 설명 중 가장 옳은 것은?

① 사물의 색이 맑고 작게 보인다.
② 사물의 색이 밝고 하얗게 보인다.
③ 두 색상을 같이 배열하면 색상이 다르게 보인다.
④ 멀리서도 사물이 눈에 잘 보인다.

113 조명이나 관측조건이 달라도 주관적 색채 지각으로는 물채색의 변화를 느끼지 못하는 현상은?

① 매스 효과 ② 색각 항상
③ 등색잔상 ④ 동화 현상

114 가법혼색에 대한 설명 중 옳은 것은?

① 사이안, 마젠타, 빨강을 기본 3색으로 한다.
② 색을 혼합할수록 명도가 높아진다.
③ 3원색을 혼합하면 검정에 가까운 갈색이 된다.
④ 일반적으로 색료혼합이라도 부른다.

정답
108.④ 109.③ 110.③ 111.① 112.④ 113.② 114.②

4• 메이크업 기기-도구 및 제품

01 이·미용사의 위생복을 흰색으로 하는 것이 좋은 주된 이유는?

① 오염된 상태를 가장 쉽게 발견할 수 있다.
② 가격이 비교적 저렴하다.
③ 미관상 가장 보기가 좋다.
④ 열 교환이 가장 잘 된다.

02 아이섀도를 바를 때, 눈 밑에 떨어진 가루나 과다한 파우더를 털어 내는 도구로 가장 적절한 것은?

① 파우더 퍼프　② 파우더 브러시
③ 팬 브러시　④ 치크 브러시

03 메이크업 브러시 종류 중 눈썹을 정리하거나 마스카라가 뭉쳤을 때 사용되는 것은?

① 팬 브러시　② 스크루 브러시
③ 페이스 브러시　④ 스펀지 팁

04 눈썹을 그리기 전후 자연스럽게 눈썹을 빗어 주는 나사 모양의 브러시는?

① 립 브러시　② 팬 브러시
③ 스크루 브러시　④ 파우더 브러시

05 메이크업 브러시 종류 중 파운데이션 브러시에 관한 설명으로 틀린 것은?

① 메이크업 베이스나 파운데이션을 바를 때 사용된다.
② 주로 탄성 있는 인조모로 제작된다.
③ 사용 후에는 자주 세척해 주는 것이 좋다.
④ 파우더를 바르거나 털어낼 때도 사용된다.

06 메이크업 도구 중 자주 세척하거나, 일회용으로 사용하는 것이 바람직한 것은?

① 파우더 퍼프
② 스펀지
③ 파운데이션 브러시
④ 페이스 브러시

07 메이크업 도구의 세척방법 중 전용 클렌저에 10분 정도 담가 놓았다가 가볍게 세척해 주는 것이 좋은 것은?

① 파우더 브러시
② 스펀지
③ 파우더 퍼프
④ 아이래시컬러(뷰러)

정답

01.① 02.③ 03.② 04.③ 05.④ 06.② 07.③

08 메이크업 도구 및 재료의 사용법에 대한 설명으로 가장 거리가 먼 것은?

① 브러시는 전용 클리너로 세척하는 것이 좋다.
② 아이래시컬러는 속눈썹을 아름답게 올려줄 때 사용한다.
③ 라텍스 스펀지는 세균이 번식하기 쉬우므로 깨끗한 물로 씻어서 재사용한다.
④ 면봉은 부분 메이크업 또는 메이크업 수정 시 사용한다.

09 메이크업 도구 중 메이크업이 번진 것을 수정할 때 사용하는 것은?

① 면봉 ② 클렌징 티슈
③ 클렌징 오일 ④ 화장솜

10 메이크업 도구의 세척방법이 바르게 연결된 것은?

① 립 브러시 – 브러시 클리너 또는 클렌징크림으로 세척한다.
② 라텍스 스펀지 – 뜨거운 물로 세척, 햇빛에 건조한다.
③ 아이섀도 브러시 – 클렌징크림이나 클렌징오일로 세척한다.
④ 팬 브러시 – 브러시 클리너로 세척 후 세워서 건조한다.

11 메이크업 도구에 대한 설명으로 가장 거리가 먼 것은?

① 스펀지 퍼프를 이용해 파운데이션을 바를 때에는 손에 힘을 빼고 사용하는 것이 좋다.
② 팬 브러시(fan brush)는 부채꼴 모양으로 생긴 브러시로 아이섀도를 바를 때 넓은 면적으로 한번에 바를 수 있는 장점이 있다.
③ 아이래시컬러(eyelash curler)는 속눈썹에 자연스러운 컬을 주어 속눈썹을 올려 주는 기구이다.
④ 스크루 브러시(screw brush)는 눈썹을 그리기 전에 눈썹을 정리해 주고 짙게 그려진 눈썹을 부드럽게 수정할 때 사용할 수 있다.

정답
08.③ 09.① 10.① 11.②

5 • 피부와 피부 부속기관

01 다음 설명 중 옳지 않은 것은?

① 각질층 : 외부의 독성물질이나 물리적 충격에 대한 생체방어 기능을 한다.
② 과립층 : 각질화 과정이 시작되고 점점 편평해지며 케라토히알린 과립이 있다.
③ 유극층 : 표피 중 가장 두껍고 핵이 있으며 랑게르한스 세포가 있어 알레르기성 접촉피부염에 관여한다.
④ 기저층 : 가시층이라고도 하며 세포 사이에 림프액이 흐르고 있어 혈액순환과 영양공급 등의 물질대사가 이루어진다.

02 가장 이상적인 pH 범위는?

① pH 3.5~4.5 ② pH 5.2~5.8
③ pH 6.5~7.5 ④ pH 7.5~8.5

03 피부의 각질층에 존재하는 세포간지질에 가장 많이 함유된 것은 무엇인가?

① 왁스 ② 콜레스테롤
③ 스쿠알렌 ④ 세라마이드

04 피부 구조에서 진피 중 피하조직과 연결되어 그물 모양으로 되어 있는 것은?

① 유두층 ② 기저층
③ 유극층 ④ 망상층

05 표피의 구조 중 올바른 순서는?

① 각질층-유극층-과립층-기저층
② 각질층-기저층-유극층-과립층
③ 각질층-과립층-유극층-기저층
④ 각질층-과립층-기저층-유극층

06 피부 표피 중 가장 두꺼운 층은?

① 각질층 ② 유극층
③ 과립층 ④ 기저층

07 표피 중에서 피부로부터 수분이 증발하는 것을 막는 층은?

① 각질층 ② 유극층
③ 과립층 ④ 기저층

정답
01.④ 02.② 03.④ 04.② 05.③ 06.② 07.③

08 다음 중 멜라닌 세포가 주로 분포되어 있는 곳은?

① 각질층 ② 과립층
③ 투명층 ④ 기저층

09 표피에 존재하며 면역과 관계되는 세포는?

① 멜라닌 세포
② 랑게르한스 세포(긴수뇨 세포)
③ 머켈 세포(신경종말 세포)
④ 콜라겐

10 멜라닌에 대한 설명 중 틀린 것은?

① 멜라닌 세포는 태아 14주경에 이루어지며, 기저층에 위치하면서 합성된다.
② 멜라닌은 검은색을 나타내는 페오멜라닌과 살색의 유멜라닌으로 크게 나눌 수 있다.
③ 멜라닌소체의 양과 크기에 의해 인종별 피부색이 구분된다.
④ 인종에 관계없이 단위면적당 멜라닌 세포의 수가 일정하다.

11 각화유리질 과립은 피부 표피의 어떤 층에 주로 존재하는가?

① 과립층 ② 유극층
③ 기저층 ④ 투명층

12 표피에서 세포가 퇴화되어 각질화되는 과정의 시작 단계로 핵이 없어지는 층은?

① 투명층 ② 각질층
③ 유극층 ④ 과립층

13 다음 중 피부 각질 형성세포의 일반적 각화 주기는?

① 약 1주 ② 약 2주
③ 약 3주 ④ 약 4주

14 피부의 천연보습인자의 구성성분 중 가장 많은 분포를 나타내는 것은?

① 아미노산 ② 피롤리돈카르복시산
③ 요소 ④ 젖산

15 천연보습인자에 대한 설명으로 틀린 것은?

① NMF라 불린다.
② 피부 수분 보유량을 조절한다.
③ 아미노산, 요소, 젖산 등으로 구성되어 있다.
④ 수소이온 농도지수 유지를 말한다.

16 표피에서 촉감을 나타내는 세포는?

① 멜라닌 세포 ② 머켈 세포
③ 각질 형성세포 ④ 랑게르한스 세포

정답
08.④ 09.② 10.② 11.① 12.④ 13.④ 14.① 15.④ 16.②

17 진피의 구성물질에 해당되지 않는 것은?

① 기질 ② 교원섬유
③ 지질 ④ 탄력섬유

18 진피에 대한 설명 중 옳은 것은?

① 진피는 피부의 약 90%를 차지하고 있으며, 유극층과 망상층으로 이루어져 있다.
② 망상층에는 모세혈관이 거의 없으며, 림프관·피지선·한선·신경 등이 복잡하게 분포되어 있다.
③ 외부적인 충격과 물리적 자극으로부터 인체를 보호해 주며, 성별과 연령, 부위에 따라 두께가 다르다.
④ 노화 현상에 따른 콜라겐, 엘라스틴, 점다당질의 감소는 주름과 관련이 없다.

19 다음 중 각화 과정에 대한 설명으로 옳지 않은 것은?

① 기저층의 각질 형성세포가 분열하여 각질 세포로 변화하는 것이다.
② 각화 과정이 지연되면 피부가 두꺼워져 보호기능이 높아진다.
③ 각질층에 도달할수록 편평해지고 마침내 죽은 각질이 되어 떨어져 나간다.
④ 지나친 각질 제거는 피부를 보호하기 위한 과각화증을 일으킨다.

20 교원섬유와 탄력섬유로 구성되어 있어 강한 탄력성을 지니고 있는 곳은?

① 표피 ② 진피
③ 피하조직 ④ 근육

21 콜라겐에 대한 설명으로 틀린 것은?

① 노화된 피부에는 콜라겐 함량이 낮다.
② 콜라겐이 부족하면 주름 발생이 쉽다.
③ 콜라겐은 피부의 표피에 주로 존재한다.
④ 콜라겐은 섬유아세포에서 생성된다.

22 사춘기 이후에 분비가 많이 되며, 모공과 연결되어 있고 분비되는 땀의 농도가 짙고 독특한 체취가 나는 것은?

① 소한선 ② 대한선
③ 피지선 ④ 갑상선

23 다음은 피부의 기능 중 어느 작용에 대한 설명인가?

> 피부는 중추신경, 자율신경의 신경요소와 연결되어 있어 외부 자극에 대한 촉각, 온각, 통각 등을 느낄 수 있도록 한다.

① 감각작용
② 분비 및 배설작용
③ 체온 조절작용
④ 흡수작용

정 답

17.③ 18.② 19.② 20.② 21.③ 22.② 23.①

24 다음 중 입모근과 가장 관련 있는 것은?

① 수분 조절 ② 체온 조절
③ 피지 조절 ④ 호르몬 조절

25 독립피지선이 아닌 것은?

① 입술 ② 구강점막
③ 눈꺼풀 ④ 유선

26 다음 중 각질층을 구성하고 있는 성분이 아닌 것은?

① 지질 ② 각질
③ 멜라닌 색소 ④ 섬유아세포

27 다음은 무엇에 대한 설명인가?

> 모낭과 연결되어 있어 춥거나 할 때 털을 세우는 근육이다.

① 기모근 ② 저작근
③ 교근 ④ 협근

28 피부색을 나타내는 색소가 아닌 것은?

① 헤모글로빈 ② 멜라닌
③ 카로틴 ④ 백혈구

29 피부의 피지막은 보통 상태에서 어떤 유화 상태로 존재하는가?

① W/O 유화 ② O/W 유화
③ W/S 유화 ④ S/W 유화

30 셀룰라이트의 설명으로 옳은 것은?

① 수분이 정체되어 부종이 생긴 현상
② 영양섭취의 불균형 현상
③ 피하지방과 노폐물이 축적되어 뭉친 현상
④ 화학물질에 대한 저항력이 강한 현상

31 피지선의 활동에 영향을 미치는 것과 직접적인 연관성이 없는 것은?

① 안드로겐 ② 테스토스테론
③ 프로게스테론 ④ 에스트로겐

32 피지선이 분포되어 있지 않은 부위는?

① 손바닥 ② 코
③ 가슴 ④ 이마

33 피지선에 대한 설명으로 틀린 것은?

① 수분이 정체되어 부종이 생긴 현상
② 영양섭취의 불균형 현상
③ 피하지방이 축적되어 뭉친 현상
④ 화학물질에 대한 저항력이 강한 현상

정답

24.② 25.④ 26.④ 27.① 28.④ 29.① 30.③ 31.④ 32.① 33.③

34 피지선에 대한 설명으로 옳은 것은?

① 피지선에서 분비되는 땀은 하루 1~2kg 정도이다.
② 피지선은 발바닥과 손바닥, 아랫입술을 제외한 전신에 분포한다.
③ 표피의 탈수를 예방하고 모발 등의 수분공급을 목적으로 한다.
④ 피지선의 크기나 활동성은 노년기 때에 급속하게 증가된다.

35 피지선의 기능으로 옳지 않은 것은?

① 땀과 기름을 유화시켜 피지막을 형성하여 피부를 보호한다.
② 기름막을 형성하여 피부 표면에 곰팡이나 세균이 번식할 수 있다.
③ 피부의 pH를 약산성으로 유지시킨다.
④ 미생물이나 이물질의 피부 침투를 막는다.

36 피지의 성분 중 가장 많으며 여드름균에 의해 유리지방산으로 변하는 것은?

① 지방산(fatty acid)
② 콜레스테롤(cholesterol)
③ 트리글리세라이드(triglyceride)
④ 왁스에스테르(wax ester)

37 피지선에 대한 설명으로 틀린 것은?

① 피지를 분비하는 선으로 진피 중에 위치한다.
② 피지선은 손바닥에는 없다.
③ 피지의 하루 분비량은 10~20g 정도이다.
④ 피지선이 많은 부위는 코 주위다.

38 피부가 느끼는 오감 중에서 가장 감각이 둔감한 것은?

① 냉각 ② 온각
③ 통각 ④ 압각

39 피부에 존재하는 감각기관 중 가장 많이 분포하는 것은?

① 냉각 ② 온각
③ 통각 ④ 압각

40 피부의 부속기관에 속하는 것은?

① 모발 ② 각질
③ 인대 ④ 뼈

정 답
34.② 35.② 36.③ 37.③ 38.② 39.③ 40.①

41 한선에 대한 설명으로 옳은 것은?

① 한선은 진피의 유두층에 실뭉치처럼 엉켜 있다.
② 한선은 땀을 분비하는 기관이며, 체온 조절과는 무관하다.
③ 에크린선은 서혜부와 겨드랑이에 존재하며, 대한선이라고도 한다.
④ 에크린선을 통한 땀은 pH 3.8~6의 약산성 상태로 무색무취의 맑은 액체이다.

42 한선에 대한 설명으로 틀린 것은?

① 체온 조절기능이 있다.
② 진피와 피하지방 조직의 경계 부위에 위치한다.
③ 입술을 포함한 전신에 분포한다.
④ 에크린선과 아포크린선이 있다.

43 아포크린 한선의 설명으로 틀린 것은?

① 아포크린 한선의 냄새는 여성보다 남성에게 강하게 나타난다.
② 땀의 산도가 붕괴되면서 심한 냄새를 동반한다.
③ 겨드랑이, 대음순, 배꼽 부위에 존재한다.
④ 인종적으로 흑인이 가장 많이 존재한다.

44 땀샘의 역할이 아닌 것은?

① 체온 조절
② 분비물 배출
③ 땀 분비
④ 피지 분비

45 우리 몸의 대사과정에서 배출되는 노폐물, 독소 등이 배설되지 못하고 피부조직에 남아 비만으로 보이며 림프 순환이 원인인 피부 현상은?

① 쿠퍼로제　　② 켈로이드
③ 알레르기　　④ 셀룰라이트

46 다음 모발에 관한 설명으로 틀린 것은?

① 모근부와 모간부로 구성되어 있다.
② 하루 약 0.2~0.5mm 자란다.
③ 모발의 수명은 보통 3~6년이다.
④ 모발은 퇴행기 → 성장기 → 탈락기 → 휴지기의 성장 단계를 갖는다.

47 모간부에 대한 설명으로 옳은 것은?

① 모간부는 모표피, 모피질, 모수질의 3층으로 구분한다.
② 모표피는 모발의 85~90%를 차지하며, 모발의 색상을 결정하는 멜라닌 색소가 있다.
③ 모표피는 모발의 중심부에 위치하며 구멍난 벌집 형태의 세포로 이루어져 있다.
④ 모수질은 연모에서도 발견이 된다.

정 답

41.④　42.③　43.①　44.④　45.④　46.④　47.①

48 모근부에 대한 설명으로 옳지 않은 것은?

① 두피의 안쪽 부분이며, 모발 성장의 원천이 되는 곳이다.
② 모낭은 모근을 감싸고 있는 자루 모양으로 모근부를 보호한다.
③ 모유두는 세포 형성에 가장 필요한 영양분을 공급한다.
④ 내측 모근초는 모발의 기원이 되는 세포이다.

49 다음은 모발의 구조 중 무엇에 대한 설명인가?

> 모발의 가장 바깥 부분으로 비늘 모양을 하고 있으며, 마찰이나 자극에 쉽게 손상될 수 있다.

① 모피질　② 모표피
③ 모수질　④ 모구

50 네일의 구조 중 다음에서 설명하는 것은 무엇인가?

> ㄱ. 눈에 보이는 손톱의 맨 끝부분
> ㄴ. 눈에 보이는 손톱의 본체

① ㄱ-프리에지, ㄴ-네일바디
② ㄱ-네일바디, ㄴ-네일베드
③ ㄱ-매트릭스, ㄴ-네일그루브
④ ㄱ-큐티클, ㄴ-네일바디

51 손발톱에 대한 설명으로 틀린 것은?

① 손발톱은 피부나 모발과 마찬가지로 케라틴이라는 단백질로 이루어져 있다.
② 손톱은 인체의 건강 상태를 나타내기도 하며, 손톱에 이상증세가 나타나는 경우가 많다.
③ 건강한 손발톱은 유연하고 탄력성이 풍부하며 일반적으로 부드럽고 광택이 있다.
④ 손톱은 한 달에 평균 3mm 정도 자라며, 여름보다 겨울에 더 빨리 자란다.

52 건강한 손톱에 대한 설명으로 틀린 것은?

① 바닥에 강하게 부착되어야 한다.
② 단단하고 탄력이 있어야 한다.
③ 윤기가 흐르며 노란색을 띠어야 한다.
④ 아치 모양을 형성해야 한다.

정답
48.④ 49.② 50.① 51.④ 52.③

6 • 피부 유형 분석

01 다음 중 표피 수분 부족 피부에 대한 특징이 아닌 것은?

① 피부 당김이 진피에서 심하게 느껴진다.
② 피부 조직에 표피성 잔주름이 형성된다.
③ 연령에 관계없이 발생한다.
④ 피부 조직이 별로 얇게 보이지 않는다.

02 정상 피부에 대한 설명으로 옳은 것은?

① 미적, 기능적으로 가장 이상적인 피부 상태로, 정상 피부를 가진 사람은 많다.
② 현재 상태를 유지시키기보다는 문제점 개선이 관리의 핵심이다.
③ 내외적 요인에 의해 쉽게 변화할 수 있는 피부이다.
④ 정상 피부의 경우 관리만 잘 해주면 절대로 피부 상태가 변화하지 않는다.

03 건성 피부의 특징으로 옳지 않은 것은?

① 피부조직이 얇으며, 심한 건조 시에는 갈리질 듯한 상태를 보인다.
② 피지선의 기능 저하로 모공이 거의 보이지 않는다.
③ 세안 후 당김 증상이 심하고, 굵은 주름이 잘 나타난다.
④ 피부저항력이 약해져 알레르기나 민감 반응을 보이기 쉽다.

04 건성 피부의 관리방법으로 옳은 것은?

① 알코올 성분이 함유된 화장수를 사용하는 것이 좋다.
② 건조하기 때문에 유분이 많은 화장품을 쓸수록 좋다.
③ 잦은 사우나나 건조한 공기 등의 환경 노출을 피하도록 한다.
④ 뜨거운 물로 세안하여 피부를 소독하도록 한다.

05 다음 중 지성 피부에 대한 설명으로 옳지 않은 것은?

① 사춘기 때 여성호르몬의 영향에 의해 피지선에서 피지 분비가 촉진된다.
② 지방과 탄수화물의 과다 섭취 시 더욱 악화될 수 있다.
③ 여드름 등의 염증성 병변으로 전이될 가능성이 높다.
④ 노화가 가장 느리게 진행되는 피부로 조직학적으로 가장 건강한 피부이다.

정답
01.① 02.③ 03.③ 04.③ 05.①

06 지성 피부에 대한 특징으로 옳은 것은?

① 피부결은 섬세하고 건조하여 각질이 일어나 있다.
② 모공이 크고, 지나친 피지 분비로 인한 호흡장애로 피부가 칙칙하다.
③ 피부저항력이 약하여 외부 자극에 영향을 많이 받는다.
④ 메이크업을 하면 오랜 시간 지워지지 않고 잘 유지된다.

07 지성 피부의 관리법으로 옳지 않은 것은?

① 한선과 피지선의 정상화를 위한 균형적 관리가 이루어져야 한다.
② 유분에 의해 피부 트러블을 유발하므로 화장수만 바른다.
③ 피지 관리와 함께 비타민 B군을 섭취한다.
④ 지성 노화 피부의 경우 수분 관리와 확장된 모공 관리를 병행한다.

08 모세혈관 확장 피부에 대한 설명으로 옳은 것은?

① 모세혈관이 이완과 수축을 반복하는 과정에서 혈관이 수축되어 있는 상태이다.
② 혈관이 약한 사람에게 나타나며, 강한 자극에는 큰 영향을 미치지 않는다.
③ 각질 탈락주기가 빨라져 각질층이 얇아진다.
④ 확장된 혈관으로 혈액이 몰려 세포의 성장이 느려진다.

09 모세혈관 확장 피부의 특징에 대한 설명으로 옳지 않은 것은?

① 양 볼이나 코 주위에 주로 잘 나타난다.
② 건조하고 당김을 잘 느끼며, 외부 자극에 잘 반응하지 않는 건강한 피부이다.
③ 피부의 열감이 올랐다 내렸다를 반복하는 편이다.
④ 지나친 자극에는 모세혈관이 파열될 수 있으므로 자극을 피한다.

10 다음 중 모세혈관 확장 피부의 관리법으로 옳은 것은?

① 비타민 B군을 섭취하면 효과적이다.
② 뜨거운 물로 세안한다.
③ 보습과 진정, 혈관 강화 관리를 목적으로 관리한다.
④ 자극성 있는 음식과 짠 음식을 자주 섭취하도록 한다.

정답
06.② 07.② 08.③ 09.② 10.③

11 다음 중 여드름 피부에 대한 설명으로 옳지 않은 것은?

① 주로 사춘기 때 남성호르몬의 증가로 인하여 여드름이 많이 발생한다.
② 과잉 분비된 피지는 표면상주균의 번식을 초래해 모낭벽을 자극하여 염증을 유발한다.
③ 피부 건조로 인한 각질층의 과탈락으로 모공이 막혀 모낭 내 염증을 유발하기도 한다.
④ 가족력이 가장 큰 원인이며, 외적 요인에 의해 좌우되지 않는다.

12 여드름 피부의 특징에 대한 설명으로 옳지 않은 것은?

① 피부결이 대체로 거칠고 염증과 흉터, 각질을 동반한다.
② 여드름으로 인해 민감한 반응이나 홍반을 동반하기도 한다.
③ 피부톤이 맑고 수분과 유분량이 적당한 피부이다.
④ 여드름의 크기에 따라 구진, 결정, 낭종 등으로 구분한다.

13 여드름 피부의 관리법으로 옳은 것은?

① 청결이 최우선이므로 비누로 자주 세안한다.
② 여드름의 초기 대응법으로 여드름 부위에는 연고를 사용하여 가라앉히도록 한다.
③ 항균, 소독, 소염, 진정관리에 중점을 두어 관리하도록 한다.
④ 여드름을 짜면 흉터가 생기므로 절대 적출하지 않는다.

14 노화 피부의 특징으로 옳지 않은 것은?

① 탄력성 저하 ② 주름살 증가
③ 색소침착 증가 ④ 피지선 활동 증가

15 노화 피부의 관리방법으로 틀린 것은?

① 피부가 얇아져 있으므로 각질 제거를 하면 안 된다.
② 스트레스를 해소하고 마음의 안정을 갖는다.
③ 외부의 자극으로부터 피부를 적절히 보호한다.
④ 균형 있는 식생활을 한다.

16 다음 중 복합성 피부에 대한 설명으로 옳지 않은 것은?

① 10대 청소년기에 주로 나타나는 피부 유형이다.
② 피부 타입에 맞지 않는 제품의 사용으로 복합성 피부가 될 수 있다.
③ 눈가나 입가에 잔주름이 형성되기 쉽다.
④ 피부 타입에 맞는 화장품을 선택하여 사용한다.

정답

11.④ 12.③ 13.③ 14.④ 15.① 16.①

17 다음 중 민감성 피부에 대한 설명으로 옳지 않은 것은?

① 피부결이 곱고 섬세하나, 외부 자극에 의해 쉽게 거칠어진다.
② 모공이 거의 보이지 않으나, 장기간의 연고 사용으로 모공이 큰 경우도 있다.
③ 대부분 과잉 피지 분비와 동반되는 경우가 많다.
④ 피부저항력이 약해 홍반, 알레르기 반응을 동반하기 쉽다.

18 다음 중 민감성 피부의 악화 요인으로 옳지 않은 것은?

① 스트레스
② 강한 필링
③ 잦은 세안
④ 자외선 차단제 사용

19 다음 중 모세혈관 확장 피부에 대한 설명으로 옳은 것은?

① 모세혈관이 이완과 수축을 반복하는 과정에서 혈관이 수축되어 있는 상태이다.
② 혈관이 약한 사람에게 나타나며, 강한 자극에는 큰 영향을 미치지 않는다.
③ 각질 탈락주기가 빨라져 각질층이 얇아진다.
④ 확장된 혈관으로 혈액이 몰려 세포의 성장이 느려진다.

정답
17.③ 18.④ 19.③

7 • 피부와 영양

01 모세혈관 강화와 관련 있는 비타민 중 지용성 비타민은?

① 비타민 A ② 비타민 P
③ 비타민 D ④ 비타민 K

02 광노화의 현상이 아닌 것은?

① 표피 두께 증가
② 멜라닌 세포 이상항진
③ 체내 수분 증가
④ 진피 내 모세혈관 확장

03 다음 중 비타민에 대한 설명이 틀린 것은?

① 비타민 A가 결핍되면 피부가 건조해지고 거칠어진다.
② 비타민 C는 교원질 형성에 중요한 역할을 한다.
③ 레티노이드는 비타민 A를 통칭하는 용어이다.
④ 비타민 A는 많은 양이 피부에서 합성된다.

04 다음 중 탄수화물, 지방, 단백질의 3가지를 지칭하는 것은?

① 구성영양소 ② 열량영양소
③ 조절영양소 ④ 구조영양소

05 식물은 해충과 초식동물의 공격으로부터 자신을 방어하기 위해 다양한 물질을 만들어 낸다. 이러한 화학물질을 무엇이라 하는가?

① 퀴세틴 ② 파이토케미칼
③ 셀레늄 ④ 엽산

06 비타민 B_3가 결핍되어 생기는 질병으로 거칠거칠하다는 의미를 가지며 피부에 염증반응을 일으키고 색소침착을 일으키는 질병은?

① 펠라세포병 ② 나아신병
③ 크레틴병 ④ 펠라그라병

07 다음에서 비타민 D의 결핍증은?

① 악성 빈혈 ② 구루병
③ 야맹증 ④ 구순구각염

정답
01.④ 02.③ 03.④ 04.② 05.② 06.④ 07.②

08 아래에서 설명하고 있는 영양소는?

- 동물체에서는 합성되지 않는다.
- 섭취가 부족한 경우 결핍증이 나타난다.
- 몸의 구성성분으로 사용되지 않지만 극히 적은 양으로 몸의 생리작용을 조절한다.

① 단백질 ② 탄수화물
③ 지방 ④ 비타민

09 각 영양소가 피부에 미치는 효과에 대한 설명 중 옳은 것은?

① 탄수화물 : 과잉 섭취 시 피지 분비가 촉진되어 지성 피부가 되기도 한다.
② 단백질 : 체온 조절기능과 피지선 기능을 조절한다.
③ 지방 : 피부 재생작용에 대부분 사용된다.
④ 비타민 : 과잉 섭취 시 피하지방에 축척되어 비만을 초래한다.

10 영양소에 대한 설명으로 틀린 것은?

① 열량영양소에는 탄수화물, 단백질, 지방 등이 있다.
② 열량영양소는 인체에 필요한 에너지를 제공하여 우리 몸을 따뜻하게 한다.
③ 조절영양소는 인체의 생리기능을 도와늘 정상적인 상태를 유지할 수 있도록 도와준다.
④ 구성영양소에는 비타민, 무기질, 물 등이 있다.

11 다음은 어떤 비타민에 대한 설명인가?

멜라닌 색소 형성을 저해시켜 기미, 주근깨 피부에 효과적인 비타민이다.

① 비타민 A ② 비타민 C
③ 비타민 B ④ 비타민 K

12 체내에 부족하면 괴혈병을 유발하며, 피부와 잇몸에서 피가 나고 빈혈을 일으켜 피부를 창백하게 하는 것은?

① 비타민 A ② 비타민 C
③ 비타민 B ④ 비타민 K

13 지용성 비타민이 아닌 것은?

① 비타민 A ② 비타민 C
③ 비타민 D ④ 비타민 K

14 갑상선호르몬의 구성성분이며, 피부와 탈모 예방, 모발 건강에 효과적인 무기질은 다음중 무엇인가?

① I(요오드) ② Fe(철)
③ Na(나트륨) ④ P(인)

정답
08.④ 09.① 10.④ 11.② 12.② 13.② 14.①

15 피부, 점막의 상피세포를 형성하고 유지시키며, 결핍되면 야맹증이나 각막연화증을 일으킬 수 있는 비타민은?

① 비타민 C ② 비타민 E
③ 비타민 A ④ 비타민 B

16 비타민 결핍증에 대한 설명 중 틀린 것은?

① 비타민 A : 야맹증, 탈모
② 비타민 D : 구루병, 골연화
③ 비타민 C : 괴혈병, 색소침착
④ 비타민 E : 용혈성 빈혈증, 피부의 노화

17 지용성이며 혈액 응고 인지자로서 모세혈관 확장 피부에 유익한 것은?

① 비타민 A ② 비타민 B
③ 비타민 C ④ 비타민 K

18 물(water)에 대한 설명으로 틀린 것은?

① 인체의 약 60%를 차지하며, 3대 영양소에 속한다.
② 10%만 상실되어도 위험하다.
③ 영양소로서의 기능은 없으나 에너지원으로 쓰인다.
④ 생체 내에서 삼투압 작용을 하며, 체액을 통해 신진대사를 한다.

19 체형과 영양과의 관계로 옳지 않은 것은?

① 영양의 섭취가 고르지 못하면 쉽게 피로하고 매사에 의욕이 없어진다.
② 과잉 섭취 시에는 비만이나 각종 성인병에 걸릴 위험성이 높아진다.
③ 비만은 섭취량에 비해 소모량이 많을 경우 발생하게 된다.
④ 우리 몸에 필요한 영양소를 골고루 잘 섭취해야 건강하다.

20 성장 촉진, 생리대사의 보조역할, 신경안정과 면역기능 강화 등의 역할을 하는 영양소는?

① 단백질 ② 비타민
③ 무기질 ④ 지방

21 필수 아미노산이 아닌 것은?

① 아이소류신 ② 트레오닌
③ 티로신 ④ 아르기닌

22 다음 중 탄수화물에 대한 설명으로 옳지 않은 것은?

① 당질이라고도 하며 신체의 중요한 에너지원이다.
② 장에서 포도당, 과당 및 갈락토스로 흡수된다.
③ 지나친 탄수화물의 섭취는 알칼리성 체질로 만든다.
④ 탄수화물의 소화 흡수율은 99%에 가깝다.

정답
15.③ 16.① 17.② 18.① 19.③ 20.② 21.③ 22.③

8 • 피부와 광선

01 자외선 A의 파장범위는?

① 320~400nm ② 290~320nm
③ 200~290nm ④ 100~200nm

02 자외선 B는 홍반 발생능력이 자외선 A의 몇 배 정도인가?

① 10배 ② 100배
③ 1,000배 ④ 10,000배

03 일광화상을 일으키는 UV-B를 차단하기 위한 자외선 차단지수는?

① SPF ② PA
③ APF ④ PSF

04 태양광선에 대한 설명이다. 어느 광선에 대한 설명인가?

- 자외선 중 에너지가 가장 강하다.
- 살균작용이 있다.
- 최근 오존층의 파괴로 인해 생태계를 위협하기도 한다.

① UV-A ② UV-B
③ UV-C ④ 적외선

05 다음 중 최초 홍반을 일으키는 데 필요한 최소 자외선의 양을 나타내는 자외선의 감수성 지표를 고르면?

① MED ② MFD
③ SPF ④ SPF

06 다음 중 자외선의 효과에 대한 설명 중 잘못된 것은?

① 식욕 증가, 수면 증진의 효과가 있다.
② 오래 노출되면 홍반이 생긴다.
③ 비타민 K를 형성시킨다.
④ 광노화나 피부암을 유발할 수 있다.

07 자외선에 대한 설명으로 틀린 것은?

① 자외선 C는 오존층에 의해 차단될 수 있다.
② 자외선 A의 파장은 320~400nm이다.
③ 자외선 B는 유리에 의하여 차단될 수 있다.
④ 피부에 제일 깊게 침투하는 것은 자외선 B이다.

정답
01.① 02.③ 03.① 04.③ 05.① 06.③ 07.④

08 단파장으로 가장 강한 자외선이며 원래는 오존층에 완전 흡수되어 지표면에 도달되지 않으나 오존층의 파괴로 인해 인체와 생태계에 많은 영향을 미치는 자외선은?

① UV-A ② UV-B
③ UV-C ④ 적외선

09 다음 중 자외선이 피부에 미치는 효과가 아닌 것은?

① 색소침착 ② 살균 효과
③ 홍반 형성 ④ 비타민 A 합성

10 자외선의 영향으로 인한 부정적인 효과는?

① 홍반 반응 ② 비타민 D 형성
③ 살균 효과 ④ 강장 효과

11 색소침착을 유발하는 UV-A를 차단하기 위한 자외선 차단지수는?

① SPF ② PA
③ APF ④ PSF

12 자외선 중 홍반을 주로 유발시키는 것은?

① UV-A ② UV-B
③ UV-C ④ 적외선

13 자외선 차단제를 바를 때의 주의사항들로 옳지 않은 것은?

① 1년 365일 꾸준히 발라 주어야 한다.
② 운동이나 땀, 물놀이 시에는 워터프루프타입을 선택한다.
③ 기초화장품의 마지막 단계인 메이크업 베이스 전에 발라 주도록 한다.
④ 차단 효과를 위해 외출 30분 전에 발라 주고, 한 번만 발라 주면 완전히 차단된다.

14 피부에 자외선을 너무 많이 조사했을 경우에 일어날 수 있는 일반적인 현상은?

① 멜라닌 색소가 증가해 기미, 주근깨 등이 발생한다.
② 피부가 윤기가 나고 부드러워진다.
③ 피부에 탄력이 생기고 각질이 엷어진다.
④ 세포의 탈피현상이 감소된다.

15 광선의 종류 중 피부 표면에는 큰 영향을 주지 않으나, 고열의 형태로 피부 깊숙이 이로운 영향을 주며, 열선이라고도 하는 광선은 무엇인가?

① 가시광선 ② 적외선
③ 자외선 ④ 화학선

정 답
08.③ 09.④ 10.① 11.② 12.② 13.④ 14.① 15.②

16 적외선의 효과에 대한 설명 중 틀린 것은?

① 근육이완
② 혈액순환 촉진과 모세혈관 팽창
③ 영양흡수 증대
④ 병에 대한 저항력 약화

17 적외선에 관한 설명 중 틀린 것은?

① 혈류량을 증가시킨다.
② 피부에 생성물이 흡수되도록 돕는 역할을 한다.
③ 노화를 촉진시킨다.
④ 피부에 열을 가하여 피부를 이완시키는 역할을 한다.

18 다음 중 적외선을 조사시킬 때의 영향으로 틀린 것은?

① 신진대사에 영향을 미친다.
② 혈관을 확장시켜 순환에 영향을 미친다.
③ 근육을 수축시킨다.
④ 식균작용에 영향을 미친다.

19 SPF(Sun Protection Factor)에 대한 설명 중 틀린 것은?

① 자외선 B를 차단하는 지수를 말한다.
② 최소 지속형 즉시 흑화량(MMPD)을 측정하여 수치로 나타낸 것을 말한다.
③ SPF의 수치는 피부의 민감도, 계절, 연령에 따라 변화될 수 있다.
④ 보통 SPF 10~15분을 나타낸 것이 SPF 1이다.

정답
16.④ 17.③ 18.③ 19.②

3 · 피부와 면역

01 B림프구에 대한 설명 중 틀린 것은?

① 체액성 면역이다.
② 특정 항체를 생산한다.
③ 흉선에서 성숙된다.
④ T세포에게 도움을 받아 분화한다.

02 T림프구에 대한 설명 중 틀린 것은?

① 혈액 내 림프구의 90%를 차지한다.
② 면역글로불린이라고 불리는 항체를 생산한다.
③ 흉선에서 성숙된 세포이다.
④ T림프구는 B림프구를 활성화시킨다.

03 세균이나 바이러스 등으로 인한 질환이나 질병으로부터 저항할 수 있는 인체의 능력을 무엇이라 하는가?

① 면역 ② 항원
③ 항체 ④ 알레르기

04 피부 면역에 관한 설명으로 맞는 것은?

① 세포성 면역에는 보체, 항체 등이 있다.
② T림프구는 항원 전달 세포이다.
③ B림프구는 면역글로불린이라고 불리는 항체를 생산한다.
④ 표피에 존재하는 각질 형성세포는 면역 조절에 작용하지 않는다.

05 피부의 면역에서 항체를 생산하여 면역 역할을 수행하는 림프구는?

① A림프구 ② B림프구
③ T림프구 ④ G림프구

06 예방접종 후 생성되는 면역은?

① 자연능동면역
② 자연수동면역
③ 인공능동면역
④ 인공수동면역

07 임신기간 중 모체의 태반을 통해 면역이 성립되거나 초유나 모유를 섭취함으로써 면역이 성립되는 면역은?

① 자연능동면역
② 자연수동면역
③ 인공능동면역
④ 인공수동면역

정답
01.③ 02.② 03.③ 04.③ 05.② 06.③ 07.②

08 특정 면역체에 대해 면역글로불린이라는 항체를 생성하는 것은?

① A림프구 ② B림프구
③ T림프구 ④ G림프구

09 작은 림프구 모양의 세포로 종양세포나 바이러스에 감염된 세포를 자발적으로 죽이는 세포를 무엇이라 하는가?

① 멜라닌 세포 ② 랑게르한스 세포
③ 머켈 세포 ④ 자연살해 세포

10 제1 방어계 중 기계적 방어벽에 해당하는 것은?

① 피부각질층 ② 위산
③ 소화효소 ④ 섬모

11 인체에서 특정한 항원의 자극에 의해 만들어지는 대응물질로 어떠한 질병을 앓고 난 후 그 질병에 대한 저항성이 생기는 현상을 무엇이라 하는가?

① 항체 ② 항원
③ 면역 ④ 림프구

12 외부에서 침입하는 것으로 인체에서 면역반응을 일으키는 물질을 무엇이라 하는가?

① 항체 ② 항원
③ 면역 ④ 림프구

13 자연면역에 대한 설명 중 옳지 않은 것은?

① 항원에 상관없이 모든 이물질에 대해 저항하여 비특이성 면역이라 한다.
② 인체 내에 자연히 존재해 수동면역이라 한다.
③ 기억세포의 작용은 없으나, 항원을 구분하여 저항할 수 있다.
④ 선천적으로 갖고 태어났다고 하여 선천면역이라 한다.

정답
08.② 09.④ 10.① 11.① 12.② 13.③

피부 노화

01 다음 중 노화 피부의 원인 중 성격이 다른 것은?

① 호르몬의 이상 ② 태양광선
③ 스트레스 ④ 식습관

02 피부 노화의 원인이 아닌 것은?

① 아미노산라세미화
② 텔로미어 단축
③ 항산화제
④ 노화 유전자와 세포 노화

03 다음 중 노화이론 중 활성산소와 관련이 있는 것은?

① 프리라티칼 이론 ② 노화 프로그램설
③ 소모이론 ④ 텔로미어 이론

04 노화 피부의 특징으로 옳지 않은 것은?

① 탄력성 저하
② 주름살 증가
③ 피지선 활동 증가
④ 색소침착 증가

05 다음 중 비타민 E 부족 시 나타나는 증상이 아닌 것은?

① 건조 피부 ② 노화 피부
③ 냉증 ④ 야맹증

06 햇빛에 장시간 노출되었을 때 피부 변화를 일으켜 노화로 진행되는 형태는?

① 광노화 ② 생리적 노화
③ 피부 노화 ④ 내인성 노화

07 시간의 진행에 따라 자연적으로 나이가 들어 나타나는 현상은?

① 광노화 ② 생리적 노화
③ 피부 노화 ④ 내인성 노화

08 내인성 노화에 대한 설명이 아닌 것은?

① 생리적 노화에 해당한다.
② 자외선에 의한 노화이다.
③ 주름 및 색소침착이 일어난다.
④ 유전, 연령, 호르몬의 영향을 받는다.

정답

01.① 02.③ 03.① 04.③ 05.④ 06.① 07.④ 08.②

09 광노화 현상이 아닌 것은?

① 점다당질 감소 ② 섬유아세포 감소
③ 탄력섬유 증가 ④ 표피 두께 증가

10 광노화 현상이 아닌 것은?

① 표피 두께 증가
② 멜라닌 세포 이상항진
③ 체내 수분 증가
④ 진피 내의 모세혈관 확장

11 광노화의 방응과 거리가 먼 것은?

① 거칠어짐 ② 건조
③ 과색소침착증 ④ 모세혈관 수축

12 다음 중 피부 노화로 나타나는 증세와 거리가 먼 것은?

① 피지선 기능 저하
② 주름 형성
③ 신진대사 저하
④ 혈액순환 증가

13 침입자로 인식하여 재빨리 방어체계를 구축할 수 있도록 하는 인체의 화학적 방어 분비물질로 옳지 않은 것은?

① 히스타민 ② 보체
③ 인터페론 ④ 키토산

14 내인성 노화가 진행될 때 감소현상을 나타내는 것은?

① 각질층의 두께
② 주름
③ 피부 처짐 현상
④ 랑게르한스 세포

정답
09.① 10.③ 11.④ 12.④ 13.④ 14.④

11 • 피부장애와 질환

01 여드름 발생의 주요 원인과 가장 거리가 먼 것은?

① 모낭 내 이상각화
② 아포크린 한선의 분비 증가
③ 여드름균의 군락 형성
④ 염증반응

02 진피에 자리하고 있으며 통증이 동반되고, 여드름 피부의 4단계에서 생성되는 것으로 여드름 치료 후 흉터가 남는 것은?

① 면포 ② 농포
③ 가피 ④ 낭종

03 다음 중 각질 이상에 의한 피부질환은?

① 주근깨 ② 기미
③ 티눈 ④ 리일흑피증

04 장시간에 걸쳐서 소양증을 갖고 있는 사람에게 나타날 수 있는 증상으로 표피가 건조하고 가죽처럼 두꺼워진 상태는?

① 아토피 ② 태선화
③ 각질 ④ 인설

05 원발진이 아닌 것은?

① 농포 ② 종양
③ 궤양 ④ 팽진

06 흔히 딸기코라고 불리며, 코 같은 얼굴의 중심부에서 홍반과 함께 벌겋게 달아오르고, 심하면 여드름 같은 구진 · 농포가 발생하는 여드름 유사증상은?

① 구주위염
② 전격성 여드름
③ 주사(로사시아)
④ 모공각화증

07 다음 색소침착의 설명은 무엇에 대한 설명인가?

> 향수의 베르가모트 오일이 주 원인이며 광 접촉 시 피부가 예민해져 염증이 발생하고 색소침착이 생긴다.

① 리일흑피증 ② 벨록피부염
③ 에디슨병 ④ 오타씨모반

정답

01.② 02.④ 03.③ 04.② 05.③ 06.③ 07.②

08 다음 중 세균성 피부질환은?

① 다한증　② 무한증
③ 색한증　④ 모낭염

09 흔히 땀띠라고도 하며, 한관이나 한관구의 부위가 폐쇄되면서 땀이 배출되지 못하고 축척되어 발생되는 피부질환은?

① 한진　② 한관진
③ 농포　④ 한선농양

10 피부에 계속적인 압박으로 생기는 각질층의 증식 현상이며 원추형의 국한성 비후증으로 경성과 연성이 있는 것은?

① 사마귀　② 무좀
③ 굳은살　④ 티눈

11 바이러스로 인한 질환이 아닌 것은?

① 대상포진　② 전염성 연속증
③ 사마귀　④ 농가진

12 속발진의 종류로 옳지 않은 것은?

① 미란　② 인설
③ 결절　④ 가피

13 다음은 무엇에 대한 설명인가?

> 사멸한 표피가 피부 표면으로 떨어져 나가는 것을 통틀어 말하며, 각질화 과정에 따라 크기나 모양이 다양하다.

① 인설　② 균열
③ 열창　④ 미강진

14 피부의 발진 중 일시적인 증상으로 가려움을 동반하여 불규칙한 모양을 한 피부 현상을 무엇이라 하는가?

① 팽진　② 농포
③ 구진　④ 결절

15 열에 의한 피부질환은?

① 한랭 두드러기　② 동창
③ 망상청피반　④ 한진

16 물사마귀알로도 불리우며 황색 또는 분홍색의 반투명성 구진을 가지는 피부 양성종양으로, 땀샘관의 개출구 이상으로 피지 분비가 막혀 생성되는 것은?

① 한관종　② 비립종
③ 섬유종　④ 지방종

정답
08.④ 09.① 10.④ 11.④ 12.④ 13.① 14.① 15.④ 16.①

17 한랭에 의한 비정상적인 국소적 염증반응으로 가장 가벼운 상태는?

① 망상청피반 ② 동상
③ 동창 ④ 한랭 두드러기

18 다음 중 기미에 대한 설명으로 틀린 것은?

① 피부 내에 멜라닌이 합성되지 않아 야기되는 것이다.
② 30~40대의 중년 여성에게 잘 나타나며 재발이 잘 된다.
③ 선탠에 의해서 발생할 수 있다.
④ 경계가 명확하다.

19 다음 중 과색소 피부질환이 아닌 것은?

① 기미 ② 백반증
③ 오타씨모반 ④ 주근깨

20 다음 중 기미가 생기는 원인으로 가장 거리가 먼 것은?

① 정서적 불안
② 비타민 C 과다
③ 내분비 기능 장애
④ 질이 좋지 않은 화장품 사용

21 다음 중 기계적 손상에 의한 피부질환이 아닌 것은?

① 굳은살 ② 욕창
③ 종양 ④ 티눈

22 화상의 구분 중 홍반, 부종, 통증뿐만 아니라 수포를 형성하는 것은?

① 제1도 화상 ② 제2도 화상
③ 제3도 화상 ④ 중급 화상

23 모래알 크기의 각질세포로서 눈 아래 모공과 땀구멍에 주로 생기는 백색 구진 형태의 질환은?

① 비립종 ② 모반
③ 한관종 ④ 한선

24 대상포진(헤르페스)의 특징에 대한 설명으로 옳은 것은?

① 지각신경 분포를 따라 군집 수포성 발진이 생기며 통증이 동반된다.
② 바이러스를 갖고 있지 않다.
③ 전염되지 않는다.
④ 목과 눈꺼풀에 나타나는 전염성 비대 증식 현상이다.

25 다음 중 전염성 피부질환인 두부 백선의 병원체는?

① 리케차 ② 바이러스
③ 사상균 ④ 원생동물

정답
17.③ 18.① 19.② 20.② 21.③ 22.② 23.① 24.① 25.③

12 • 사회보장과 국제보건기구

01 사회보장에 해당되지 않는 것은?

① 사회보험　② 국민보험
③ 공공부조　④ 사회복지서비스

02 사회보장에 해당되는 내용과 설명이 맞지 않는 것은?

① 공공부조 : 생활보호, 국민기초생활 보장, 의료보호 및 의료급여 등
② 사회복지서비스 : 국가, 지방자치단체 그리고 민간이 주체가 되어 제공하는 각종 비금전적 원조
③ 사회보험 : 국민연금(특수직역연금), 의료보험, 고용보험, 산재보험 등
④ 국민보험 : 출산, 육아에 관련된 복지

03 사회복지의 내용으로 알맞은 것은?

① 인간의 기본 욕구 충족을 궁극적 목표로 한다.
② 개연적으로 일어날 수 있는 위험 요소들을 사회적 개입에 의하여 해결하는 것이다.
③ 막대한 경제적 타격을 입게 되어 정상적이고 안정된 경제생활이 어려워지게 된다.
④ 질병, 출산, 노령, 실업, 산업재해, 사망, 장애와 같은 위험요소가 항상 존재한다.

04 사회보장의 필요성에 해당하지 않는 것은?

① 사회연대와 위험 분산의 원칙에 기초한다.
② 인간의 기본 욕구 충족을 궁극적 목표로 한다.
③ 사회가 개입한다.
④ 위험에 따른 손실을 최소화한다.

05 사회복지의 정의를 "개인과 집단을 도와 건강상 만족스러운 기준에 도달할 때까지 행하는 계획적인 서비스와 시설의 조직적 제도"라고 한 학자는?

① 로마니신　② 베이커
③ 재스트로　④ 프리드랜더

정답
01.②　02.④　03.①　04.②　05.④

06 "사회복지는 사회를 유지하는 데 기본적인 사회적 · 경제적 · 교육적 건강에 대한 인간의 욕구를 충족시키고, 지역사회와 전체 사회의 집단적인 복지 상태를 유지하기 위한 국가적 프로그램"이라고 주장한 학자는?

① 베이커 ② 던햄
③ 로마니신 ④ 프리드랜더

07 현대사회에서 사회복지가 대두된 중요한 원인이 아닌 것은?

① 가족구조의 변화
② 소득양극화 문제의 심각성
③ 저출산 및 고령화 문제의 대두
④ 늦은 결혼적령기

08 사회복지의 가치에 해당하지 않는 것은?

① 인간의 존엄성
② 자기애와 자기결정권
③ 평등과 기회균등
④ 사회적 연대

09 144개 가난한 국가의 굶주리는 어린이를 위해 활동하며, 긴급 구호, 영양, 예방접종, 식수 문제 및 환경 개선, 기초 교육 등과 관련된 일을 하고 있는 세계보건기구는?

① WHO ② UFO
③ UNICEF ④ UN

10 유엔 전문기구의 하나로 세계 인류가 가능한 한 최고의 건강 수준에 도달하는 것을 목적으로 하는 국제보건기구는?

① UFC ② UNICEF
③ WHO ④ CFUD

정답
06.① 07.④ 08.② 09.③ 10.③

13 • 화장품학

01 다음 중 화장품의 정의에 대한 설명으로 옳지 않은 것은?

① 화장품의 정의는 화장품법상으로 명시되어 있다.
② 인체를 청결, 미화하여 매력을 더하고 용모를 밝게 변화시키고자 함이다.
③ 피부나 모발의 건강을 유지 또는 증진시키기 위함이다.
④ 최근 들어 의약품에 해당하는 물품도 해당되었다.

02 화장품의 종류 중 기능성 화장품에 대한 설명으로 옳지 않은 것은?

① 피부 미백에 도움을 주는 제품
② 피부 주름 개선에 도움을 주는 제품
③ 피부를 곱게 태우거나 자외선으로부터 피부를 보호하기 위한 제품
④ 유기농 원료, 동식물 및 그 유래 원료 등으로 제조되는 제품

03 다음 중 사용 목적은 장기간 혹은 단기간이며, 위생이나 미화 등의 목적으로 사용되는 제품은?

① 기능성 화장품
② 의약부외품
③ 의약품
④ 유기농 화장품

04 다음 중 사용 목적은 일정 기간이며, 일부 부작용이 있어도 무방하며 판매 경로에 제한이 있는 제품은?

① 기능성 화장품
② 의약부외품
③ 의약품
④ 유기농 화장품

05 화장품의 분류 중 기초화장품 군에 속하지 않는 것은?

① 클렌징로션
② 화장수
③ 메이크업 베이스
④ 팩

• 정답 •
01.④ 02.④ 03.② 04.③ 05.③

06 기초화장품 군 중에 정돈을 위한 목적으로 사용되는 것은?

① 팩 ② 페이셜 스크럽
③ 에센스 ④ 세럼

07 화장품의 분류 중 염모제나 블리치제 등이 속하는 화장품 군은?

① 모발 화장품 ② 두피 화장품
③ 바디 화장품 ④ 기초화장품

08 화장품의 원료 중 유성 원료에 속하지 않는 것은?

① 왁스 ② 정제수
③ 광물성 오일 ④ 고급 알코올

09 화장품의 원료 중 유성 원료의 식물성 오일에 속하지 않는 것은?

① 올리브유 ② 맥아유
③ 라놀린 ④ 피마자유

10 화장품의 원료 중 유성 원료의 동물성 오일에 속하지 않는 것은?

① 밍크오일 ② 난황오일
③ 스쿠알란 ④ 아보카도유

11 계면활성제에 대한 설명 중 맞지 않는 것은 어느 것인가?

① 한 분자 내에 친수성기와 친유성기를 함께 가진다.
② 보이지 않는 표면 장력을 활성화시킨다.
③ 세정작용, 기포작용, 유화작용 등을 한다.
④ 피부 자극이 적어 기초화장품에 사용되는 것은 양이온성 계면활성제이다.

12 비이온성 계면활성제에 대한 설명 중 맞지 않는 것은?

① 살균, 소독 작용이 뛰어나다.
② 피부 자극이 적다.
③ 기초화장품에 널리 사용된다.
④ 화장수의 가용화제, 크림의 유화제, 클렌징크림의 세정제 등의 종류가 있다.

13 계면활성제의 피부 자극 정도를 바르게 나타낸 것은?

① 양이온성 〉 양쪽성 〉 음이온성 〉 비이온성
② 양이온성 〉 음이온성 〉 양쪽성 〉 비이온성
③ 음이온성 〉 양쪽성 〉 양이온성 〉 비이온성
④ 음이온성 〉 양이온성 〉 양쪽성 〉 비이온성

정 답

06.① 07.① 08.② 09.③ 10.④ 11.④ 12.① 13.②

14 화장품의 원료 중에 방부제에 관한 설명으로 맞지 않는 것은?

① 미생물에 의한 화장품의 변질 방지를 목적으로 사용한다.
② 화장품의 제조, 보관, 유통 등의 과정에서 자동산화를 방지할 목적으로 사용한다.
③ 미생물에 의한 세균 성장 억제를 목적으로 사용한다.
④ 화장품의 안정성을 유지하기 위해 첨가하는 물질이다.

15 방부제의 종류 중에 화장품에 가장 많이 쓰이는 것은?

① 페녹시 ② 이소치아졸리논
③ 파라벤류 ④ 클로로필

16 방부제의 종류 중 독성이 적어 유아용 샴푸와 기초화장품 등에 널리 사용되는 것은?

① 메틸파라벤
② 페녹시
③ 에틸파라벤
④ 이미디아졸리디닐 우레아

17 화장품의 원료인 안료 중에 색상이 화려한 것은?

① 무기안료 ② 유기안료
③ 레이크 ④ 펄안료

18 화장품의 원료인 색소에 대한 설명으로 맞지 않는 것은?

① 화장품의 색을 조정, 피부색을 보정하고 아름답게 보이기 위해 사용한다.
② 안료는 물 또는 오일에 녹는 색소로 화장품 자체에 시각적 색상을 부여한다.
③ 안료는 물 또는 오일에 녹지 않는 색소로 메이크업 제품에 사용된다.
④ 안료의 종류는 무기안료, 유기안료, 레이크, 펄안료가 있다.

19 화장품의 원료인 향료 중에 식물성 향료에 속하는 것은?

① 사향 ② 영묘향
③ 에센셜오일 ④ 용연향

20 자외선 차단제의 PA의 UV-A 방어지수에 따른 차단 시간이 맞는 것은?

① PA+ : 2시간 ② PA+ : 2~8시간
③ PA+ : 2~4시간 ④ PA+ : 3시간

21 다음 중 화장품의 가용화 제품에 속하지 않는 것은?

① 화장수 ② 크림
③ 에센스 ④ 향수

정답
14.② 15.③ 16.④ 17.② 18.② 19.③ 20.③ 21.②

22 유중수형 유화제 타입에 대한 설명으로 옳지 않은 것은?

① 오일 베이스에 물이 분산되어 있는 상태이다.
② 사용감이 무겁고 유분감이 많다.
③ 피부 흡수가 느리다.
④ 사용감이 산뜻하다.

23 수중유형 유화제 타입에 대한 설명으로 옳지 않은 것은?

① 사용감이 무겁고 유분감이 많다.
② 물 베이스에 오일이 분산되어 있는 상태이다.
③ 피부 흡수가 빠르다.
④ 사용감이 가벼우나 지속성이 낮다.

24 화장품의 4대 요건은 안전성, 사용성, 유효성, (　　)이다. 괄호 안에 들어갈 알맞은 말은?

① 지속성　② 안정성
③ 위생성　④ 미화성

25 다음 중 화장품의 제품 표기사항에 속하지 않는 것은?

① 화장품의 명칭　② 화장품의 효과
③ 제조번호　④ 사용기한

26 세안용 화장품 중 다음은 어느 종류에 대한 설명인가?

> 수성과 유성 타입이 존재하며 수성 타입은 사용 후 피부가 촉촉하고 매끄러워 사용감이 좋지만, 유성 타입에 비해 세정력이 약하다.

① 클렌징젤　② 클렌징폼
③ 클렌징크림　④ 클렌징오일

27 물에 유화되는 수용성 오일로서 짙은 메이크업 세정 시 효과적이며 건성, 노화, 민감성 피부에 적합한 세안용 화장품은?

① 클렌징젤　② 클렌징폼
③ 클렌징크림　④ 클렌징오일

28 세안용 화장품 중 클렌징크림에 대한 설명으로 옳지 않은 것은?

① 피부 세정 효과가 높다.
② 피지 분비량이 많은 피부에 적합하다.
③ 광물성 오일이 40~50% 함유되어 있다.
④ 광물성 오일이 70~80% 함유되어 있다.

29 화장수의 종류 중 수렴화장수의 설명으로 옳은 것은?

① 스킨로션, 스킨소프너, 스킨토너 등으로 불리운다.
② 아스트리젠트, 토닝로션 등으로 불리운다.
③ 보습제와 유연제 함유로 피부를 부드럽게 한다.
④ 피부의 pH를 회복시킨다.

정 답
22.④ 23.① 24.② 25.② 26.① 27.④ 28.④ 29.②

30 알코올 성분 함유로 모공 수축작용과 피지 분비 억제, 소독 등의 효과가 있는 화장수는?

① 아스트리젠트 ② 스킨로션
③ 스킨소프너 ④ 스킨토너

31 피부 흡수가 빨라 사용감이 가볍고 피부에 부담이 적으며, 수분과 유분을 동시에 공급해 줄 수 있는 보호용 화장품의 종류는?

① 크림 ② 로션
③ 팩 ④ 모이스처크림

32 보호용 화장품 중 크림에 대한 설명으로 맞지 않는 것은?

① 유화제에 따라 O/W형, W/O형으로 나뉜다.
② 고농축 보습성분을 함유하여 흡수가 빠르다.
③ 유분감이 많아 흡수가 느리다.
④ 사용감이 무겁다.

33 모발 화장품의 종류 중에 정발용에 해당되지 않는 것은?

① 포마드 ② 헤어스프레이
③ 샴푸와 린스 ④ 헤어오일

34 향수의 발향 단계 중 탑노트에 관한 설명으로 올바른 것은?

① 은은하게 유지되는 향이다.
② 향의 중간 느낌을 말한다.
③ 향의 마지막 느낌을 말한다.
④ 향수를 처음 뿌리고 5~10분 후 나타나는 향이다.

35 다음 중 향의 농도에 따른 특징으로 맞지 않는 것은?

① 퍼퓸은 가볍고 신선해서 향수를 처음 접하는 사람에게 적당하다.
② 오드트왈렛은 상쾌하고 가벼운 느낌이다.
③ 오드퍼퓸은 퍼퓸 다음으로 지속력과 풍부한 향을 가진다.
④ 샤워코롱은 목욕이나 샤워 후 은은하게 전신을 상쾌하게 해준다.

36 향의 농도에 따른 지속시간을 가장 바르게 나타낸 것은?

① 오드퍼퓸 〉 퍼퓸 〉 오드트왈렛 〉 오드코롱 〉 샤워코롱
② 오드퍼퓸 〉 퍼퓸 〉 오드코롱 〉 오드트왈렛 〉 샤워코롱
③ 퍼퓸 〉 오드퍼퓸 〉 오드트왈렛 〉 오드코롱 〉 샤워코롱
④ 퍼퓸 〉 오드퍼퓸 〉 오드트왈렛 〉 샤워코롱 〉 오드코롱

정 답
30.① 31.② 32.② 33.③ 34.④ 35.① 36.③

37 아로마오일의 효능으로 맞지 않는 것은?

① 수면장애 회복 ② 심리적 안정
③ 병의 치료 ④ 피부미용

38 다음 중 캐리어오일에 속하지 않는 것은?

① 자스민 ② 호호바
③ 아보카도 ④ 아몬드

39 다음 중 캐리어오일에 대한 설명으로 맞지 않는 것은?

① 베이스오일이라고 하며 휘발성이 없다.
② 에센셜오일을 피부에 효과적으로 흡수시키는 데 도움을 준다.
③ 식물의 꽃, 잎, 열매 등에서 추출한 방향성 천연오일을 말한다.
④ 불포화 지방산과 비타민, 미네랄 등이 풍부하다.

40 에션셜오일의 허브 계열 중 피로회복, 졸음방지에 효과적이며, 항염・살균작용이 있는 것은?

① 페퍼민트 ② 로즈마리
③ 라벤더 ④ 샌달우드

41 아로마오일 사용 시 주의사항으로 맞지 않는 것은?

① 패치 테스트를 반드시 한다.
② 원액을 그대로 사용하여 효과가 배가 될 수 있도록 한다.
③ 원액이 피부에 직접 닿지 않도록 한다.
④ 갈색병에 담아 그늘진 곳에 보관한다.

42 캐리어오일 중 감마리놀렌산의 함유로 호르몬 조절 기능을 하며 항혈전, 항염증의 작용을 하는 것은?

① 달맞이꽃 종자유
② 호호바오일
③ 아보카도오일
④ 포도씨오일

43 에센셜오일 사용방법 중 흡입법에 해당되는 것은?

① 아로마 램프나 디퓨저를 이용해야 한다.
② 더운물에 15~30분 정도 전신 또는 신체 일부를 담그는 방법이다.
③ 마시지오일에 블랜딩하여 마사지하는 방법이다.
④ 건식흡입법과 증기흡입법이 있다.

정답

37.③ 38.① 39.③ 40.① 41.② 42.① 43.④

참고문헌

- 국홍일, 건강한 피부 고운 살결, 지문사, 1998.
- 김광숙 외 2인, 눈썹의 변천사, 동서교류, 2005.
- 김광숙 외 3인, 더 메이크업, 예림, 2002.
- 김주덕 외 5인, 신화장품학, 도서출판 동화기술, 2004.
- 에스테틱월드, 피부상담 가이드, 출판 아름다운우리, 2007.
- 정혜선, 피부에 말을 거는 여자, 소담출판사, 2002.
- 최광호, 피부와 피부미용, 신원문화사, 2004.
- 하병조, 화장품학, 수문사, 1999.
- https://www.wikipedia.org/

김광숙

호서대학교 벤처대학원 박사수료(뷰티보건)
프랑스 크리스찬 쇼보메이크업학교 졸업
정화예술대학 미용전공과 졸업
국제 시데스코 분장사 자격증 취득
현) 서울호서직업전문학교 뷰티예술계열부장

김소현

건국대학교 대학원 의류학 박사
한성대학교 예술대학원 분장예술학 석사
현) Image specialist/Makeup artist
서울호서직업전문학교 외래교수
우송대학교 겸임교수

임선형

서경대학교 미용예술학 박사
현) 스킨힐링센터 대표
서경대학교 외래강사
서울호서직업전문학교 외래강사
KASF미용경진대회 심사 및 진행위원

서지연

한양대학교 문화인류학 학사
제1회 미용사메이크업 자격증 취득
크리올란 환타지&바디페인팅 자격증 취득
현) 방송 및 웨딩 메이크업아티스트 활동
뷰티 컨설팅 및 화장품 큐레이터
(주)바바 뷰티팀장

국가기술 필기시험 완벽대비

미용사 메이크업

초판 1쇄 인쇄 | 2017년 5월 25일
초판 1쇄 발행 | 2017년 5월 30일

공　저 | 김광숙 · 김소현 · 임선형 · 서지연

펴 낸 이 | 김호석
펴 낸 곳 | 도서출판 대가
편 집 부 | 박은주
교정교열 | 김수진
마 케 팅 | 오중환
관 리 부 | 김소영

등　록 | 제311-47호
주　소 | 경기도 고양시 일산동구 장항동 776-1 로데오 메탈릭타워 405호
전　화 | (02) 305-0210 / 306-0210 / 336-0204
팩　스 | (031) 905-0221
전자우편 | dga1023@hanmail.net
홈페이지 | www.bookdaega.com

ISBN 978-89-6285-171-7 93590

■ 이 도서의 국립중앙도서관 출판예정도서목록(CIP)은 서지정보유통지원시스템 홈페이지(http://seoji.nl.go.kr)와 국가자료공동목록시스템(http://www.nl.go.kr/kolisnet)에서 이용하실 수 있습니다.(CIP제어번호: CIP2017010638)